B. Segre (Ed.)

Forme differenziali e loro integrali

Lectures given at the
Centro Internazionale Matematico Estivo (C.I.M.E.),
held in Saltino (Firenze), Italy
August 23-31, 1960

Springer

C.I.M.E. Foundation
c/o Dipartimento di Matematica "U. Dini"
Viale Morgagni n. 67/a
50134 Firenze
Italy
cime@math.unifi.it

ISBN 978-3-642-10951-5   e-ISBN: 978-3-642-10952-2
DOI:10.1007/978-3-642-10952-2
Springer Heidelberg Dordrecht London New York

Printed on acid-free paper

Springer.com

INDICE

GEORGES DE RHAM
1961
Rendiconti di Matematica
(1-2) Vol. 20, pp. 105-146

La théorie des formes différentielles extérieures et l'homologie des variétés différentiables[*]

Par **GEORGES DE RHAM** (à Lausanne)

Dans ces leçons, je me suis proposé d'exposer quelques points essentiels de la théorie des formes différentielles et de l'homologie des variétés différentiables, en prenant les choses dès le début, d'une manière aussi simple qu'il a paru possible sans escamoter les difficultés des démonstrations. Le lecteur désireux de poursuivre l'étude de ce sujet pourra consulter les ouvrages suivants.

W. V. D. HODGE. *The theory and applications of harmonic integrals*. Cambridge University Press, 1952.

G. DE RHAM. *Variétés différentiables*. Hermann, Paris, 1960.

B. SEGRE. *Forme differenziali e loro integrali I e II*. Docet Edizioni Universitarie, Roma 1951 e 1956.

H. WHITNEY. *Geometric Integration Theory*. Princeton University Press, 1957.

1. — Fonctions et applications dans R^n.

Une *fonction* $f(x) = f(x_1, \dots, x_n)$, définie dans un ouvert G de R^n, à valeurs réelles, est dite C^r dans G, r étant un entier ≥ 0, si ses dérivées d'ordre $\leq r$ existent et sont continues dans G. Elle est dite C^∞ si elle est C^r pour tout entier $r > 0$, et C^ω si elle est analytique.

---

[*] Corso di otto lezioni tenuto nel Ciclo del CIME (Centro Internazionale Matematico Estivo) su *Forme differenziali e loro integrali* che ebbe luogo al Saltino di Vallombrosa (Firenze) dal 23 al 31 agosto 1960.

Une *application* $f: G \to R^m$ de l'ouvert $G \subset R^n$ dans R^m est dite C^r, r étant un entier ≥ 0 ou ∞ ou ω, si les coordonnées $y_1, \ldots, y_m$ du point $y = f(x) \in R^m$ sont des fonctions C^r dans G. Un *homéomorphisme h* sera dit C^r, si chacune des applications h et h^{-1} est C^r.

Une application C^0 est simplement une application continue. En général, on supposera $r \geq 1$.

Pour $x \in R^n$, désignons par T_x l'espace vectoriel constitué par tous les vecteurs d'origine x dans R^n, et par $T(G)$ la réunion des T_x pour x parcourant G. En représentant chaque vecteur de $T(G)$ par le couple (x, ξ) formé par son origine $x \in G$ et le vecteur équipollent ξ d'origine 0, on représente $T(G)$ par l'ouvert $G \times R^n \subset R^{2n}$ de R^{2n}.

Soit $f: G \to R^m$ une application C^1. On appellera *extension de f* à $T(G)$, et l'on désignera par f^T, l'application

$$f^T: T(G) \to T(R^m)$$

définie en posant

$$f^T(x, \xi) = (y, \eta) \quad \text{avec} \quad y = f(x) \quad \text{et} \quad \eta = \lim_{t=0} \frac{1}{t}[f(x + t\xi) - f(x)].$$

Cette dernière limite existe et est fonction continue de (x, ξ) parceque f est C^1. Si $dx_1, \ldots, dx_n$ sont les composantes du vecteur ξ, les composantes du vecteur η sont

$$dy_j = \sum_{i=1}^{n} \frac{\partial y_j}{\partial x_i} dx_i \qquad (j = 1, 2, \ldots, m).$$

Il est évident que si f est C^r, f^T est C^{r-1} (on convient que $r - 1 = r$ si $r = \infty$ ou ω).

La restriction de f^T à T_x est une application *linéaire* de T_x dans $T_{f(x)}$. Par suite, $f^T(T_x)$ est un sous-espace vectoriel de $T_{f(x)}$. La dimension de ce sous-espace est appelée le *rang de f en x*. C'est le nombre des différentielles dy_j qui sont linéairement indépendantes, ou encore le rang de la matrice $\left\| \dfrac{\partial y_j}{\partial x_i} \right\|$ à m lignes et n colonnes. Un point $x \in G$ où le rang de f est inférieur au plus petit des deux nombres m et n est appelé un *point critique de f*, son image $f(x) \in R^m$ est appelée une *valeur critique de f*.

Lorsque $m = n$, les points critiques sont ceux où le jacobien $I = \text{dét.} \left\| \dfrac{\partial y_j}{\partial x_i} \right\|$ s'annulle. Si E est un ensemble mesurable et borné dans R^n, tel que $\overline{E} \subset G$, on a entre les mesures (au sens de Lebesgue) de E et de son image $f(E)$ la relation

$$\text{mes } f(E) \leq K \text{ mes } E,$$

où K est la plus petite borne supérieure de $|I|$ sur $\overline{E}$ (K est fini parceque I est continue et $\overline{E}$ compact). Il en resulte immédiatement les propositions suivantes :

(1.1) *Si f est une application C^1 d'un ouvert G de R^n dans R^n, l'image par f d'un ensemble de mesure nulle est de mesure nulle. Si f est une application C^1 d'un ouvert G de R^n dans R^m et si $m > n$, $f(G)$ est de mesure nulle dans R^m.*

(1.2) THÉORÈME DE SARD. *L'ensemble des valeurs critiques d'une application C^1 d'un ouvert de R^n dans R^n est un ensemble de mesure nulle.*

2. — Variétés et structures différentiables. Cartes et atlas.

On appelle *variété à n dimensions*, dans le sens le plus général, tout espace topologique dont chaque point a un voisinage ouvert homéomorphe à un ouvert de R^n. Dans ce qui suit, nous supposerons toujours que cet espace est séparé (c'est-à-dire satisfait à l'axiome de Hausdorf: deux points distincts sont toujours contenus dans des ouverts disjoints) et possède une base dénombrable d'ensembles ouverts.

On appelle *carte* dans une variété à n dimensions V, et l'on désigne par (D, c), toute application topologique c d'un ouvert D de R^n sur un ouvert $c(D)$ de V. L'ouvert D de R^n est la *source* de la carte, $c(D)$ en est le *but*. A tout point $x \in c(D)$ correspond un point $c^{-1}(x) = (x_1, \dots, x_n) \in D$, c'est-à-dire un système de n nombres qu'on appelle des *coordonnées locales* de x. Toute carte définit ainsi un système de coordonnées locales.

Etant données deux cartes (D_1, c_1) et (D_2, c_2) dans V, désignons par D_{21} l'ensemble des points de D_1 dont l'image par c_1 est dans $c_2(D_2)$. Cet ensemble $D_{21} = c_1^{-1}[c_1(D_1) \cap c_2(D_2)]$ est un ouvert contenu dans D_1. L'application composée $c_2^{-1} \circ c_2 = h_{21}$ est un homéomorphisme de D_{21} sur D_{12}, qu'on appellera *l'homéomorphisme de passage* de la première carte à la seconde. Il est clair que h_{21} et h_{12} sont inverses l'un de l'autre, et si l'on considère une troisième carte (D_3, c_3), l'application composée $h_{32} \cdot h_{21}$ est égale à h_{31} partout où elle est définie.

Tout ensemble de cartes dans V dont les buts recouvrent V est appelé un *atlas de V*.

Un atlas de V est dit C^r, si les homéomorphismes de passage relatifs à deux quelconques de ses cartes sont C^r. Un atlas C^r sera dit *complet C^r*, s'il n'est pas contenu dans un atlas C^r plus grand, c'est-à-dire si on ne peut pas lui adjoindre une nouvelle carte sans qu'il cesse d'être C^r. On vérifie facilement que tout atlas C^r est contenu dans un atlas complet C^r, et dans un seul.

Une *structure différentiable d'ordre r*, ou *structure C^r*, sur une variété V, n'est pas autre chose qu'un atlas de V complet C^r, et une *variété différentiable d'ordre r* ou *variété C^r* est une variété munie d'une structure C^r.

D'après la remarque ci-dessus, tout atlas C^r définit une structure C^r. Si $r > s$, un atlas C^r est aussi un atlas C^s, mais un atlas complet C^r n'est pas complet C^s. On verra que tout atlas complet $C^r (r \geq 1)$ contient des atlas complets C^∞, et que ces derniers sont, en un certain sens, tous équivalents.

En partant d'une variété et d'un atlas, nous avons défini une famille d'homéomorphismes d'ouvert de R^n, les homéomorphismes de passage. Montrons comment inversément, en partant d'une famille d'homéomorphismes d'ouverts de R^n, satisfaisant à quelques conditions, on peut définir une variété V et un atlas dont les homéomorphismes de passages sont les homéomorphismes donnés.

Supposons donnée une famille d'ouverts D_i de R^n, i parcourant un certain ensemble d'indices, et pour chaque couple (i, j) de deux indices un ouvert D_{ij} de R^n et un homéomorphisme h_{ij} de D_{ij} sur D_{ji}, de manière que les conditions suivantes soient vérifiées:

  a) $D_{ii} = D_i$, $D_{ij} \subset D_j$; h_{ii} est l'application identique de D_i sur D_i.

  b) L'application composée $h_{ij} \circ h_{jk}$ est égale à h_{ik} partout où elle est définie.

Alors, dans l'ensemble de tous les couples (x, i) tels que $x \in D_i$, on définit une relation d'équivalence $\equiv$ en posant:

$$(x, i) \equiv (y, j) \text{ si et seulement si } y = h_{ji}(x).$$

Soit V l'ensemble de ces classes d'équivalence, et $c_i \colon D_i \to V$ l'application canonique de D_i dans V, qui envoie tout $x \in D_i$ sur la classe d'équivalence de (x, i). Les images par les c_i des ouverts de

D_i (i parcourant l'ensemble de tous les indices) forment une base d'une topologie dans V. Muni de cette topologie, V est une variété à n dimensions dans le sens le plus général du terme. On vérifie que cet espace est séparé et qu'il a une base dénombrable si les deux conditions suivantes sont vérifiées :

    c) pour tout compact $K \subset D_i$, $h_{ji}(K \cap D_{ji})$ est fermé relativement à D_j ;

    d) V est égal à la réunion d'un nombre fini ou infini dénombrable des $c_i(D_i)$.

Si les quatres conditions *a*), *b*), *c*) et *d*) sont satisfaites, V est une variété a n dimensions dans le sens précis adopté ici, et les (D_i, c_i) sont les cartes d'un atlas de V. Nous dirons que *V est la variété définie par la famille d'homéomorphismes* (D_{ij}, h_{ij}).

Cette méthode de définition va nous servir pour introduire *l'espace des vecteurs tangents* $T(V)$ d'une variété différentiable V.

Soit V une variété C^r et (D_{ij}, h_{ij}) la famille d'homéomorphismes C^r d'ouverts de R^n associée à l'atlas complet C^r de V. L'extension h_{ij}^T de h_{ij} à $T(D_{ij})$ est un homéomorphisme C^{r-1} de l'ouvert $T(D_{ij})$ de R^{2n} sur $T(D_{ji})$, et la famille $(T(D_{ij}), h_{ij}^T)$ définit une variété à $2n$ dimensions avec un atlas C^{r-1}. On vérifie immédiatement que les quatres conditions ci-dessus sont bien vérifiées. *Cette variété est appelée l'espace des vecteurs tangents de V et désignée par* $T(V)$.

Chaque carte (D, c) dans V fournit une carte $(T(D), c^T)$ dans $T(V)$, en designant par c^T l'application canonique de $T(D)$ dans $T(V)$, qui envoie chaque élément sur sa classe d'équivalence. Si ξ est un vecteur d'origine $x \in D$ dans R^n, $c^T(x, \xi)$ est un point de $T(V)$ appelé *vecteur tangent de V en c(x)*. Pour chaque point $p = c(x)$ de V, l'ensemble de ces vecteurs forme un espace vectoriel de dimension n, que l'on désigne encore par T_p, ou $T_{c(x)}$, et la restriction de c^T à T_x est un isomorphisme de T_x sur $T_{c(x)}$. Si $(x_1, ..., x_n)$ sont les coordonnées locales définies par la carte (D, c) dans V, et si l'on désigne comme plus haut par $dx_1, ..., dx_n$ les composantes d'un vecteur ξ d'origine $x \in D$, les coordonnées locales définies par la carte $(T(D), c^T)$ dans $T(V)$ sont $(x_1, ..., x_n, dx_1, ..., dx_n)$. *Un vecteur tangent de V en p est ainsi déterminé par les coordonnées locales de p et un système de valeurs des différentielles de ces coordonnées locales.* Ces dernières valeurs sont encore appelées les *composantes* du vecteur relativement à la carte (D, c).

Soient V et W des variétés C^r, de dimensions n et m respectivement. Une *application* $f: V \to W$ est dite C^r, si les coordonnées locales de $y = f(x)$ sont des fonctions C^r des coordonnées locales de x. D'une manière précise, cette condition signifie que, quelles que soient les cartes (D, c) dans V et (Δ, γ) dans W, l'application $\gamma^{-1} \circ f \circ c$ de l'ouvert $D \cap c^{-1} \circ f^{-1} \circ \gamma(\Delta)$ de R^n dans R^m est C^r (au sens défini n°. 1). Une telle application possède une *extension* à $T(V)$,

$$f^T: \; T(V) \to T(W),$$

égale à l'application $\gamma^T \circ (\gamma^{-1} \circ f \circ c)^T \circ (c^T)^{-1}$ partout où cette dernière est définie, quelles que soient les cartes (D, c) dans V et (Δ, γ) dans W. Les composantes de l'image par f^T d'un vecteur tangent ξ de V en x s'obtiennent en remplaçant $dx_1, \ldots, dx_n$ par les composantes de ξ dans les différentielles des coordonnées locales de $y = f(x)$.

Il est clair que f^T applique linéairement T_x (où $x \in V$) dans T_y (où $y = f(x) \in W$) ce qui permet de définir comme au n°. 1 le *rang de f en x*, les *points critiques* et les *valeurs critiques de f*.

Dans le cas particulier où f est une fonction C^r sur V, c'est-à-dire une application $f: V \to R$, la composante unique (ou « valeur algébrique ») du vecteur image par f^T d'un vecteur ξ d'origine $x \in V$, de composantes $(dx_1, \ldots, dx_n)$ relativement à un système de coordonnées locales $(x_1, \ldots, x_n)$ est $df = \sum_1^n \dfrac{\partial f}{\partial x_i} dx_i$. *La différentielle d'une fonction C^r sur V est ainsi une fonction C^{r-1} sur $T(V)$, et sa restriction à T_x est linéaire.*

La notion d'*ensemble de mesure nulle* s'étend aux variétés $C^r (r \geq 1)$: l'ensemble $E \subset V$ est dit de mesure nulle, si, pour toute carte (D, c) dans V, $c^{-1}(E \cap c(D))$ est de mesure nulle dans R^n. Les propositions (1.1) et (1.2) se généralisent immédiatement:

(2.1) *Si $f: V \to W$ est une application C^1 et si* $\dim V = \dim W$, *l'image $f(E)$ de tout ensemble E de mesure nulle dans V est de mesure nulle dans W. Si* $\dim V < \dim W$, *$f(V)$ est de mesure nulle dans W.*

(2.2) THÉORÈME DE SARD. *Si $f: V \to W$ est une application C^1 et si* $\dim V = \dim W$, *l'ensemble des valeurs critiques de f est de mesure nulle dans W.*

A. Sard a montré que la conclusion subsiste lorsque $\dim V - \dim W = q > 0$, pourvu que f soit C^{q+1}, mais la démonstration est beaucoup plus délicate et nous n'en ferons pas usage. Le cas où $\dim W = 1$ fait l'objet d'un théorème de A. P. Morse.

Voici encore quelques propositions très générales qui sont d'un emploi constant en Topologie différentielle.

On appellera *boule* C^r ou simplement *boule*, dans une variété C^r à n dimensions, l'image $c(B)$, par une carte (D, c) de l'atlas complet C^r de la variété, d'une boule euclidienne B de R^n (intérieur d'une sphère euclidienne) contenue avec sa frontière dans D, $\overline{B} \subset D$. C'est un ouvert dont la frontière est C^r-homéomorphe à la sphère S^{n-1} frontière de B dans R^n.

(2.3) *Étant donné un recouvrement ouvert $\mathcal{R}$ de la variété V, il existe un recouvrement fini ou dénombrable de V formé de boules $B_i\,(i = 1, 2, ...)$, dont l'adhérence $\overline{B}_i$ est contenue dans un des ensembles de $\mathcal{R}$ (variable avec i), qui est localement fini, c'est-à-dire que tout compact $K \subset V$ ne rencontre qu'un nombre fini de ces boules.*

Pour établir ce théorème, partant d'une suite de compacts $K_i\,(i = 1, 2, ...)$ dont chacun est contenu dans l'intérieur du suivant, $K_i \subset \overset{\circ}{K}_{i+1}$, et dont la réunion est égale à V, $V = \bigcup_i K_i$, on va définir une suite croissante d'entiers positifs $n_h\,(h = 1, 2, ...)$ et une suite de boules B_i, de manière que $K_h \subset \bigcup_{i=1}^{n_h} B_i$, $K_h \cap B_i = \varnothing$ pour $i > n_h$, $\overline{B}_i \subset$ un ensemble de $\mathcal{R}$. On commence par recouvrir K_1 par des boules $B_1, B_2, ..., B_{n_1}$, dont chacune est contenue avec son adhérence dans un ensemble de $\mathcal{R}$, ce qui est évidemment possible. Ensuite, procédant par récurrence, supposons définis n_j pour $j \leq h$ et B_i pour $i \leq n_h$. Le compact $K = K_{h+1} \cap C\left(\bigcup_{i=1}^{n_h} B_i\right)$ étant contenu dans l'ouvert CK_h, on peut le recouvrir par un nombre fini de boules $B_j\,(j = n_h + 1, ..., n_{h+1})$ dont les adhérences $\overline{B}_j$ sont contenues dans cet ouvert et dans un ensemble de $\mathcal{R}$ (variable avec j), car chaque point de K est dans une telle boule. Alors on a

$$K_{h+1} \subset K \cup \left(\bigcup_{i=1}^{n_h} B_i\right) \subset \bigcup_{i=1}^{n_{h+1}} B_i, \quad K_k \cap B_i = \varnothing \quad \text{pour } i > n_h, \text{ et la}$$

suite qu'on obtient satisfait à toutes les conditions requises.

(2.4) *Étant donné un recouvrement localement fini de V par des boules $B_i\,(i = 1, 2, ...)$, on peut trouver, pour chaque i, une fonction φ_i qui est C^r, > 0 dans B_i et $= 0$ hors de B_i, de manière que $1 = \sum_i \varphi_i$.*

Il suffit en effet de prendre une fonction ψ_i qui soit C^r, > 0 dans B_i et $= 0$ hors de B_i, et de poser

$$\varphi_i = \frac{\psi_i}{\sum\limits_{j} \psi_j} \; .$$

(2.5) *Si G et H sont deux ouverts recouvrant V, il existe deux fonctions C^r, φ et χ, ≥ 0, à supports contenus respectivement dans G et dans H, telles que $1 = \varphi + \chi$.*

Rappelons que le support d'une fonction continue est l'adhérence de l'ensemble des points où elle est $\neq 0$. Ce dernier théorème est un corollaire immédiat du précédent. On prendra un recouvrement localement fini de V par des boules B_i dont l'adhérence est contenue soit dans G, soit dans H (le recouvrement $\mathcal{R}$ de (2.3) étant formé par les deux ensemble G et H), de sorte que le support des fonctions φ_i de (2.4) sera toujours contenu dans G ou dans H. Ensuite, on prend $\varphi =$ la somme des φ_i tels que $\overline{B}_i \subset G$, $\chi =$ la somme des autres φ_i, pour lesquels alors $\overline{B}_i \subset H$. Ces fonctions satisfont alors à toutes les conditions requises.

Les formules qui apparaissent dans (2.4) et dans (2.5) sont appelées des *partitions de l'unité*.

3. — Plongement d'une variété dans un espace numérique. Théorèmes de Whitney.

Une application $f \colon V \to R^N$, qui est partout de rang $n = \dim V$, injective (ou biunivoque, c'est-à-dire que $f(x) \neq f(y)$ pour $x \neq y$) et C^r, est appelée un *plongement C^r* de V dans R^N.

(3.1). *Toute application $C^r (2 \leq r \leq \infty)$ d'une variété à n dimensions V dans R^{2n+1} peut être approchée d'aussi près qu'on veut par un plongement C^r de V dans R^{2n+1}.*

On verra plus loin que la conclusion subsiste si $r = 1$, mais la démonstration est moins facile. Nous commencerons par établir deux lemmes.

LEMME 1. *Si $f \colon V \to R^N$ est un plongement C^r de la variété à n dimensions V dans R^N, et si $2 \leq r \leq \infty$ et $N > 2n + 1$, il existe des directions d dans R^N, aussi voisines qu'on veut de n'importe quelle direction donnée, telles que, π désignant la projection de R^N*

sur un plan R^{N-1} à $N-1$ dimensions faite parallèlement à d, l'application $\pi \circ f : V \to R^{N-1}$ soit un plongement de V dans R^{N-1}.

Une direction dans R^N peut être représentée par une droite passant par l'origine de R^N et l'ensemble de toutes les directions forme une variété P^{N-1}, l'espace projectif réel de dimension $N-1$. Dirons qu'une direction est bonne, si $\pi \circ f$ est un plongement, mauvaise dans le cas contraire. Pour établir le lemme, il suffira de montrer que l'ensemble des mauvaises directions est de mesure nulle.

Si la direction d est mauvaise, ou bien $\pi \circ f$ n'est pas injective, ou bien $\pi \circ f$ a un point critique. Dans le premier cas, il y a deux points distincts x et y de V tels que $\pi \circ f(x) = \pi \circ f(y)$, c'est-à-dire que d est parallèle à la corde passant par $f(x)$ et $f(y)$. Dans le second cas, $\pi \circ f$ a un point critique x et d est parallèle à une tangente à $f(V)$ en x. Les mauvaises directions sont donc les directions des cordes et des tangentes de $f(V)$.

Soit W_1 la variété à $2n$ dimensions formée par les couples (x, y) de points distincts $x \neq y$ de V, et F_1 l'application de W_1 dans P^{N-1} qui envoie (x, y) sur la direction de la corde passant par $f(x)$ et $f(y)$. La variété W_1 est C^r, comme V, et F_1 est C^r, de sorte que, en vertu de (2.1), $F_1(W_2)$ est de mesure nulle, car $\dim W_2 = 2n < N$.

Soit T_x' l'ensemble des directions dans T_x, espace des vecteurs tangents à V en x, et W_2 la variété engendrée par T_x' lorsque x décrit V. C'est une variété à $2n-1$ dimensions, munie comme $T(V)$ d'une structure C^{r-1}. L'application $F_2 : W_2 \to P^{N-1}$, qui envoie tout $\delta \in T_x'$ sur la direction des images par f^T des vecteurs de T_x parallèles à δ, étant C^{r-1} comme f^T, il resulte encore de (2.1) que $F_2(W_2)$ est de mesure nulle, car $\dim W_2 < N$ et $r-1 \geq 1$.

Ainsi, l'ensemble $F_1(W_1) \cup F_2(W_2)$ des directions des cordes et des tangentes de $f(V)$ est de mesure nulle. c.q.f.d.

LEMME 2. *Soient D un ouvert dans la variété à n dimensions V, B une boule dans V et $f : V \to R^{2n+1}$ une application $C^r(2 \leq r \leq \infty)$ dont la restriction à D est un plongement de D dans R^{2n+1}; alors il existe une application C^r, $g : V \to R^{2n+1}$, dont la restriction à $D \cup B$ est un plongement de $D \cup B$ dans R^{2n+1}, qui ne diffère de f que dans B et d'aussi peu qu'on veut.*

Soit h_1 un homéomorphisme C^r d'une boule B' contenant $\bar{B}$ sur une boule euclidienne d'un plan à n dimensions de R^{n+1} ne passant pas par l'origine O de R^{n+1}, et soit φ une fonction C^r dans V, > 0

dans B et $= 0$ hors de B. Nous désignons par $\varphi(x)\, h_1(x)$, pour $x \in B'$, le point de R^{n+1} obtenu en multipliant chaque coordonnée de $h_1(x)$ par $\varphi(x)$. L'application $h : V \to R^{n+1}$, définie en posant

$$
h(x) = \begin{cases} \varphi(x)\, h_1(x) & \text{si} \quad x \in B \\[2mm] 0 & \text{si} \quad x \notin B \end{cases}
$$

est C^r, sa restriction à B est un plongement de B dans R^{n+1} et de plus, si $x \in B$ et $x \neq y \in V$, $h(x) \neq h(y)$.

Considérons alors l'espace produit $R^{2n+1} \times R^{n+1} = R^{3n+2}$ et identifions R^{2n+1} avec le sous-espace $R^{2n+1} \times 0$. Avec l'application donnée $f : V \to R^{2n+1}$ dans l'énoncé du lemme 2 et l'application h ci-dessus, on obtient une application $y_1 = (f, h) : V \to R^{3n+2}$, qui ne diffère de f que dans B, puisque $h(x) = 0$ pour $x \notin B$; elle est C^r, car f et h le sont; elle est de rang n dans $D \cup B$, car f est de rang n dans D et h de rang n dans B, enfin, si x et y sont deux points distincts de $D \cup B$, on a $g_1(x) \neq g_1(y)$, car $f(x) \neq f(y)$ si les deux points sont dans D et $h(x) \neq h(y)$ si l'un est dans B. Ainsi, g_1 est une application C^r de V dans R^{3n+2}, qui ne diffère de f que dans B et dont la restriction à $D \cup B$ est un plongement de $D \cup B$ dans R^{3n+2}.

En appliquant $n + 1$ fois le lemme 1, on obtient alors une projection parallèle π sur R^{2n+1}, aussi voisine qu'on veut de la projection orthogonale, telle que $g = \pi \circ g_1$ soit un plongement C^r de V dans R^{2n+1} satisfaisant à toutes les conditions requises.

Nous pouvons maintenant démontrer (3.1). Partant d'un recouvrement localement fini de V par des boules $B_i\,(i = 1, 2, ...)$, le lemme 2 permet de construire une suite d'applications C^r, $f_i : V \to R^{2n+1}$ $(i = 0, 1, 2, ...)$, où f_0 est l'application donnée f, telle que, pour chaque $k \geq 1$, f_k ne diffère de f_{k-1} que dans B_k et d'aussi peu qu'on veut, et que sa restriction à $\bigcup\limits_{i=1}^{k} B_i$ soit un plongement. Si V est compacte, la suite est finie et le dernier terme fournit le plongement désiré. Si V n'est pas compacte, la suite est infinie convergente et $g = \lim\limits_{k=\infty} f_k$ fournit le plongement désiré; en effet, k étant donné, pour h assez grand, B_h ne rencontre pas $D_k = \bigcup\limits_{i=1}^{k} B_i$, par suite $g = f_h$ dans D_k, de sorte que la restriction de g à D_k est un plongement, et comme $V = \bigcup\limits_{k=1}^{\infty} D_k$, il s'ensuit que g est bien un plongement de V dans R^{2n+1}.

Cette démonstration ne s'applique pas si $r = 1$, car dans le lemme 1 il est essentiel que $r \geq 2$. Mais on peut la modifier légèrement et obtenir un resultat plus précis encore valable pour $r = 1$.

Supposons que $f : V \to R^N$ soit C^1 et de rang $n = \dim V$ au point y. Il existe alors un ouvert $U \subset V$ contenant y, tel que pour $x \in U$ les coordonnées de $f(x)$ dans R^N soient des fonctions C^1 de n d'entre elles, convenablement choisies (il suffit d'en choisir n dont les différentielles sont linéairement indépendantes et de prendre ensuite U assez petit).

Si ces fonctions sont C^∞, on dira que $f(V)$ est C^∞ au point $f(y)$.

Remarquons que si une fonction continue f définie dans un ouvert G de R^n est C^∞ aux points de $G_1 \subset G$ et si y est un point de G n'appartenant pas à G_1, on peut approcher f par une fonction g, qui ne diffère de f que dans un voisinage de y et qui soit C^∞ dans un ouvert G_2 contenant G_1 et y. On prend d'abord une fonction g_1 qui soit C^∞ dans G et qui approche f, puis une fonction φ à support dans un voisinage de y, $= 1$ dans un voisinage plus étroit de y, partout C^∞ et ≥ 0; alors la fonction $g = \varphi \, g_1 + (1 - \varphi) f$ répond à la question.

Il résulte de là que si $f : V \to R^N$ est de rang n en tous les points d'un compact $K \subset V$, il existe une application $g : V \to R^N$ qui ne diffère de f que dans un voisinage de K et d'aussi peu qu'on veut, telle que $g(V)$ soit C^∞ en tous les points de K et en tous les points où $f(V)$ est C^∞. On peut alors établir la variante suivante du lemme 2.

LEMME 3. *Soient, dans la variété V à n dimensions, D un ouvert à adhérence compacte, B une boule et B' une autre boule contenant $\overline{B}$, et soit $f : V \to R^{2n+1}$ une application C^r $(1 \leq r \leq \infty)$, dont la restriction à $\overline{D}$ est injective et telle que $f(V)$ soit C^∞ aux points de $f(\overline{D})$; alors il existe une application C^r, $g : V \to R^{2n+1}$, dont la restriction à $\overline{D} \cup \overline{B}$ est injective et telle que $g(V)$ soit C^∞ aux points de $g(\overline{D} \cup \overline{B})$, et qui ne diffère de f que dans B', d'aussi peu qu'on veut.*

En procédant comme pour le lemme 2, on obtiendra une application : $g_1 : V \to R^{3n+2}$, qui ne diffère de f que dans B, qui est C^r, de rang n aux points de $\overline{D} \cup \overline{B}$ et dont le restriction à $\overline{D} \cup \overline{B}$ est injective; en utilisant la remarque faite ci-dessus, on peut la modifier dans B', aussi peu qu'on veut, de manière à obtenir une application g_2 qui satisfasse en plus à la condition que $g_2(V)$ soit C^∞ aux points de $g_2(\overline{D} \cup \overline{B})$. Cela permet alors d'utiliser le lemme 1 et la démonstration s'achève comme pour le lemme 2, même si $r = 1$.

Un raisonnement tout a fait analogue à celui fait pour établir (3.1) conduit alors au théorème plus général et plus precis :

(3.2). *Toute application $C^r (1 \leq r \leq \infty)$ d'une variété à n dimensions V dans R^{2n+1} peut être approchée d'aussi près qu'on veut par un plongement C^r de V dans R^{2n+1}, g, tel que $g(V)$ soit C^∞.*

Une application ou un plongement f est dit *propre*, si l'image réciproque $f^{-1}(K)$ de tout compact K est un compact. Il est facile de trouver une application propre de V dans R^{2n+1}, même dans R^1 : si $1 = \underset{i}{\Sigma} \varphi_i$ est la partition de l'unité de (2.4), la fonction $\varphi = \underset{i}{\Sigma} i \, \varphi_i$ définit une application propre. D'autre part, toute application qui approche une application propre est prope. Il en résulte :

(3.3). *Toute variété C^r à n dimensions $V (1 \leq r \leq \infty)$ admet un plongement g dans R^{2n+1}, propre et C^r, tel que $g(V)$ soit C^∞.*

Il résulte de là que toute structure $C^r (r \text{ fini} \geq 1)$ peut être précisée en une structure C^∞, c'est-à-dire que tout atlas complet C^r contient des atlas C^∞.

Whitney a montré qu'il existe des plongements g tels que $g(V)$ soit non seulement C^∞, mais C^ω, c'est-a-dire analytique. Récemment, Morrey (pour le cas compact) et Grauert (pour le cas général) ont démontré que toute variété C^ω à n dimensions admet un plongement C^ω dans R^{2n+1}.

Le sens précis des expressions « approchée d'aussi près qu'on veut » on « différe d'aussi peu qu'on veut », dans les énoncés (3.1) et (3.2) ainsi que dans les lemmes 2 et 3, ressort clairement des démonstrations. On peut l'expliciter en définissant, dans l'espace $\mathcal{E}$ de toutes les applications de V dans R^N, une topologie, appelée la C^r-*topologie*, qu'on définit ainsi (pour r fini). $\mathcal{E}$ posséde une structure d'espace vectoriel, comme R^N ; la C^r-topologie est compatible avec cette structure, et un système fondamental de voisinages de l'origine de $\mathcal{E}$ est formé par les ensembles $\mathcal{V}$ obtenus de la manière suivante : on prend un atlas $\{(D_i, c_i)\}$ localement fini, c'est-à-dire que tout compact K ne rencontre qu'un nombre fini de $c_i(D_i)$, on choisit pour chaque indice i un compact $K_i \subset D_i$ et un nombre $\varepsilon_i > 0$; et l'on forme l'ensemble $\mathcal{V}$ des applications f: $V \to R^N$ telles que, pour chaque i, chaque coordonnée de $f \circ c_i$ et chacune de ses dérivées d'ordre $\leq r$ soit en valeur absolue $\leq \varepsilon_i$ dans K_i.

Pour r fini, l'approximation qui intervient dans (3.1) et (3.2) doit être entendue au sens de la C^r-topologie. Pour $r = \infty$, elle sera entendue au sens de la C^s-topologie, s étant un entier fini choisi aussi grand qu'on veut.

(3.4) *Soient V_1 et V_2 deux variétés C^∞ et $f: V_1 \to V_2$ une application C^r $(0 \leq r \leq \infty)$; il existe une application C^∞, $g: V_1 \to V_2$, qui approche f d'aussi près qu'on veut au sens de la C^r-topologie.*

Si f est un homéomorphisme C^r et $r \geq 1$, il existe un homéomorphisme C^∞, g, qui approche f au sens de la C^r-topologie.

Il résultera de là que *si deux variétés C^∞ sont C^r-homéomorphes $(r \geq 1)$, elles sont C^∞-homéomorphes.* C'est en ce sens que toutes les structures C^∞ qui précisent une même structure C^r $(r \geq 1)$ peuvent être considérées comme équivalentes. Par contre, Milnor a montré qu'il existe des variétés C^∞ qui sont homéomorphes sans être C^1-homéomorphes, et Kervaire a trouvé une variété qui n'admet pas de structure différentiable.

La démonstration de (3.4) utilise la notion de *voisinage tubulaire*, que nous allons définir. Soit V une variété C^∞ à n dimensions, proprement plongée dans R^{2n+1}, et soit $x \in V$; il existe un nombre $\varrho(x) > 0$ tel que, pour tout point y situé sur une droite de R^{2n+1} normale à V en x et à une distance $< \varrho(x)$ de x, le point x est plus rapproché de y que tout autre point de V, et il est loisible de supposer que $\varrho(x)$ est une fonction C^∞ sur V. L'ensemble de tous les points y de R^{2n+1} situés sur une normale à V en un point x à une distance $< \varrho(x)$ de x, qu'on obtient en prenant toutes les normales en x et ensuite tous les points $x \in V$, est un ouvert $\mathcal{T}$ de R^{2n+1} appelé *voisinage tubulaire de V*. L'application $p: \mathcal{T} \to V$ qui envoie chaque point $y \in \mathcal{T}$ sur le point x de V qui en est le plus rapproché est une *rétraction* de $\mathcal{T}$ sur V.

Pour établir (3.4), on suppose V_1 et V_2 proprement plongées dans R^{2n+1} et l'on en considère des voisinages tubulaires $\mathcal{T}_1$ et $\mathcal{T}_2$, avec les rétractions correspondantes p_1 et p_2. L'application $f: V_1 \to V_2$ s'étend en une application $F = f \circ p_1: \mathcal{T}_1 \to V_2 \subset R^{2n+1}$. D'après des théorèmes connus sur l'approximation des fonctions définies dans un ouvert d'un espace numérique, on peut approcher F par une application C^∞, $G: \mathcal{T}_1 \to R^{2n+1}$, et pourvu que l'approximation soit suffisante, on aura $G(V_1) \subset \mathcal{T}_2$. La restriction de $p_2 \circ G$ à V_1 est alors une application $g: V_1 \to V_2$ qui satisfait aux conditions requises. Si f est un homéomorphisme C^r $(r \geq 1)$ et si g approche suffisamment f au sens de la C^r-topologie, le jacobien de f ne s'annulant pas, celui de g ne s'annulera pas non plus et il en résulte que g est aussi un homéomorphisme.

Les résultats obtenus concernant les structures C^r montrent qu'on ne restreint pas la généralité en supposant que les variétés différentiables que l'on considère sont munies d'une structure C^∞. C'est ce que nous ferons dans la suite.

4. — Formes différentielles.

L'ensemble de toutes les suites de p vecteurs $\xi_1, \ldots, \xi_p$ tangents en un même point x d'une variété V forme, pour x donné, la variété T_x^p produit de p exemplaires de T_x. La réunion de tous les T_x^p forme, pour x décrivant V, une variété $T^{(p)}(V)$. A une structure C^s de V correspond canoniquement une structure C^{s-1} de $T^{(p)}(V)$, comme dans le cas $p = 1$ où $T^{(1)}(V) = T(V)$. Un point de $T^{(p)}(V)$ est déterminé par un point x de V et p vecteurs $\xi_1, \ldots, \xi_p$ tangents à V en x; ou le désignera par $(x; \xi_1, \ldots, \xi_p)$.

On appelle alors *p-forme sur V* (ou forme différentielle extérieure de degré p sur V) *toute fonction* $\alpha(x; \xi_1, \ldots, \xi_p)$ *définie sur* $T^{(p)}(V)$ *qui*, pour x fixe, *est linéaire par rapport à chacun des vecteurs* ξ_i, *et alternée*, c'est-à-dire qu'elle change de signe lorsqu'on permute deux de ces vecteurs.

On dit que la *p*-forme α sur V est C^r, si la fonction $\alpha(x; \xi_1, \ldots, \xi_p)$ définie sur $T^{(p)}(V)$ est C^r. On dit que α est *nulle* au point $x \in V$, si $\alpha(x; \xi_1, \ldots, \xi_p) = 0$ quels que soient les vecteurs $\xi_1, \ldots, \xi_p$. On appelle *support de α* l'adhérence de l'ensemble des points de V où α ne s'annule pas.

Pour $p = 0$, on convient qu'une 0-forme est simplement une fonction définie sur V.

Le *produit extérieur* $\alpha \wedge \beta$ d'une *p*-forme α et d'une *q*-forme β est, par définition, la $(p + q)$-forme

$$\alpha \wedge \beta (x; \xi_1, \ldots, \xi_{p+q}) = \sum_{\substack{i_1 < \ldots < i_p \\ j_1 < \ldots < j_q}} \delta_{1 \ldots p+q}^{i_1 \ldots i_p j_1 \ldots j_q} \, \alpha(x; \xi_{i_1}, \ldots, \xi_{i_p}) \, \beta(x; \xi_{j_1}, \ldots, \xi_{j_q})$$

où $\delta_{1 \ldots n}^{i_1 \ldots i_n}$ est le symbole de Kronecker usuel. On vérifie que ce produit est distributif, associatif et satisfait à la loi d'anticommutativité $\beta \wedge \alpha = (-1)^{pq} \alpha \wedge \beta$. Si l'un des degrés p ou q est nul, ce produit se réduit au produit ordinaire d'une forme par une fonction et le signe $\wedge$ peut être supprimé.

Soit $\mu : V \to W$ un application $C^r (r \geq 1)$ de la variété V dans la variété W. Son extension μ^T à $T(V)$ applique un vecteur ξ tangent à V en x sur le vecteur $\mu^T(\xi)$ tangent à W en $\mu(x)$. A toute p-forme α sur W correspond alors une p-forme $\mu^*\alpha$ sur V définie en posant

$$\mu^*\alpha(x\,;\,\xi_1\,,\,\ldots\,,\,\xi_p) = \alpha(\mu(x)\,;\,\mu^T(\xi_1)\,,\,\ldots\,,\,\mu^T(\xi_p)).$$

Cette forme $\mu^*\alpha$ est appelée l'*image transposée de α par μ*. En particulier, pour une fonction φ, on a $\mu^*\varphi(x) = \varphi(\mu(x))$. On vérifie que cette operation μ^* est linéaire, et qu'elle est permutable avec la multiplication extérieure : $\mu^*(\alpha \wedge \beta) = \mu^*\alpha \wedge \mu^*\beta$. De plus, si α est C^s ($s \leq r-1$), $\mu^*\alpha$ est aussi C^s.

On a déjà remarqué au n°. 2 que la différentielle d'une fonction sur V est une fonction sur $T(V)$, dont la restriction à T_x est linéaire, c'est-à-dire que c'est une 1-forme. En particulier, dans R^n avec les coordonnées $x^1\,,\,\ldots\,,\,x^n$, la différentielle dx^i est la 1-forme telle que $dx^i(\xi) = i^{\text{ème}}$ composante de ξ. On vérifie alors que, sur un ouvert $D \subset R^n$, toute p-forme peut être représentée, d'une manière unique, par une expression de la forme

$$(1) \qquad \sum_{i_1 < \ldots < i_p} \alpha_{i_1 \ldots i_p}\, dx^{i_1} \wedge \ldots \wedge dx^{i_p}$$

où les coefficients $\alpha_{i_1 \ldots i_p}$ sont des fonctions définies dans D. La forme est C^r si, et seulement si, ces fonctions sont C^r.

Si maintenant α est une p-forme sur une variété V et (D, c) une carte dans V, c'est $c^*\alpha$ qui est égale à une expression telle que (1), expression qu'on appellera *représentation de α dans la carte* (D, c).

La différentielle, envisagée comme une opération qui fait correspondre à toute 0 - forme φ la 1-forme $d\varphi$, se généralise comme l'indique la proposition suivante.

Il existe une opération qui fait correspondre à toute p-forme α (supposée C^r, $r \geq 1$) sur une variété V, une $(p+1)$-forme $d\alpha$ sur V, se réduisant à la différentielle pour $p = 0$, et jouissant des propriétés suivantes :

$1^0)$ $d(\alpha_1 + \alpha_2) = d\alpha_1 + d\alpha_2$

$2^0)$ $d(\alpha \wedge \beta) = d\alpha \wedge \beta + (-1)^p\, \alpha \wedge d\beta$, où p=degré de α.

$3^0)$ $d^2\alpha = 0$ *pour toute forme α (supposée C^2).*

$4^0)$ *Si $\mu : V \to W$ est une application C^2 et si β est une forme C^2 sur W, $d\mu^*\beta = \mu^*d\beta$.*

Cette opération est unique.

Sans insister sur la démonstration, qu'on trouve sous une forme ou une autre dans tous les traités, il suffira de remarquer que dans R^n, l'opération $d = \sum_1^n dx^i \wedge \dfrac{\partial}{\partial x^i}$ qui change la p-forme (1) en

$$\sum_{i_1 < \dots < i_p} d\alpha^{i_1 \dots i_p} \wedge dx^{i_1} \wedge \dots \wedge dx^{i_p}$$

jouit de toutes ces propriétés, et qu'elle est la seule. La démonstration s'étend ensuite à une variété en employant des cartes et en tenant compte de 4^0). L'opération d ainsi définie est encore appelée *différentielle* (ou différentielle extérieure).

Nous allons encore établir une autre formule, la *formule d'homotopie* pour les formes.

Soit $\mu_t : V \to W$ une application dépendant d'un paramètre réel t, telle que l'application

$$\mu : V \times R \to W$$

définie en posant $\mu(x, t) = \mu_t(x)$ soit C^r. Nous dirons que μ_t est une *homotopie* C^r.

Dans ce qui suit, nous utiliserons des coordonnées locales $x^1, \dots, x^n$ et $y^1, \dots, y^m$, définies par des cartes dans V et dans W; $t, x^1, \dots, x^n$ sont alors des coordonnées locales dans $V \times R$. Pour simplifier l'écriture, on conviendra d'identifier les formes avec leurs représentations dans ces cartes.

Si α est une p-forme sur W, $\mu^*\alpha$ est une p-forme sur $V \times R$ et $\mu_t^*\alpha$ une p-forme sur V, dont les coefficients dépendent de t. Mais $\mu_t^*\alpha$ peut aussi être considérée comme une forme sur $V \times R$, d'un type particulier en ce qu'elle n'a pas de terme contenant dt. On obtient les expressions de $\mu^*\alpha$ et de $\mu_t^*\alpha$ à partir de l'expression de α au moyen des coordonnes locales $y^1, \dots, y^m$ de $y = \mu(x,t) \epsilon W$ en remplaçant ces coordonnées par leurs expressions en fonction de $t, x^1, \dots, x^n$; mais pour $\mu_t^*\alpha$ on devra considérer t comme une constante. Cela montre que $\mu_t^*\alpha$ est la somme des termes de $\mu^*\alpha$ qui ne contiennent pas dt, et en mettant dt en évidence dans les autres termes, on peut écrire

$$\mu^*\alpha = dt \wedge \mathcal{M}\alpha + \mu_t^*\alpha,$$

où $\mathcal{M}\alpha$ est une $(p-1)$-forme n'ayant par de terme contenant dt. Cette formule définit l'opérateur $\mathcal{M}$.

En différentiant, et remarquant que la différentielle de $\mu_t^*\alpha$ considérée comme une p-forme dans $R \times V$ est $\mu_t^*d\alpha + dt \wedge \dfrac{\partial}{\partial t}\mu_t^*\alpha$, il vient

$$d(\mu^*\alpha) = - dt \wedge d\mathcal{M}\alpha + dt \wedge \frac{\partial}{\partial t}\mu_t^*\alpha + \mu_t^* d\alpha.$$

Mais cette $(p + 1)$-forme est égale à

$$\mu^* d\alpha = dt \wedge \mathcal{M}\, d\alpha + \mu_t^*\, d\alpha,$$

d'où résulte

$$dt \wedge \frac{\partial}{\partial t}\mu_t^*\alpha = dt \wedge d\mathcal{M}\alpha + dt \wedge \mathcal{M}\, d\alpha.$$

On peut diviser par dt, car les formes en facteur ne contiennent par dt, d'où

$$\frac{\partial}{\partial t}\mu_t^*\alpha = d\mathcal{M}\alpha + \mathcal{M}\, d\alpha$$

et en intégrant par rapport à t de 0 à 1 et posant

$$(4.1) \qquad\qquad M^*\alpha = \int_0^1 (\mathcal{M}\alpha)\, dt,$$

il vient

$$(4.2) \qquad\qquad \boxed{\ \mu_1^*\alpha - \mu_0^*\alpha = dM^*\alpha + M^*\, d\alpha\ }.$$

C'est la formule d'homotopie que nous voulions établir. L'opérateur linéaire M^* défini ci-dessus sera appelé *l'opérateur associé à l'homotopie* $\mu_t(0 \leq t \leq 1)$.

Remarquons que cet opérateur diminue le degré d'une unité. Si S est le support de α, les supports de $\mathcal{M}\alpha$ et $\mu_t^*\alpha$, considérées comme des formes sur V, sont contenus dans l'image réciproque $\mu_t^{-1}(S)$ de S par μ_t. Le support de $M^*\alpha$ est alors contenu dans la réunion des $\mu_t^{-1}(S)$ pour t variant de 0 à 1, ensemble qu'on appellera *trajectoire réciproque* du support de α.

5. — Groupes et anneaux de cohomologie d'une variété, définis à l'aide des formes différentielles.

Une forme α est dite *fermée* si $d\alpha = 0$. Deux formes α_1 et α_2, sur une variété V, sont dites *homologues*, $\alpha_1 \sim \alpha_2$, s'il existe une forme β sur V telle que $\alpha_1 - \alpha_2 = d\beta$. Toute forme homologue à zéro étant fermée, les formes homologues à zéro constituent un sous-espace vectoriel de l'espace vectoriel des formes fermées. On appelle *espace vectoriel de cohomologie de degré p de V*, et l'on désigne par $H^p(V)$, le quotient de l'espace vectoriel des p-formes fermées par le sous-espace des p-formes homologues à zéro. Les éléments de $H^p(V)$ son ainsi des classes constituées par toutes les formes fermées homologues à l'une d'elles. Pour préciser, nous supposerons que V est C^∞ et nous ne prenons que les formes C^∞. On verra d'ailleurs plus loin qu'en prenant les formes C^r on est conduit à des espaces de cohomologie tous isomorphes, quel que soit r.

Si α et β sont deux formes fermées, la classe de $\alpha \wedge \beta$ ne dépend que des classes de α et de β, ainsi qu'il résulte de la formule de différentiation d'un produit. Cela permet de définir le produit d'un élément de $H^p(V)$ par un élément de $H^q(V)$, qui fournit un élément de $H^{p+q}(V)$. La somme directe des $H^p(V)$ $(p = 0, 1, \ldots, n)$ constitue alors un anneau gradué, appelé *l'anneau de cohomologie de V*. Nous le désignerons par $H'(V)$.

Toute application C^∞, $f : V \to W$, induit un homomorphisme de $H'(W)$ dans $H'(V)$, par lequel l'image de la classe d'une forme α sur W est la classe de la forme $f^*\alpha$ sur V. Désignons cet homomorphisme par f'.

Deux applications sont dites C^r-homotopes, s'il existe une C^r-homotopie μ_t telle que l'une des applications soit μ_0 et l'autre μ_1. Il résulte immédiatement de la formule d'homotopie (4.2) que deux applications C^∞-homotopes de V dans W induisent le même homomorphisme de $H'(W)$ dans $H'(V)$.

Il est facile de voir que deux applications C^∞ suffisamment voisines sont C^∞ homotopes. En effet, supposons W proprement plongée dans R^N, soit $\mathcal{T}$ un voisinage tubulaire de W et r la rétraction de $\mathcal{T}$ sur W. Si les deux applications μ_0 et μ_1 de V dans W sont suffisamment voisines, le segment de droite joignant $\mu_0(x)$ à $\mu_1(x)$ sera toujours contenu dans $\mathcal{T}$, et en posant $\mu_t(x) = p\left[(1-t)\,\mu_0(x) + t\,\mu_1(x)\right]$ on a l'homotopie desirée.

Supposons maintenant que $f: V \to W$ est *une application continue*. D'après (3.4), on peut l'approcher par des applications C^∞, qui seront toutes C^∞-homotopes entre elles et induiront le même homomorphisme que nous pouvons alors appeler *l'homomorphisme induit par f* et désigner encore par f'.

(5.1). *Deux applications continues homotopes de V dans W induisent le même homomorphisme de $H'(W)$ dans $H'(V)$.*

En effet, les applications C^∞ qui approchent ces applications continues seront aussi homotopes, et par suite C^∞-homotopes, (on deduit en effet de (3.4) que deux applications C^∞ qui sont homotopes sont C^∞-homotopes).

(5.2). *Si V et W ont le même type d'homotopie, en particulier si V et W sont homéomorphes, $H'(V)$ et $H'(W)$ sont isomorphes.*

En effet, si $f: V \to W$ et $g: W \to V$ sont telles que $f \circ g$ et $g \circ f$ soient homotopes à l'identité, on a $f' \circ g' = (g \circ f)' = 1$ et $g' \circ f' = (f \circ g)' = 1$, de sorte que f' et g' sont des isomorphismes, chacun inverse de l'autre.

Dans une variété non compacte, il y a lieu de considérer un autre anneau de cohomologie, *l'anneau de cohomologie à supports compacts, $H_c'(V)$*.

Bornons nous à considérer les formes C^∞ à support compact, et disons que deux formes sont *compactement homologues* si leur différence est la différentielle d'une forme à support compact. En procédant exactement comme ci-dessus, on définit alors l'anneau $H_c'(V)$ et *l'espace vectoriel de cohomologie de degré p à supports compacts $H_c^p(V)$*.

Il faut remarquer que l'image transposée $f^*\alpha$ d'une forme α à support compact n'est en général pas à support compact, sauf si l'application f est propre. *Aussi n'est-ce que pour les applications propres $f: V \to W$ que l'on définit un homomorphisme induit de $H_c'(V)$ dans $H_c'(W)$.*

Disons que deux applications μ_0 et μ_1 sont *proprement homotopes*, s'il existe une homotopie μ_t pour laquelle la trajectoire réciproque de tout compact (définie à la fin du n°. 4) est un compact. Alors (4.2) entraine:

(5.3). *Deux applications proprement homotopes de V dans W induisent le même homomorphisme de $H_c'(W)$ dans $H_c'(V)$.*

Disons encore que deux variétés V et W ont le même *type d'homotopie propre*, s'il existe deux applications propres, $f : V \to W$ et $g : W \to V$, telles que $f \circ g$ et $g \circ f$ soient proprement homotopes à l'identité. Alors :

(5.4). *Si V et W ont le même type d'homotopie propre, en particulier si V et W sont homéomorphes, $H_c'(V)$ et $H_c'(W)$ sont isomorphes.*

D'après (5.2) et (5.4), $H'(V)$ et $H_c'(V)$ sont des invariants topologiques de V. Les nombres de dimensions (qui peuvent être finis ou infinis) des espaces vectoriels $H^p(V)$ et $H_c^p(V)$ sont donc aussi des invariants topologiques. Nous les noterons $P^p(V)$ et $P_c^p(V)$,

$$P^p(V) = \dim H^p(V), \quad P_c^p(V) = \dim H_c^p(V).$$

Nous allons maintenant considérer quelques exemples, en commençant avec R^n.

Utilisons l'homotopie $\mu_t x = tx \,(0 \leq t \leq 1)$, $x \in R^n$. Si α est une forme de degré > 0, on a $\mu_0^* \alpha = 0$ (car $\mu_0^T \xi = 0$ pour tout vecteur ξ) et si $d\alpha = 0$, en vertu de (4.2) on a $\alpha = dM^*\alpha \sim 0$. Comme d'autre part $H^0(R^n)$ n'est pas autre chose que l'espace vectoriel des fonctions constantes sur R^n, il en résulte :

$$(5.5) \qquad P^0(R^n) = 1, \quad P^q(R^n) = 0 \qquad \text{si } q > 0.$$

Pour l'homologie à supports compacts, on a

$$(5.6) \qquad P_c^n(R^n) = 1, \quad P_c^q(R^n) = 0 \qquad \text{si } q < n.$$

La démonstration est un peu plus délicate. Je vais esquisser ici une méthode élémentaire qui me parait instructive. Nous verrons plus loin comment le résultat peut être obtenu sans aucun calcul, mais avec des moyens plus puissants.

Remarquons d'abord que si $\alpha = a(x)\, dx^1 \wedge \ldots \wedge dx^n$ est une n-forme à support compact dans R^n, l'intégrale

$$\int \alpha = \int_{-\infty}^{+\infty} \ldots \int_{-\infty}^{+\infty} a(x)\, dx^1 \ldots dx^n$$

a toujours un sens, elle est ≥ 0 si $a(x) \geq 0$, et si h est un homéomorphisme C^1 d'un ouvert connexe de R^n contenant le support de α sur un autre ouvert de R^n, on a

$$\int h^* \alpha = \pm \int \alpha$$

avec le signe $+$ si le jacobien de h est positif et le signe $-$ s'il est négatif. On a ensuite la proposition suivante :

(5.7). *Si β est une $(n-1)$-forme C^1 à support compact dans R^n,*
$\int d\beta = 0.$

Il suffit de considérer le cas où β se réduit à un seul terme, par exemple $\beta = b \, dx^2 \wedge \ldots \wedge dx^n$, alors $d\beta = \dfrac{\partial b}{\partial x^1} dx^1 \wedge dx^2 \wedge \ldots$
$\ldots \wedge dx^n$ et la proposition résulte de ce que, le support de b étant compact, $\displaystyle\int_{-\infty}^{+\infty} \dfrac{\partial b}{\partial x^1} dx^1 = 0.$

Choisissons une fonction C^∞, $a(t)$, nulle hors de l'intervalle $-1 < t < 1$, ≥ 0 et telle que $\displaystyle\int_{-\infty}^{+\infty} a(t) \, dt = 1$, et posons $\omega = a(x^1)\, a(x^2) \ldots a(x^n)\, dx^1 \wedge \ldots \wedge dx^n$. Il est clair que

$$\int \omega = 1,$$

de sorte que ω n'est pas compactement homologue à zéro (en vertu de (5.7)).

On a ensuite la proposition suivante :

Il existe un opérateur linéaire continu I qui change toute p-forme C^∞ à support compact dans R^n en une $(p-1)$-forme C^∞ à support compact dans R^n, tel que

$$d I \alpha = \begin{cases} \alpha - C\omega, \ \text{ avec } \ C = \displaystyle\int \alpha, \ \textit{si le degré de } \alpha \textit{ est } n, \\[2ex] \alpha \qquad\quad \textit{si le degré de } \alpha \textit{ est } < n \ \textit{ et } d\alpha = 0. \end{cases}$$

Désignons par d', ω', $\int'$ et I' les analogues de d, ω, $\int$ et I relatifs au sous-espace R^{n-1} de R^n défini en posant $x^n = \mathrm{const}$. On a $d = d' + dx^n \wedge \dfrac{\partial}{\partial x_n}$, $\dot\omega = \omega' \wedge a\,(x^n)\,dx^n$. Si α est une p-forme dans R^n, on peut écrire $\alpha = \alpha_1\,(x^n) \wedge dx^n + \alpha_2\,(x^n)$, où $\alpha_1\,(x^n)$ et $\alpha_2\,(x^n)$ sont des formes de degrés $p-1$ et p dans R^{n-1}, dépendant du paramètre x^n, $\alpha_1 = 0$ si $p = 0$ et $\alpha_2 = 0$ si $p = n$. Procédant par récurrence, on définit I à l'aide de I' en posant

$$I\alpha = \begin{cases} I'\alpha_1 \wedge dx^n + (-1)^{n-1} \displaystyle\int_{-\infty}^{x^n} \left[\int' \alpha_1(t) - a(t) \int \alpha \right] dt & \text{si } p = n', \\[2em] I'\left(\alpha_1 + (-1)^p I' \dfrac{\partial\,\alpha_2}{\partial\,x^n} \right) \wedge dx^n + I'\alpha_2 & \text{si } p < n. \end{cases}$$

Le départ de la récurrence est déterminé en convenant que $I\alpha = 0$ si $p = 0$. On vérifie que l'opérateur I ainsi défini satisfait bien aux conditions requises (que chacun fasse la vérification !), et (5.6) résulte immédiatement de là.

Comme corollaire immédiat de (5.4) et (5.6), citons le célèbre théorème de Brouwer (1911): *si $n \neq m$, R^n et R^m ne sont pas homéomorphes.*

Pour la sphère à n dimensions S^n, on déduit facilement de (5.6) que $P^0\,(S^n) = P^n\,(S^n) = 1$, $P^q\,(S^n) = 0$ si $0 < q < n$.

Pour une variété connexe à n dimensions V, on a $P^0\,(V) = 1$, $P_c^0\,(V) = 1$ ou 0 selon que V est compacte ou non (vérification immédiate !). Nous allons encore déterminer $P_c^n\,(V)$, mais pour cela il faut définir la notion d'orientabilité.

On dit que la variété V est *orientable*, s'il existe un atlas de V pour lequel les homéomorphismes de passage ont leur jacobien toujours positif. Disons qu'un tel atlas est orienté ; on voit facilement que tout atlas C^r orienté de V est contenu dans un atlas C^r orienté *complet* (c'est à-dire qui ne peut pas être augmenté par adjonction d'une nouvelle carte sans qu'il cesse d'être C^r et orienté), et si V est orientable et connexe, il existe exactement deux atlas C^r orientés complets de V ; chacun d'eux définit une *orientation de V*. Une variété connexe orientable admet ainsi deux orientations, chacune est dite opposée à l'autre. L'homéomorphisme de passage relatif à deux cartes de la même orientation est positif, celui relatif à deux cartes d'orientations opposées est négatif.

Si V est *orientée*, c'est-à-dire si V est orientable et si l'on a choisi un atlas C^r orienté complet, soit t', on peut définir l'intégrale d'une n-forme α à support compact dans V, de la manière suivante. Utilisant une partition de l'unité $1 = \sum_i \varphi_i$ (telle que celle de 2.4), on considère pour chaque i une carte (D_i, c_i) de t' dont le but $c_i(D_i)$ contient le support de φ_i, et l'on pose

$$\int \alpha = \sum_i \int c_i^* (\varphi_i \alpha).$$

On vérifie que la valeur ainsi obtenue ne dépend que de α et du choix de l'orientation de V; avec l'orientation opposée on aurait la valeur opposée. La proposition (5.7) se généralise:

(5.8). *Si β est un $(n-1)$-forme C^1 à support compact dans la variété orientée à n dimensions V, on a* $\int d\beta = 0$.

Cela étant, choisissons une n-forme ω, à support compact contenu dans une boule $B \subset V$, telle que $\int \dot\omega = 1$. La variété V étant connexe, on peut joindre B à la boule B_i contenant le support de φ_i par un arc, et l'on en déduit facilement qu'il existe une boule contenant à la fois B et B_i. Cette boule étant homéomorphe à R^n, il résulte de ce qu'on a établi que $\varphi_i \alpha$ est compactement homologue à $C_i \omega$, avec $C_i = \int \varphi_i \alpha$, et par suite α est compactement homologue à $C\omega$, avec $C = \int \alpha$. Cela entraîne $P_c^n(V) = 1$.

Supposons maintenant V connexe et non orientable. On ne peut plus définir l'intégrale d'une n-forme sur V. Mais on peut encore choisir une n-forme ω, à support compact contenu dans une boule $B \subset V$, dont l'intégrale étendue à la boule B orientée vaut 1. Soit B' une autre boule ne rencontrant par B, ω' une n-forme à support compact dans B' dont l'intégrale étendue à B', prise avec une orientation déterminée, vaut 1. Le fait que V n'est pas orientable entraine qu'il existe deux ouverts connexes orientables contenant chacun B et B', tels que les orientations de ces ouverts qui coincident dans B' ne coincident pas dans B. Le raisonnement fait ci-dessus pour les variétés orientables, appliqué successivement à chacun de ces deux ouverts, montre que ω' est compactement homologue à la fois à ω et à $-\omega$, d'où résulte que ω est compactement homologue à zéro, et l'on déduit que $P_c^n(V) = 0$.

Si V est connexe et non compacte, on a toujours $P^n(V) = 0$. Pour le montrer, partant d'une n-forme ω définie comme ci-dessus, on pourra construire une suite de n-formes $\omega_0 = \omega, \omega_1, \omega_2, \ldots$ dont les supports s'éloignent indéfiniment, et une suite de $(n-1)$-formes $\beta_1, \beta_2, \ldots$ dont les supports s'éloignent aussi indéfiniment, telles que $d\beta_i = \omega_i - \omega_{i-1}$, d'où $d\Sigma\beta_i = \omega$, etc (que chacun achève la démonstration !).

Considérons maintenant deux variétés connexes et orientées V et W, de même dimension n, et une application propre $f: V \to W$. Soient α et β deux n-formes à support compact, dans V et W respectivement, telles que

$$\int_V \alpha = \int_W \beta = 1.$$

Leurs classes d'homologie compacte $\{\alpha\}$ et $\{\beta\}$ fournissent des bases de $H_c^n(V)$ et $H_c^n(W)$. L'image de $\{\beta\}$ par l'homomorphisme $f': H_c^n(W) \to H_c^n(V)$ induit par f est alors un multiple de $\{\alpha\}$, $f'\{\beta\} = k\{\alpha\}$. Le nombre k, qui caractérise cet homomorphisme, est appelé le *degré* de f. Nous allons montrer que c'est un nombre entier.

Nous pouvons supposer que f est C^1, et même C^∞ (en la remplaçant par une autre application de la même classe d'homotopie propre). Alors $f^*\beta$ étant compactement homologue à $k\alpha$, on aura

$$k = \int_V f^*\beta.$$

Soit w une valeur non critique de f (il en existe en vertu de 2.2). Son image réciproque $f^{-1}(w)$ est un compact en chaque point duquel f est de rang n. Ces points sont par suite isolés et en nombre fini, soit $f^{-1}(w) = \{v_1, v_2, \ldots, v_r\}$. L'image réciproque $f^{-1}(D)$ d'un ouvert connexe D assez petit contenant w sera la réunion de r ouverts deux-à-deux disjoints, $D_1, \ldots, D_r$, contenant respectivement $v_1, \ldots, v_r$, et la restriction de f à D_i est un homéomorphisme de D_i sur D. Supposons le support de β contenu dans D. On aura

$$\int_{D_i} f^*\beta = \pm\int_D \beta = \pm 1$$

avec le signe du jacobien de f dans D_i (jacobien relatif à des cartes choisies en tenant compte des orientation données de V et W). Comme d'autre part

$$k = \int f^*\beta = \sum_{i=1}^{r} \int_{D_i} f^*\beta,$$

on voit que k est égal à la différence entre le nombre des points de $f^{-1}(w)$ où le jacobien de f est positif et le nombre de ceux où il est négatif. C'est donc bien un entier, et l'on voit en même temps que cette différence ne dépend pas du choix de w et a la même valeur pour toutes les applications d'une même classe d'homotopie propre.

6. — Chaînes. Espaces vectoriels d'homologie définis à l'aide des chaînes.

Un *élément de p-chaîne*, dans une variété V, est une application $\pi : \Pi \to V$ d'un polyèdre convexe orienté à p dimensions $\Pi \subset R^p$ dans V. Pour $p = 0$, c'est simplement un point de V. On dira que cet élément est C^r, si l'application π est la restriction à Π d'une application C^r d'un ouvert de R^p contenant $\overline{\Pi}$. Les éléments de chaîne envisagés seront toujours supposés C^r avec $r \geq 1$.

L'intégrale étendue à l'élément de p-chaîne $e = (\pi : \Pi \to V)$ d'une p-forme α sur V est par définition

$$\int_e \alpha = \int_\Pi \pi^*\alpha.$$

Pour $p = 0$, c'est la valeur de la fonction α au point e.

Une *p-chaîne finie* dans V est définie par une combinaison linéaire $c = \sum_{i=1}^{r} k_i e_i$ d'un nombre fini d'éléments de p-chaînes $e_i (i=1,2,...,r)$ dans V, et l'intégrale de la p-forme α sur la p-chaîne c est par définition

$$\int_c \alpha = \sum_{i=1}^{r} k_i \int_{e_i} \alpha.$$

Nous conviendrons de considérer deux telles combinaisons c_1 et c_2 comme équivalentes et définissant la même p-chaîne, si les intégrales sur c_1 et sur c_2 de toute p-forme α sont égales. Une p-chaîne est ainsi une classe de combinaisons linéaires d'éléments de p-chaînes toutes équivalentes entre elles. Si les coefficients k_i sont entiers, **on** dira que la chaîne est *entière*. En général les k_i seront des nombres réels quelconques.

Nous envisagerons aussi des *chaînes infinies*, représentées par des combinaisons linéaires d'un nombre infini d'éléments de chaîne, assujettis à la condition que tout compact de V n'en rencontre qu'un nombre fini : les chaînes infinies seront toujours localement finies. L'intégrale d'une p-forme sur une p-chaîne infinie est définie comme ci-dessus, mais au lieu d'une somme on a une série qui peut être divergente ; remarquons qu'elle sera toujours convergente lorsque la forme a un support compact.

L'image de l'élément de chaîne $e = (\pi : \Pi \to V)$ dans V par l'application $f : V \to W$ est par définition l'élément de chaîne $fe = = (f \circ \pi : \Pi \to W)$ dans W, et l'image de la chaîne $c = \Sigma\, k_i\, e_i$ est définie par linéarité : $fc = \Sigma\, k_i\, (f\, e_i)$. Si c est infinie, il faudra supposer que f est propre (sinon fc ne serait en général pas localement finie). Il résulte de cette définition que pour toute forme α l'on a

$$(6.1) \qquad \int_c f^*\alpha = \int_{fc} \alpha .$$

Pour définir le bord d'un élément de p-chaîne $e = (\pi : \Pi \to V)$, nous considérons les faces à $(p-1)$ dimensions Π_i de Π et nous les orientons de la manière suivante : si l'orientation de $\Pi \subset R^p$ est définie par les coordonnées $x_1, x_2, \ldots, x_p$, et si Π_i est contenu dans le sous espace R^{p-1} défini par $x_1 = 0$, on prend l'orientation de Π_i définie par les coordonnées $x_2, \ldots, x_p$ ou l'orientation opposée, selon que Π est contenu dans le demi-espace $x_1 < 0$ ou dans le demi-espace $x_1 > 0$ de R^p. Cela étant, le bord de l'élément de p-chaîne e est par définition la $(p-1)$-chaîne $be = \Sigma\, e_i$, où e_i est l'élément de $(p-1)$-chaîne $e_i = (\pi_i, \Pi_i \to V)$, π_i désignant la restriction de π à Π_i. Si $p = 1$, Π est un intervalle $a' < x_1 < a''$ et $b\,e$ est par définition la o-chaîne $\pi(a'') - \pi(a')$. On définit alors *le bord d'une p-chaîne* $c = \Sigma\, k_i\, e_i$ par linéarité, en posant $b\,c = \Sigma\, k_i\, (b\, e_i)$, pour $p \geq 1$, et l'on convient que le bord d'une o-chaîne est toujours nul.

On vérifie que le bord du bord d'une chaîne est toujours nul.

On a ensuite la *formule générale de Stokes*

$$(6.2) \qquad \int_c d\alpha = \int_{bc} \alpha ,$$

valable pour toute $(p-1)$-forme α (supposée C^1) et toute p-chaîne finie c, et aussi pour toute p-chaîne infinie c si le support de α est compact. Pour la démonstration, on se ramène au cas où c est un simplexe et l'on utilise la formule fondamentale du calcul intégral, qui est elle-même le cas particulier correspondant à $p=1$ de cette formule générale.

Soit $\mu_t : V \to W$ une homotopie et $e = (\pi : \Pi \to V)$ un élément de p-chaîne dans V. Désignons par I l'intervalle $0 < t < 1$ et si l'orientation de Π est définie par les coordonnés $x_1, x_2, \dots, x_p$, convenons de choisir l'orientation de $I \times \Pi$ définie par les coordonneés $t, x_1, x_2, \dots, x_p$, et posons

$$(6.3) \qquad Me = (\mu \circ \pi,\ I \times \Pi \to W),$$

où $\mu : R \times V \to W$ est, comme au no. 4, l'application $\mu(t, x) = \mu_t x$. A tout élément de p-chaîne e dans V correspond ainsi un élément de $(p+1)$-chaîne Me dans W. Par linéarité, la définition de l'opérateur M s'étend à toute les chaînes finies, et aussi aux chaînes infinies lorsque l'homotopie $\mu_t (0 \leq t \leq 1)$ est propre.

On a alors la formule suivante, dite *formule d'homotopie pour les chaînes,*

$$(6.4) \qquad \boxed{\mu_1 c - \mu_0 c = b\,Mc + Mbc}$$

valable pour toute chaîne finie c dans V, et aussi pour toute chaîne infine c lorsque l'homotopie $\mu_t (0 \leq t \leq 1)$ est propre.

Pour la démonstration, il suffit de considérer le cas d'un élément de chaîne e, et la définition même de Me montre alors que $bMe = \mu_1 e - \mu_0 e - Mbe$.

On remarquera encore que cet opérateur M est lié à l'opérateur M^*, défini au no. 4 pour les formes, par la relation

$$(6.5) \qquad \int_{Mc} \alpha = \int_c M^* \alpha,$$

valable pour toute $(p+1)$-forme α et toute p-chaîne finie c.

On appelle *chaîne fermée* on *cycle* toute chaîne dont le bord est nul. Deux p-chaînes c_1 et c_2 sont dites *homologues*, et l'on écrit $c_1 \infty c_2$, si $c_1 - c_2$ est le bord d'une $(p+1)$-chaîne (finie au infinie). Si $c_1 - c_2$ borde une $(p+1)$.chaîne finie, on dira que c_1 et c_2 sont *compactement homologues.*

On appelle *espace vectoriel d'homologie de dimension p de V* et l'on désignera par $H_p(V)$ le quotient de l'espace vectoriel de tous les p-cycles de V (finis et infinis) par le sous espace formé des p-cycles homologues à zéro. Le quotient de l'espace vectoriel de tous les p-cycles finis de V par le sous-espace des p-cycles compactement homologues à zéro est appelé *espace vectoriel d'homologie compacte de dimension p de V* et sera designé par $H_p^c(V)$. Les nombres

$$P_q(V) = \dim H_q(V), \quad P_q^c(V) = \dim H_q^o(V)$$

sont appelés les *nombres de Betti* de V.

Il est évident que si V est compact $H_q(V)$ et $H_q^c(V)$ sont identiques; nous verrons qu'alors les nombres de Betti sont toujours finis.

Si $f: V \to W$ est une applicatiaus C^1 de V dans W, on a $b(fc) = f(bc)$, pour toute chaîne finie c de V et aussi pour toute chaîne infinie si f est propre. Il en résulte que *l'application f induit un homomorphisme de $H_q^c(V)$ dans $H_q^c(W)$, et, si elle est propre, un homomorphisme de $H_q(V)$ dans $H_q(W)$.*

En vertu de la formule d'homotopie (6.4), le premier de ces homomorphismes ne dépend que de la classe d'homotopie de f et le second que de la classe d'homotopie propre de V. Il en résulte que $H_q^c(V)$ et $P_q^c(V)$ ne dépendent que du type d'homotopie de V, et $H_q(V)$ et $P_q(V)$ ne dépendent que du type d'homotopie propre de V. Ce sont donc des invariants topologiques de V.

Comme exemple, considérons R^n, et désignons par M l'opérateur associé à l'homotopie $\mu_t x = tx (0 \leq t \leq 1)$. Si c est un q-cycle fini, on a $c - \mu_0 c = b(Mc)$, et $\mu_0 c = 0$ si $q > 0$, tandis que, si $q = 0$, $\mu_0 c$ est un multiple de la chaîne représenteé par le point 0. Cela entraîne $P_q^c(R^n) = 0$ si $q > 0$ et $P_0^c(R^n) = 1$.

Désignons encore par M_k l'opérateur associé à l'homotopie $\mu_t x = tx (k \leq t \leq k+1)$, k étant un entier > 0. Cette homotopie est propre, et si c est une q-cycle fini ou infini ne contenant pas le point 0, $\overset{\infty}{\underset{1}{\Sigma}} M_k c$ est une $(q+1)$-chaîne (elle est bien localement finie!) dont le bord est $-c$. Cela entraîne $P_q(R^n) = 0$ pour $q < n$. Enfin, on prouve que $P_n(R^n) = 1$ en montrant que toute n-chaîne fermée dans R^n est égale a un multiple de la n-chaîne c_0 égale à la somme des « pavés à n dimensions » definis par $k_i < x_1 < k_i + 1 (i = 1, \ldots, n)$, où $k_1, \ldots k_n$ sont des entiers quelconques et $x_1, \ldots, x_n$ sont les coordonnées de R^n définissant l'orientation de ces pavés. Ce dernier fait se déduit facilement de (5.6): soit en effet ω une n-forme à support compact dont l'intégrale étendue à R^n, ou, ce qui revient au même, à c_0, vaut 1, et soit c un n-cycle quelconque; si a est la valeur de l'intégrale de ω sur c, comme toute n-forme α à support compact est compactement homologue à un multiple de ω, on a

$$\int_c \alpha = a \int_{R^n} \alpha = \int_{ac_0} \alpha$$

d'où résulte $c = ac_0$.

Proposons comme exercice de déterminer $P_q(S^n)$ pour tout q, puis $P_0(V)$, $P_0^c(V)$, $P_n(V)$ et $P_n^c(V)$ pour toute variété connexe à n dimensions V.

Nous allons maintenant énoncer les théorèmes que nous nous proposons d'établir dans les nos. suivants.

Désignons par h_q, h_q^c, h^q et h_c^q des éléments quelconques des espaces vectoriels $H_q(V)$, $H_q^c(V)$, $H^q(V)$ et $H_c^q(V)$ respectivement. Ces éléments sont des classes de chaînes ou de formes fermées homologues ou compactement homologues entre elles. Ensuite, posons

(6.6)
$$\begin{cases} \langle h_q, h_c^q \rangle = \int_c \omega, \text{ où } c \in h_q \text{ et } \omega \in h_c^q, \\[2em] \langle h_q^c, h^q \rangle = \int_c \omega, \text{ où } c \in h_q^c \text{ et } \omega \in h^q. \end{cases}$$

Il résulte de la formule de Stokes que les valeurs de $\langle h_q, h_c^q \rangle$ et $\langle h_q^c, h^q \rangle$ ne dépendent pas de l'arbitraire qui reste dans le choix de ω et de c. Ce sont des fonctions bilinéaires de leurs arguments. La première détermine un homomorphisme canonique de $H_q(V)$ dans le dual de $H_c^q(V)$, car pour h_q fixe et h_c^q variable, $\langle h_q, h_c^q \rangle$ est un forme linéaire sur $H_c^q(V)$. De même, la seconde détermine un homomorphisme canonique de $H^q(V)$ dans le dual de $H_q^c(V)$.

Nous pouvons alors énoncer le *théorème de dualitée*:

(6.7). *Les homomorphismes canoniques de $H_q(V)$ dans le dual de $H_c^q(V)$ et de $H^q(V)$ dans le dual de $H_q^c(V)$, définis par (6.6), sont des isomorphisme.*

En voici un corollaire immédiat :

(6.8). *Pour que l'un des éléments h_q, h_q^c, h^q ou h_c^q soit nul, il faut et il suffit que celle des fonctions bilinéaires (6.6) qui le contient soit nulle quel que soit l'autre élément.*

Supposons maintenant que la variété à n dimensions V soit orientable et *orientée*. On définit alors de nouvelles fonctions bilinéaires en posant

$$(6.9) \quad \begin{cases} \langle h_c^q, h^{n-q} \rangle = \int \alpha \wedge \beta, & \text{où} \quad \alpha \in h_c^q \quad \text{et} \quad \beta \in h^{n-q}, \\[2em] \langle h^q, h_c^{n-q} \rangle = \int \alpha \wedge \beta, & \text{où} \quad \alpha \in h^q \quad \text{et} \quad \beta \in h_c^{n-q}. \end{cases}$$

En tenant compte de (5.8) et de la formule de différentiation d'un produit, on vérifie que ces valeurs ne dépendent pas de l'arbitraire qui reste dans le choix de α et de β. La seconde fonction bilinéaire se ramène d'ailleurs à la première, avec $n - q$ au lieu de q, par la relation $\langle h^q, h_c^{n-q} \rangle = (-1)^{q(n-q)} \langle h_c^{n-q}, h^q \rangle$.

Nous pouvons alors énoncer le *théorème d'isomorphie* :

(6.10). *Si V est une variété orientée à n dimensions, il existe un isomorphisme canonique $\mathcal{I}$ de $H_c^q(V)$ sur $H_{n-q}^c(V)$ et de $H^q(V)$ sur $H_{n-q}(V)$, tel que*

$$\langle h_c^q, h^{n-q} \rangle = \langle \mathcal{I}(h_c^q), h^{n-q} \rangle \quad \text{et} \quad \langle h^q, h_c^{n-q} \rangle = \langle \mathcal{I}(h^q), h_c^{n-q} \rangle.$$

Dans ce qui suit, nous allons introduire la notion de courant, qui généralise à la fois les chaînes et les formes et qui conduit à une démonstration naturelle du théorème d'isomorphie. Ensuite nous établirons le théorème de dualité pour les variétés orientables.

7. — Courants.

On appelle *courant de dimension p*, dans une variété C^∞ à n dimensions V, toute forme linéaire $\langle T, \varphi \rangle$ sur l'espace vectoriel $\mathcal{D}^p$ constitué par toutes les p-formes C^∞ à support compact dans V, satisfaisant à la condition de continuité suivante : si $\varphi \in \mathcal{D}^p$ tend vers zéro, de telle manière que son support reste contenu dans un compact fixe et que pour toute carte (D, c) dans V chaque dérivée (de n'importe quel ordre ≥ 0) de chaque coefficient de $c^* \varphi$ converge uniformément vers zéro sur tout compact contenu dans D, alors $\langle T, \varphi \rangle \to 0$.

Toute p-chaîne c dans V définit un courant de dimension p, en posant

$$\langle c, \varphi \rangle = \int_c \varphi.$$

On dira que ce courant est égal à la chaine c.

Supposons V orientable et *orientée*. Alors toute $(n-p)$-forme ω définit un courant de dimension p, en posant

$$\langle \omega, \varphi \rangle = \int \omega \wedge \varphi.$$

Nous dirons que ce courant est égal à la forme ω.

D'une manière générale, on appellera *degré* d'un courant T dans V la différence $n - p$ entre les dimensions de V et de T.

On appelle *bord* d'un courant T de dimension p le courant bT de dimension $p - 1$ défini en posant

$$\langle bT, \varphi \rangle = \langle T, d\varphi \rangle.$$

Dans le cas des chaînes, en vertu de (6.2), cette définition s'accorde avec celle du n°. 6.

Pour une $(n - p)$-forme ω, on a

$$d(\omega \wedge \varphi) = d\omega \wedge \varphi + (-1)^{n-p}\, \omega \wedge . d\varphi,$$

d'où, en vertu de (5.8),

$$\langle d\omega, \varphi \rangle = (-1)^{n-p+1} \langle \omega, d\varphi \rangle,$$

et par suite $b\omega = (-1)^{n-p+1}\, d\omega$. Or, $n - p + 1$ est le degré de $d\omega$, et si l'on désigne par w l'opérateur linéaire qui multiple une q-forme par $(-1)^q$, on a $b\omega = w\, d\omega$ et $d\omega = w\, b\omega$. La définition de l'opérateur w s'étend naturellement aux courants et la formule $dT = w\, bT$ définit alors *la différentielle d'un courant*.

Le courant T est dit *fermé* si $bT = 0$. On définit ensuite le produit $T \wedge \alpha$ d'un courant par une forme C^∞ en posant

$$\langle T \wedge \alpha, \varphi \rangle = \langle T, \alpha \wedge \varphi \rangle.$$

Si les degrés de T et α sont q et r, le degré de $T \wedge \alpha$ est $q + r$ et l'on définit $\alpha \wedge T$ en posant $\alpha \wedge T = (-1)^{qr} T \wedge \alpha$. Si l'un des degrés q ou r est nul, on pourra supprimer le signe $\wedge$ et écrire simplement $T\alpha$ ou αT.

Dans un ouvert D de R^n, tout courant T de degré q peut être représenté par une forme différentielle généralisée

$$(7.1) \qquad T = \sum_{i_1 < \dots < i_q} T_{i_1 \dots i_q}\, dx^{i_1} \wedge \dots \wedge dx^{i_q}$$

dont les coefficients sont des courants de degré 0 dans D définis en posant

$$\langle\, T_{i_1 \dots i_q}\,,\, a\, dx^1 \wedge \dots \wedge dx^n \,\rangle = \varepsilon\, \langle\, T,\, a\, dx^{j_1} \wedge \dots \wedge dx^{j_{n-q}} \,\rangle$$

où $i_1 \dots i_q\, j_1 \dots j_{n-q}$ est une permutation de $1 \dots n$, $\varepsilon = +1$ ou -1 selon que cette permutation est paire ou impaire et a est une fonction C^∞ quelconque à support compact.

On dit que le courant T est nul dans un ouvert $G \subset V$, si $\langle\, T, \varphi \,\rangle = 0$ pour toute forme φ à support compact contenu dans G. A l'aide de (2.4), on montre qu'il existe un ouvert maximum dans lequel T est nul; le complémentaire de cet ouvert maximum est appelé *le support de* T. Lorsque T est égal à une forme C^0, cette définition est en accord avec celle du n⁰. 4.

Si le support de T est compact, on peut définir $\langle\, T, \varphi \,\rangle$ pour toute forme C^∞, en utilisant une partition de l'unité $1 = \sum_i \varphi_i$ satisfaisant aux conditions de (2.4) et posant $\langle\, T, \varphi \,\rangle = \sum_i \langle\, T, \varphi_i\, \varphi \,\rangle$. Un courant à support compact de dimension p est ainsi une forme linéaire sur l'espace vectoriel $\mathcal{E}^p$ constitué par toutes les p-formes C^∞.

Soit $f : V \to W$ une application C^∞, et T un courant à support compact dans V. En posant

$$\langle\, f T, \varphi \,\rangle = \langle\, T, f^* \varphi \,\rangle$$

on définit un courant $f T$ dans W, qui est appelé *l'image de* T *par* f. Si l'application f est propre, le support de $f^* \varphi$ étant compact lorsque le support de φ est compact, la même formule définit l'image par f d'un courant quelconque dans V. On remarquera que $f T$ a la même dimension que T et que le support de $f T$ est contenu dans l'image par f du support de T.

Soit $\mu_t : V \to W$ une homotopie C^∞. En utilisant l'opérateur M^* défini par (4.1), on définit MT pour tout courant T à support compact et même pour tout courant T si l'homotopie μ_t $(0 \leq t \leq 1)$ est propre, en posant

$$(7.2) \qquad \langle\, MT, \varphi \,\rangle = \langle\, T, M^{*}\, \varphi \,\rangle.$$

On déduit alors de (4.2) la *formule d'homotopie pour les courants*.

$$(7.3) \qquad \mu_{1}\, T - \mu_{0}\, T = b\, MT + M\, bT.$$

On définit encore les relations d'homologie entre courants exactement comme entre chaînes : deux courants sont dits *homologues*, si leur différence borde un courant, et *compactement homologues* si leur différence borde un courant à support compact. Les rapports entre cette nouvelle notion et les homologies introduites aux nos. 5 et 6 sont alors précisés par les deux théorèmes suivants :

(7.4) *Dans une variété orientée, tout courant fermé est homologue à une forme C^{∞} et tout courant fermé à support compact est compactement homologue à une forme C^{∞}. Si une forme C^{r} ($1 \leq r \leq \infty$) borde un courant (resp. un courant à support compact) elle borde une forme C^{r} (resp. une forme C^{r} à support compact).*

(7.5) *Tout courant fermé est homologue à une chaine et tout courant fermé à support compact est compactement homologue à une chaîne finie. Si une chaîne borde un courant (resp. un courant à support compact), elle borde une chaîne (resp. une chaîne finie).*

Nous démontrerons le premier de ces théorèmes et la première partie du second au no 8. Montrons ici que le théorème d'isomorphie (6.10) en est un corollaire presque immédiat. En effet, on obtient un isomorphisme $\mathcal{G}$ de $H_{c}^{q}(V)$ sur $H_{n-q}^{c}(V)$ en associant à toute classe $h_{c}^{q} \in H_{c}^{q}(V)$ de q-formes la classe $\mathcal{G}(h_{c}^{q}) \in H_{n-q}^{c}(V)$ des $(n-q)$ cycles finis qui leur sont compactement homologues ; cet isomorphisme satisfait bien à la relation $\langle\, h_{c}^{q}, h^{n-q} \,\rangle = \langle\, \mathcal{G}(h_{q}^{o}), h^{n-q} \,\rangle$, car si les courants T_{1} et T_{2} sont compactement homologues, on a $\langle\, T_{1}, \varphi \,\rangle - \langle\, T_{2}, \varphi \,\rangle = \langle\, T_{1} - T_{2}, \varphi \,\rangle = \langle\, bT, \varphi \,\rangle = \langle\, T, d\varphi \,\rangle = 0$ pour toute forme fermée φ. D'une manière analogue on obtient l'isomorphisme de $H^{q}(V)$ sur $H_{n-q}(V)$.

8. — Régularisation. Démonstration du théorème d'isomorphie.

Jusqu'ici la condition de continuité figurant dans la définition des courants n'a pas été utilisée. Cette condition a été introduite par L. Schwartz dans sa définition des distributions, qui ne sont pas autre chose que les courants de degré 0 dans notre terminologie (ou les courants de dimension 0, si on considére les distributions comme généralisant les mesures plutôt que les fonctions). Pour la suite, l'utilité de cette condition apparait dans la proposition suivante, qui en découle immédiatement, et qui généralise la règle bien connue de dérivation d'une intégrale par rapport à un paramètre.

(8.1) *Si φ est une forme sur V qui dépend de paramètres $y_1 , y_2 , ... ,$ dont les coefficients sont fonctions C^∞ par rapport à l'ensemble des coordonnées locales dans V et des paramètres, dont le support reste dans un compact fixe lorsque les paramètres restent bornés, et si T est un courant dans V, $\langle T, \varphi \rangle$ est fonction C^∞ des paramètres $y_1 , y_2 , ...$ et l'on a :*

$$\frac{\partial}{\partial y_i} \langle\, T, \varphi\, \rangle = \langle\, T, \frac{\partial \varphi}{\partial y_i}\, \rangle .$$

Cela permet d'établir le théorème suivant.

(8.2) *Sur toute variété, on peut définir des opérateurs linéaires R et A, dépendant de paramètres positifs $\varepsilon_1 , \varepsilon_2 , ...$, tels que si T est un courant de dimension p, RT et AT sont des courants de dimension p et $p+1$ respectivement, jouissant des propriétés suivantes :*

1) $$RT - T = b\, AT + A\, bT.$$

2) *Les supports de RT et AT sont aussi voisins qu'on veut du support de T, si les paramètres $\varepsilon_1 , \varepsilon_2 , ...$ sont assez petits.*

3) *Si T est une forme C^r AT est aussi une forme C^r.*

4) *RT est toujours une forme C^∞.*

5) *Si les paramètres $\varepsilon_1 , \varepsilon_2 , ...$ tendent vers zéro, $RT - T$ et AT tendent vers zéro, c'est-à-dire que*

$$\langle RT, \varphi \rangle \to \langle T, \varphi \rangle \quad et \quad \langle AT, \varphi \rangle \to 0$$

pour toute forme C^∞ à support compact φ.

Je me bornerai ici à donner quelques indications sur la démonstration de ce théorème, qu'on peut trouver exposée d'une manière complète dan mon livre (Variétés différentiables, pp. 72-82).

Dans R^n, choisissons une fonction $f(x) \geq 0$, C^∞, à support contenu dans la boule $|x| < \varepsilon$ (elle dépend du paramètre $\varepsilon > 0$), telle que $\int f(x)\, dx = 1$ (on pose pour abréger $dx = dx^1 \wedge ... \wedge dx^n$, et

$dy = dy^1 \wedge ... \wedge dy^n$). Désignons par s_y la translation $s_y(x) = x + y$ et par M_y et M_y^* les opérateurs associés à l'homotopie s_{ty} ($0 \le t \le 1$) (voir (4.1) et (7.2)). On définit alors des opérateurs R et A, dépendant d'un seul paramètre $\varepsilon > 0$, en posant

$$RT = \int (s_y\,T)\,f(y)\,dy, \qquad AT = \int (M_y\,T')\,f(y)\,dy.$$

En vertu de (7.3), ces opérateurs satisfont à 1), et en ce qui concerne 2), il est immédiat que les supports de RT et de AT sont contenus dans l'ensemble des points de R^n dont la distance au support de T est $< \varepsilon$. La vérification de 3) et 5) ne présente pas de difficultés. Pour vérifier 4), on peut se borner au cas où T est de degré 0, car l'expression de RT par une forme généralisée se déduit de l'expression (7.1) de T en appliquant l'opération R aux coefficients $T_{i_1...i_q}$. Or, si T est de degré 0, on a

$$\langle RT, \varphi(x)\,dx \rangle = \int \langle s_yT, \varphi(x)\,dx \rangle f(y)\,dy = \int \langle T, \varphi(x+y)\,dx \rangle f(y)\,dy =$$

$$= \langle T, \int_y \varphi(x+y)\,dx\,f(y)\,dy \rangle = \langle T, \int_y \varphi(y)\,dx\,f(y-x)\,dy \rangle =$$

$$= \int_y \langle T, f(y-x)\,dx \rangle \varphi(y)\,dy = \langle g(y), \varphi(y)\,dy \rangle$$

en posant $g(y) = \langle T, f(y-x)\,dx \rangle$, fonction qui est C^∞ en vertu de (8.1). Cela montre que $RT = g(x)$ et 4) est établi.

Pour établir (8.2) dans toute sa généralité, on commence par transformer les opérateurs ci-dessus à l'aide d'un homéomorphisme C^∞ de R^n sur une boule B, tel que la transformée d'une translation de R^n soit un homéomorphisme de B qui s'étend en un homéomorphisme C^∞ de $R^n \supset B$ sur lui-même égal à la transformation identique hors de B. Ensuite, utilisant un recouvrement localement fini de la variété V par des boules B_i, on attache à chacune de ces boules des opérateurs R_i et A_i dépendant d'un paramètre $\varepsilon_i > 0$, et en les combinant convenablement on obtient des opérateurs R et A satisfaisant à (8.2).

On dira que R est un *régularisateur*. Cet opérateur est permutable avec b, car en appliquant b aux deux membres de 1), on a

$bRT - bT = bA\, bT$, et en remplaçant T par bT dans cette même relation, $R\, bT - bT = bA\, bT$, d'où résulte $bRT = R\, bT$.

En utilisant (8.2), nous allons maintenant démontrer (7.4). Si T est fermé, on a $RT - T = bAT$, ce qui montre que T est homologue à RT, ce qui est une forme C^∞; de plus, si le support de T est compact, le support de AT est aussi compact de sorte que T et AT sont compactement homologues. La première partie de (7.4) est ainsi établie. Ensuite, si ω est une forme C^r qui borde un courant S, $\omega = bS$, on a

$$\omega = R\omega - bA\omega = RbS - bA\omega = b\,(RS - A\omega)$$

et ω borde $RS - A\omega$, ce qui est une forme C^r, à support compact si le support de S est compact. Ainsi (7.4) est complétement démontré.

Ce théorème permet de retrouver sans calcul les résultats (5.6). Soit en effett M l'opérateur associé à l'homotopie $\mu_t x = tx$ $(0 \leq t \leq 1)$ dans R^n. Si T est un courant fermé de dimension $n - q > 0$ à support compact dans R^n, on a, d'aprés (7.3), $T = bMT$, et T borde un courant MT à support compact. En vertu de (7.4), cela entraîne $P_c^q (R^n) = 0$ pour $q < n$. Pour $q = n$, on obtient $T - \mu_0 T = bMT$, et $\mu_0 T$ étant un multiple de la 0-chaîne constituée par le point 0, il en résulte $P_c^n (R^n) = 1$.

Pour établir la première partie de (7.5), il suffira maintenant de prouver que toute forme fermée est homologue à une chaîne et que toute forme fermée à support compact est compactement homologue à une chaîne fermée. Nous allons le faire d'abord en utilisant une subdivision polyédrale de la variété V.

Un élément de p-chaîne dans V, $\pi : \Pi \to V$, sera appelé *cellule orientée a p dimensions*, si, Π étant un polyèdre convexe à p dimensions dans R^p et R^p étant considéré comme un sous-espace de R^n, l'application π est la restriction à Π d'un homéomorphisme C^∞ d'un voisinage ouvert de Π dans R^n sur un ouvert de V. Les images par π de l'intérieur et de la frontière de Π sont par définition l'intérieur et la frontière de la cellule. Une *subdivision polyédrale* de V est un ensemble localement fini S de cellules orientées, tel que tout point de V soit intérieur à une cellule de S et une seule, le bord d'une cellule à q dimensions étant une combinaison linéaire avec coefficients égaux à ± 1 des cellules à $q - 1$ dimensions.

Désignons par $a_i\,(i=1,\,2\,...)$ les cellules de la subdivision S. On appellera *chaîne de S* toute combinaison linéaire $\Sigma\,k_i\,a_i$, avec des coefficients constants k_i, et *courant de S*, toute somme de produits $\Sigma\,a_i\wedge\alpha_i$ d'une cellule de S par une forme α_i dans V. Il suffit que cette forme α_i soit définie sur a_i pour que le courant $a_i\wedge\alpha_i$ soit déterminé, car

$$\langle\,a_i\wedge\alpha_i\,,\;\varphi\,\rangle=\int\limits_{a_i}\alpha_i\wedge\varphi\,.$$

D'ailleurs, si α_i est definie sur a_i, on pourra toujour étendre sa definition à toute la variété V et nous supposerons que c'est une forme C^∞.

Si a_i est de dimension $q+k$ et α_i de degré k, $a_i\wedge\alpha_i$ sera dit de *type* $(q+k,k)$; c'est un courant de dimension q, et l'on a

$$b\,(a_i\wedge\alpha_i)=a_i\wedge b\alpha_i=ba_i\wedge w\,\alpha_i\,,$$

w étant l'opérateur défini au n.⁰ 7. On voit que ce bord se compose en général de deux termes, de types $(q+k,k+1)$ et $(q+k-1,k)$ respectivement.

Le bord d'un courant de S est donc un courant de S. Il est évident d'autre part que le produit d'un courant de S par une forme, en particulier le produit d'une chaîne de S par une forme, est un courant de S. Supposant que V est orientée, nous pouvons admettre que toutes les cellules a_i de dimension n sont orientées comme V; leur somme est alors une n chaîne fermée, qu'on designera par V parceque l'intégrale d'un n-forme sur cette n-chaîne n'est pas autre chose que son intégrale étendue à V; en tant que courant, cette n-chaîne V est identique à la 0-forme égale a la fonction constante 1, qui est ainsi un courant de S. Par suite, toute forme est un courant de S. Cela étant, pour prouver la première partie de (7.5), il suffira de montrer que *tout courant fermé de S est homologue à une chaîne de S*, l'homologie étant compacte si le support du courant est compact.

Soit $T=\Sigma\,a_i\wedge\alpha_i$ un courant fermé de S de dimension q, k le maximum du degré des α_i et $a_j\wedge\alpha_j$ un terme de type $(q+k,k)$. Comme $bT=a_j\wedge b\alpha_j+...,$ les termes non écrits ayant un support qui ne contient aucun point interieur de a_j, le fait que $bT=0$ entraîne $a_j\wedge b\alpha_j=0$, c'est-à-dire que $b\alpha_j$ s'annule sur a_j. Si $k=0$, cela signifie que α_j est constante sur a_j et par suite T est une chaîne de S. Si $k > 0$, il résulte alors de (5.5) qu'il existe une $(k-1)$-forme β_j telle que $a_j \wedge \alpha_j = a_j \wedge b\beta_j$, et $T - b(a_j \wedge \beta_j) = T - a_j \wedge \alpha_j - ba_j \wedge w\beta_j$ est un courant de S qui ne contient plus le terme $a_j \wedge \alpha_j$ de type $(q+k, k)$. Si $U_1 = \Sigma\, a_j \wedge \beta_j$ (somme étendue à toutes les valeurs de j telles que $a_j \wedge \alpha_j$ est un terme de T de type $(q+k, k)$, on voit qu'alors $T - bU_1$ est un courant de S, ne contenant que des termes de type $(q+h, h)$ aves $h < k$, courant qui est homologue à T, l'homologie étant compacte si le support de T est compact, car alors U_2 ne contient qu'un nombre fini de termes et son support est compact. En répétant cette opération, s'il y a lieu, on obtient un courant de S homologue à T (compactement si le support de T est compact) ne contenant que des termes de type $(q, 0)$, ce qui est, d'après la remarque faite ci-dessus, une chaîne de S, et notre assertion est établie.

Si l'on ne suppose pas que V admet une subdivision polyédrale, où peut admettre d'après le n°. 3 que V est proprement plongée dans R^{2n+1}. Soit $\mathcal{C}$ un voisinage tubulaire de V, g l'application identique (on injection) de V dans $\mathcal{C}$ et r la rétraction de $\mathcal{C}$ sur V, de sorte que $r \circ g$ est l'application identique de V sur V. Considérons un courant fermé T à support compact dans V. Comme $\mathcal{C}$ est un ouvert de R^{2n+1} et admet une subdivision polyédrale, on est assuré que le courant gT est compactement homologue dans $\mathcal{C}$ à une chaîne finie c, c'est-à-dire qu'il existe un courant Q à support compact dans $\mathcal{C}$ tel que $gT - c = bQ$. Par suite $rgT - rc = rbQ$ et comme $rgT = T$ et $rbQ = brQ$, cela montre que T est compactement homologue dans V à la chaîne rc. D'une manière analogue, on voit que tout courant fermé de V est homologue à une chaîne de V, et la première partie de (7.5) est établie sans utiliser une subdivision polyédrale de V.

9. — Démonstration du théorème de dualité.

Considérons tout d'abord une variété V munie d'une subdivision polyèdrale S, dont les cellules orientées seront encore désignées par a_i $(i = 1, 2, ...)$. Désignons par E l'espace vectoriel des chaînes finies de S de dimension q, par F le sous-espace de E formé par les chaînes finies fermées on *cycles finis de S* de dimension q et par B le sous-espace de F formé par les bords des chaînes finies de S de dimension $q + 1$. On a évidemment $E \supset F \supset B$.

Toute forme linéaire sur E est appelée une *cochaîne* de degré q. L'ensemble de toutes les cochaînes de degré q forme l'espace vectoriel E^* dual de E. Désignons par a_i^j la cochaîne définie en posant $\langle a_i^j, a_j \rangle = \delta_i^j$ (1 si $i = j$, 0 si $i \neq j$). Toute cochaîne f peut être représentée par $f = \Sigma\, x_i\, a_i^j$ avec $x_i = \langle f, a_i \rangle$. On dira que cette cochaîne f est *finie* si un nombre fini seulement des coefficients x_i sont $\neq 0$.

Le *cobord* ou *différentielle* d'une cochaîne f est la cochaîne df définie en posant $\langle df, c \rangle = \langle f, bc \rangle$, pour toute chaîne c.

Soit F' l'orthogonal de F dans E^*, B' l'orthogonal de B dans E^*. De la définition ci-dessus, il résulte immédiatement que $df = 0$ si et seulement si $f \in B'$. On dit alors que f est un *cocycle*, et B' *est l'espace vectoriel des cocycles*. D'autre part, si f est un cobord, $f = df_1$, on a $\langle f, c \rangle = \langle df_1, c \rangle = \langle f_1, bc \rangle = 0$ si $bc = 0$, de sorte que $f \in F'$; réciproquement, si $f \in F'$, $\langle f, c \rangle$ ne dépend que de bc et c'est une forme linéaire sur l'espace vectoriel des bords des chaînes finies de S, qui peut se prolonger en une forme linéaire f_1 sur l'espace vectoriel de toutes les chaînes fines de S de dimension $q - 1$, et $\langle f, c \rangle = \langle f_1, bc \rangle = \langle df_1, c \rangle$ de sorte que $f = df_1$ est un cobord : F' *est l'espace vectoriel des cobords de degré q.*

On a alors le théorème suivant:

L'espace quotient B'/F' est canoniquement isomorphe au dual de F/B.

En effet, toute forme linéaire sur F/B correspond à une forme linéaire sur F nulle sur B, qui peut toujours se prolonger en une forme linéaire sur E nulle sur B, ce qui est un élément de B', c'est-à-dire un cocycle de degré q; réciproquement, tout cocycle de degré q définit une forme linéaire sur F/B, et deux cocycles de degré q définissent la même forme linéaire sur F/B si leur différence s'annule sur F, c'est-à-dire s'ils représentent le même élément de B'/F', et dans ce cas seulement.

D'une manière moins abstraite, ce théorème peut s'énoncer ainsi

(9.1). *Si $c_1, c_2, \ldots$ est une suite de cycles finis de S de dimension q dont aucune combinaison linéaire finie à coefficients non tous nuls ne borde une chaîne finie de S, et si $p_1, p_2, \ldots$ est une suite de nombres donnés arbitrairement, il existe toujours un cocycle f tel que $\langle f, c_i \rangle = p_i$ $(i = 1, 2, \ldots)$. Un cocycle qui s'annule sur tout cycle fini est un cobord.*

On a un théorème analogue en permutant cycles et cocycles, bords et cobord.

Pour établir le théorème de dualité (6.7), nous allons indiquer une construction qui permet d'associer à toute cochaîne f de degré q une q-forme $\Omega(f)$ sur V, à support compact si f est finie, telle que

$1^0)$ Si $f = \Sigma x_i a_i'$, $\Omega(f) = \Sigma x_i \Omega(a_i')$

$2^0)$ $d\Omega(f) = \Omega(df)$

$3^0)$ $\int_c \Omega(f) = \langle f, c \rangle$ pour toute chaîne c de S.

Comme au n^0. 8, nous supposerons que V est orientée et que les cellules à n dimensions de S sont orientées comme V. Considérons alors la « subdivision duale » ou « polyèdre réciproque de Poincaré » de S; c'est un ensemble de chaînes e_i à supports compacts, qui jouit des propriétes suivantes :

   $a)$ $\dim e_i = n - \dim a_i$,   ou : degré $e_i = \dim a_i$;

   $b)$ e_i et a_i ont un point commun et e_i ne rencontre aucune autre cellule de S de dimension $\leq \dim a_i$.

   $c)$ Si $b\, a_i = \sum_j \varepsilon_{ij} a_j$, $d\, e_j = \sum_i \varepsilon_{ij} e_i$.

D'après (8.2), on peut trouver un régularisateur R tel que le support $R\, e_i$ ne rencontre aucune cellule de S de dimension $\leq \dim a_i$ à l'exception de a_i, et cela pour tout i. Nous définissons alors la forme $\Omega(a_i')$ en posant $\Omega(a_i') = R\, e_i$, et pour toute cochaîne f nous définissons $\Omega(f)$ par $1^0)$.

La propriété $2^0)$ résulte alors immédiatement de $c)$. Pour vérifier $3^0)$, il suffit de montrer que l'on a

$$(9.2) \qquad \int_{a_k} R\, e_i = \delta_i^k.$$

Si $i \neq k$, comme $\dim a_k =$ degré c_i, le support de Re_i ne rencontre pas a_k et l'intégrale est bien nulle.

Si $i = k$ et si $\dim a_k = n$, e_k est une 0-chaîne qui consiste en un point situé dans a_k, Re_k est une n-forme à support contenu dans a_k et l'on a

$$\int_{a_k} Re_k = \int_V Re_k = \langle Re_k, 1 \rangle = \langle e_k, 1 \rangle = 1.$$

Si $i = k$ et si dim $a_i = q < n$, soit a_j une cellule de S de dimension $q + 1$ ayant a_i sur sa frontière, de sorte que $ba_j = \varepsilon_{ji} a_i + c$, avec $\varepsilon_{ji} = \pm 1$ et c étant une chaîne de S qui ne rencontre par le support de Re_i. Cela entraîne

$$\int\limits_{ba_j} Re_i = \varepsilon_{ji} \int\limits_{a_i} Re_i \ .$$

D'autre part, $d(Re_i) = Rde_i$ et $de_i = \varepsilon_{ji} e_j + \ldots$, d'où

$$\int\limits_{ba_j} Re_i = \int\limits_{a_j} Rde_i = \varepsilon_{ji} \int\limits_{a_j} Re_j .$$

Par suite, $\int\limits_{a_j} Re_i = \int\limits_{a_j} Re_j$ et la formule (9.2) sera valable pour dim $a_k = q$ si elle l'est pour dim $a_k = q + 1$. Comme elle a été établie pour dim $a_k = n$, elle se trouve par là établie d'une manière tout à fait générale.

Pour le théorème de dualité (6.7), nous nous bornerons à prouver que l'homomorphisme de $H^q(V)$ dans le dual de $H_q^c(V)$, défini par la seconde formule (6.6), est un isomorfisme. On montrerait d'une manière tout-à-fait analogue que $H_q(V)$ est isomorphe au dual de $H_c^q(V)$.

Nous devons établir deux choses. D'abord, il faut montrer que l'homomorphisme en question est surjectif, c'est-à-dire que toute forme linéaire sur $H_q^c(V)$ peut être représentée avec la seconde formule (6.6) par une q-forme fermée ω. En d'autres termes, étant donnés une suite de q-cycles finis $c_i (i = 1, 2, \ldots)$ entre lesquels n'existe aucune homologie et une suite de nombres $p_i (i = 1, 2, \ldots)$, nous devons montrer qu'il existe une q-forme fermée ω telle que

$$\int\limits_{c_i} \omega = p_i \quad (i = 1, 2, \ldots).$$

Or, d'après (7.5), on peut supposer que les c_i sont des cycles de de S; d'après (9.1), il existe un cocycle f tel que $\langle f, c_i \rangle = p_i$ $(i = 1, 2, \ldots)$ et la q-forme $\omega = \Omega(f)$ répond alors à toutes les conditions requises.

Ensuite, il faut montrer que l'homomorphisme en question est injectif, ou, en d'autres termes, que si une q-forme fermée ω est telle que

$$\int_c \omega = 0$$

pour tout q-cycle fini c, elle est homologue à zéro. Toute forme fermée φ de degré $n - q$ à support compact étant compactement homologue à un q-cycle fini c, on aura $\langle c, \omega \rangle = \langle \varphi, \omega \rangle = 0$. Mais ω est homologue à une chaîne c_1 de S, et l'on a $\langle c_1, \varphi \rangle = \langle \omega, \varphi \rangle = 0$, donc $\langle c_1, \Omega(f) \rangle = \langle c_1, f \rangle = 0$ pour tout cocycle fini f. Il en résulte, d'après le théorème analogue à (9.1), que c_1 est homologue à zéro. Donc ω est aussi homologue à zéro.

Si l'on ne suppose pas que V admet une subdivision polyédrale, on peut plonger V dans R^{2n+1}, comme au n°. 8, et considérer un voisinage tubulaire $\mathcal{T}$ de V. Ce voisinage étant une variété qui admet évidemment une subdivisios polyédrale, le théorème est valable pour $\mathcal{T}$. Or, la rétraction r de $\mathcal{T}$ sur V, étant homotope à l'identité, induit un isomorphisme de $H_q^c(\mathcal{T})$ sur $H_q^c(V)$ et aussi un isomorphisme de $H^q(V)$ sur $H^q(\mathcal{T})$, d'où l'on déduit que si le théorème vaut pour $\mathcal{T}$ il vaut aussi pour V.

En fait, on sait que toute variété différentiable admet une subdivision polyédrale, mais les démonstrations connues de ce théorème (on en trouvera une remarquable dans l'ouvrage de *H. Whitney, Geometric Integration*) sont assez difficiles pour qu'il y ait intérêt à s'en passer.

J'ai laissé complètement de côté les variétés non orientables, dans un but de simplification. On pourra voir dans mon livre (Variétés différentiables) comment la théorie peut s'y étendre.

FICHERA, GAETANO
1961
Rendiconti di Matematica
(1-2) Vol. 20, pp. 147-171

Teoria assiomatica delle forme armoniche [1]

di **GAETANO FICHERA** (Roma)

La presente trattazione si propone di isolare gli assiomi sui quali poggia la teoria delle forme armoniche su una varietà differenziabile e costruire, in conseguenza, una teoria puramente astratta. Si giungerà, come applicazione di essa, ad una sostanziale estensione della teoria delle forme armoniche su una varietà differenziabile ed a riconoscere che essa ha una portata assai più vasta di quella classica, fondata sull'introduzione nella varietà di una metrica riemanniana, pur sussistendo, con enunciato formalmente identico, il fondamentale teorema di HODGE.

1. — **Principio di esistenza.** [2]

Sia $\mathcal{V}$ una varietà astratta lineare, reale o complessa e M_i $(i = 1, 2)$ un omomorfismo lineare di $\mathcal{V}$ nello spazio di BANACH B_i. Sia B_i^* il duale (topologico) di B_i. Assegnato φ in B_1^*, si ricerca ψ in B_2^* tale che

$$\langle \varphi, M_1(v) \rangle = \langle \psi, M_2(v) \rangle \,[3]$$

per ogni $v \in \mathcal{V}$. Sia $\mathcal{V}_0$ il nucleo di M_2. È ovvio che φ deve verificare le condizioni necessarie di compatibilità $\langle \varphi, M_1(v_0) \rangle = 0$ per ogni $v_0 \in \mathcal{V}_0$.

[1] Gli argomenti contenuti nel presente lavoro sono stati esposti in tre seminari tenuti al corso estivo del C.I.M.E.: « Forme differenziali e loro integrali » (Saltino di Vallombrosa — Firenze, 23-31 agosto 1960).

[2] Cfr. G. FICHERA — *Premesse ad una teoria generale dei problemi al contorno per le equazioni differenziali* — Corsi dell'I.N.A.M. (Edit. Veschi), Roma 1958, pp. 30-43.

[3] Le parentesi $\langle \ \rangle$ denotano la dualità fra uno spazio di BANACH ed il suo duale topologico.

Si indichi con Q lo spazio di BANACH quoziente $B_1/\overline{M_1(\mathcal{V}_0)}$. Sia $\mathcal{M}_1$ l'omomorfismo lineare che porta v in $[M_1(v)]$ elemento di Q. La equazione considerata è risolubile qualunque sia φ verificante le condizioni necessarie di compatibilità se e solo se esiste K tale che, per ogni $v \in \mathcal{V}$:

$$\| \mathcal{M}_1(v) \|_Q \leq K \| M_2(v) \|_{B_2}.$$

Sia Ψ_0 la totalità delle *autosoluzioni* del problema, cioè di tutti i ψ tali che $\langle \psi, M_2(v) \rangle = 0$ per ogni $v \in \mathcal{V}$.

Consideriamo lo spazio quoziente $\mathcal{F} = B_2^*/\Psi_0$. Se è verificata la diseguaglianza fondamentale $\| \mathcal{M}_1(v) \| \leq K \| \mathcal{M}_2(v) \|$, ad ogni $\varphi \in B_1^*$ resta associato uno ed un solo elemento $f \in \mathcal{F}$ che costituisce la classe di tutte le soluzioni del problema relative al « termine noto » φ. Orbene, si ha: $\| f \|_{\mathcal{F}} \leq K \| \varphi \|_{B_1^*}$ che chiamasi la *diseguaglianza duale* della diseguaglianza fondamentale.

Supponiamo che, quando $M_2(v)$ descrive un insieme limitato, $\mathcal{M}_1(v)$ descrive un insieme compatto di Q. Ciò ovviamente implica il sussistere della diseguaglianza fondamentale. Orbene, posto $f = \mathcal{T}(\varphi)$, la trasformazione $\mathcal{T}$ di B_1^* in $\mathcal{F}$ è compatta. Cioè, se φ descrive un insieme limitato, di B_1^*, $f = \mathcal{T}(\varphi)$ descrive un insieme compatto di $\mathcal{F}$.

2. — Differenziazione e co-differenziazione astratte.

Sia $\mathcal{S}$ uno spazio di Hilbert reale i cui elementi, per una accezione di linguaggio della quale apparirà in sèguito l'opportunità, diremo anche *forme*. Sia definito un operatore lineare d avente per dominio una varietà lineare $\mathcal{V}$ di $\mathcal{S}$ e tale che $d\mathcal{V}$ (codominio di d) sia contenuto in $\mathcal{V}$.

L'operatore d sia *autonullifico*: $d^2 \equiv 0$, cioè per ogni $v \in \mathcal{V}$, $d\,dv = 0$. Le forme di $\mathcal{V}$ saranno dette *forme regolari* e dv sarà denotato come *il differenziale* di v; d sarà detto l'operatore di differenziazione.

Una forma appartenente al nucleo $\mathcal{V}_0$ dell'operatore d, cioè tale che $dv = 0$, sarà detta *chiusa*. Mentre una v appartenente a $d\mathcal{V}$, cioè tale che esiste $w \in \mathcal{V}$ tale che $dw = v$, sarà detta *omologa a zero*. È ovvio che $\mathcal{V}_0 \supset d\mathcal{V}$, cioè che ogni forma omologa a zero e una forma chiusa.

Sullo spazio $\mathcal{S}$ e su d faremo la seguente prima ipotesi fondamentale.

1) *Esiste una varietà $\mathcal{U}$ di $\mathcal{S}$ tale che $\mathcal{S}_0 = \mathcal{U} \cap \mathcal{V}$ sia denso in $\mathcal{S}$ e tale che per ogni $u \in \mathcal{U}$ e $v \in \mathcal{V}$ esista una costante $H(u)$ dipendente da u tale che*

$$(1) \qquad | (u,\, dv) | \leq H(u) \, \| v \| \, (^4).$$

Possiamo evidentemente supporre che $\mathcal{U}$ sia *massimale* rispetto alla proprietà espressa in 1). Possiamo cioè supporre che $\mathcal{U}$ sia la varietà di *tutti* i possibili u per i quali sussiste la (1). Siffatta varietà è ovviamente una varietà lineare. Nel seguito supporremo sempre che $\mathcal{U}$ sia massimale nel senso testè specificato.

La varietà $\mathcal{U}$ si caratterizza al modo seguente.

I. *Condizione necessaria e sufficiente perchè u appartenga ad $\mathcal{U}$ è che esista una forma δu tale che per ogni $v \in \mathcal{V}$ si abbia*

$$(2) \qquad (u,\, dv) = (\delta u,\, v).$$

La δu è univocamente determinata da u.

La sufficienza è ovvia e riesce $H(u) = \| \delta u \|$.

Per provare la necessità si osservi che se $u \in \mathcal{U}, f(v) = (u,\, dv)$ è un funzionale lineare e continuo in $\mathcal{V}$ che, essendo $\mathcal{S}_0$ e quindi $\mathcal{V}$ denso in $\mathcal{S}$, può prolungarsi a tutto $\mathcal{S}$. Per il teorema di rappresentazione dei funzionali lineari e continui in $\mathcal{S}$ sarà $f(v) = (\delta u,\, v)$ con δu elemento dipendente da u, univocamente determinato.

L'operatore δ è ovviamente lineare, è definito in $\mathcal{U}$ ed inoltre è autonullifico. Si ha infatti $\delta u \subset \mathcal{U}$ e $\delta \, \delta u = 0$, dato che $(\delta u,\, dv) = (u,\, d^2 v) \equiv 0$. L'operatore δ dicesi operatore di *co-differenziazione* e δu il *co-differenziale* di u.

Le forme che appartengono al nucleo $\mathcal{U}_0$ di δ diconsi *co-chiuse* e quelle appartenenti al codominio $\delta \mathcal{U}$ di $\mathcal{U}$ *co-omologhe* a zero. Ogni forma co-omologa a zero è co-chiusa.

Consideriamo adesso la seconda ipotesi fondamentale.

2) *Sia P_d l'operatore di proiezione sul complemento ortogonale della chiusura di $\mathcal{V}_0$: $\mathcal{S} \ominus \overline{\mathcal{V}_0}$. Esiste una costante K tale che qualunque sia $v \in \mathcal{V}$ si abbia :*

$$(3) \qquad \| P_d v \| \leq K \, \| dv \| \, .$$

Sussistono i seguenti teoremi.

$(^4)$ $(u,\, z)$ denota il prodotto scalare in $\mathcal{S}$ e $\| v \| = (v,\, v)^{\frac{1}{2}}$.

II. *Condizione necessaria e sufficiente perchè* $z \in \delta \mathcal{U}$ *è che* $(z, v) = 0$ *per ogni* $v \in \mathcal{V}_0$.

La necessità segue dalla (2). La sufficienza è conseguenza del principio di esistenza del § 1.

III. *Il codominio* $\delta \mathcal{U}$ *di* δ *è una varietà lineare chiusa (sottospazio) di* $\mathcal{S}$.

È ovvia conseguenza del teorema precedente.

IV. *Il nucleo* $\mathcal{U}_0$ *dell'operatore* δ *è un sottospazio di* $\mathcal{S}$.

Infatti, u appartiene ad $\mathcal{U}_0$ se e solo se $(u, dv) = 0$ per ogni $v \in \mathcal{V}$.

V. *Detto* P_δ *il proiettore su* $\mathcal{S} \ominus \mathcal{U}_0$, *si ha*

$$(4) \qquad \| P_\delta u \| \leq K \| \delta u \| .$$

È la formula di maggiorazione duale della (3).

Vogliamo ora prolungare l'operatore d ad una varietà $\widetilde{\mathcal{V}}$ contenente $\mathcal{V}$. A tal proposito diremo che w è il differenziale di v e scriveremo $dv = w$ se per ogni $u \in \mathcal{U}$ riesce $(u, w) = (\delta u, v)$.

È ovvio che se $v \in \mathcal{V}$, allora w è il differenziale di v nel senso sopra definito. Pertanto d è stato prolungato ad una varietà lineare $\widetilde{\mathcal{V}}$ contenente $\mathcal{V}$.

VI. *Il codominio* $d\widetilde{\mathcal{V}}$ *del prolungamento di* d *coincide con la chiusura* $\overline{d\mathcal{V}}$ *di* $d\mathcal{V}$.

Se $w \in \overline{d\mathcal{V}}$ si ha $(u, w) = 0$ per ogni $u \in \mathcal{U}_0$ e quindi per la (2), applicando il principio di esistenza, segue che $w \in d\widetilde{\mathcal{V}}$. Sia ora $w \in d\widetilde{\mathcal{V}}$ e, per assurdo, $w \notin \overline{d\mathcal{V}}$. Per il teorema di Hahn-Banach esiste un u_0 tale che $(u_0, w) = 1$ e $(u_0, dv) = 0$ per ogni $v \in \mathcal{V}$. Deve allora essere $\delta u_0 = 0$. Ma per l'ipotesi esiste un $\tilde{v}$ tale che $(u, w) = (\delta u, \tilde{v})$ per ogni $u \in \mathcal{U}$. Quest'ultima relazione sarebbe non vera per $u = u_0$.

VII. *Il nucleo* $\widetilde{\mathcal{V}}_0$ *del prolungamento di* d *coincide con la chiusura* $\overline{\mathcal{V}}_0$ *di* $\mathcal{V}_0$.

Se $v_0 \in \overline{\mathcal{V}}_0$ riesce $(\delta u, v_0) = 0$ per ogni $u \in \mathcal{U}$ e quindi $v_0 \in \widetilde{\mathcal{V}}_0$. Viceversa, sia $v_0 \in \widetilde{\mathcal{V}}_0$ e, per assurdo, $v_0 \notin \overline{\mathcal{V}}_0$. Esiste allora un z tale che $(z, v_0) = 1$ e $(z, v) = 0$ per ogni $v \in \mathcal{V}_0$. Deve pertanto essere $z = \delta u$ e quindi $(z, v_0) = (\delta u, v_0) = (u, dv_0) = 0$. Donde una contraddizione.

Il prolungamento di d *è un operatore autonullifico.* Si ha infatti per ogni $v \in \widetilde{\mathcal{V}}$, $dv \in \widetilde{\mathcal{V}}$ e $d\, dv = 0$, dato che $(\delta u, dv) = (\delta^2 u, v) = 0$.

VIII. *Per ogni $v \in \tilde{\mathcal{V}}$ si ha*

$$(5) \qquad \| P_d\, v \| \leq K \| dv \| \, .$$

La (5) è la maggiorazione duale della (4).

Consideriamo ora la terza ipotesi fondamentale.

3) *Lo spazio (di omologia) $\mathcal{V}_0/d\mathcal{V}$ abbia dimensione finita.*

IX. *Se è verificata la* 3), *anche lo spazio $\tilde{\mathcal{V}}_0/d^{\cup}\tilde{\mathcal{V}}$ ha dimensione finita.*

Poniamo $\tilde{\mathcal{V}}_1 = \tilde{\mathcal{V}}_0 \ominus d\tilde{\mathcal{V}}$ e sia Q il proiettore su $\tilde{\mathcal{V}}_1$. Diciamo $[v]$ la classe di equivalenza elemento di $\tilde{\mathcal{V}}_0/d\tilde{\mathcal{V}}$ e $\{v\}$ quella di $\mathcal{V}_0/d\mathcal{V}$. Ad ogni $[v]$ rimane univocamente associato l'elemento Qv di $\tilde{\mathcal{V}}_1$ e la trasformazione $[v] \rightarrow Qv$ è un isomorfismo lineare di $\tilde{\mathcal{V}}_0/d\tilde{\mathcal{V}}$ su $\tilde{\mathcal{V}}_1$. Detta $Q\mathcal{V}_0$ l'immagine (proiezione) di $\mathcal{V}_0$ in $\tilde{\mathcal{V}}_1$, si consideri la trasformazione $\{v\} \rightarrow Qv$. Anch'essa è un isomorfismo lineare di $\mathcal{V}_0/d\mathcal{V}$ su $Q\mathcal{V}_0$. Ne segue che $Q\mathcal{V}_0$ ha dimensione finita uguale a quella di $\mathcal{V}_0/d\mathcal{V}$. Se proviamo che $\tilde{\mathcal{V}}_1 = \overline{Q\mathcal{V}_0}$ il teorema è acquisito. Sia $v_1 \in \tilde{\mathcal{V}}_1$. Si ha $v_1 = \lim_{n\to\infty} v_n$ con $v_n \in \mathcal{V}_0$ (teor. VII). Ne segue $\| Qv_n - v_1 \| \leq \| v_n - v_1 \|$, donde l'asserto.

D'ora in avanti supporremo d definito su tutta $\tilde{\mathcal{V}}$ e considereremo la (2) per $u \in \mathcal{U}$ e $v \in \tilde{\mathcal{V}}$.

Per semplicità, in luogo di $\tilde{\mathcal{V}}$, $\tilde{\mathcal{V}}_0$ scriveremo $\mathcal{V}$ e $\mathcal{V}_0$, potendo sostituire a tutti gli effetti le primitive varietà $\mathcal{V}$ e $\mathcal{V}_0$ con le nuove $\tilde{\mathcal{V}}$ e $\tilde{\mathcal{V}}_0$. Analogamente i concetti di forma chiusa o omologa a zero sono da intendere riferiti all'operatore d prolungato.

3. — I teoremi di Kodaira, de Rham e Hodge.

Diremo armonica ogni forma a la quale verifichi le due equazioni $da = 0$, $\delta a = 0$.

X. (*Decomposizione di* KODAIRA) — *Lo spazio $\mathcal{A}$ delle forme armoniche, lo spazio $d\mathcal{V}$ e lo spazio $\delta\mathcal{U}$ sono mutuamente ortogonali e si ha*

$$(6) \qquad \mathcal{S} = \mathcal{A} \oplus d\mathcal{V} \oplus \delta\mathcal{U}.$$

È intanto ovvio che $d\mathcal{V} \perp \delta\mathcal{U}$, dato che $(dv, u) = (v, \delta u) = 0$. Occorre solo provare che $\mathcal{A} \equiv \mathcal{S} \ominus (d\mathcal{V} \oplus \delta\mathcal{U})$. Se $a \in \mathcal{A}$, si ha

$(a, dv) = (\delta a, v) = 0$ e $(a, \delta u) = (da, u) = 0$ epperò $a \in \delta \ominus (d\mathcal{V} \oplus \delta\mathcal{U})$. Viceversa, se a appartiene a tale spazio, deve essere $(a, dv) = 0$ e quindi $\delta a = 0$ e $(a, \delta u) = 0$ e quindi $da = 0$.

Osservazione. Per provare il teorema X ci si è solo serviti delle ipotesi 1) e 2).

Diremo *spazio di co-omologia* lo spazio $\mathcal{U}_0/\delta\mathcal{U}$.

XI. *Se sussistono le ipotesi* 1), 2), 3), *lo spazio di omologia e quello di co-omologia, essendo isomorfi allo spazio delle forme armoniche, hanno la stessa dimensione finita.*

Dalla (6) segue $\mathcal{V}_0 = \mathcal{A} \oplus d\mathcal{V}$, $\mathcal{U}_0 = \mathcal{A} \oplus \delta\mathcal{U}$, da ciò la tesi.

Diremo *periodo* di una forma chiusa relativo alla classe $[u]$ dello spazio di co-omologia e lo indicheremo col simbolo $\pi([v], [u])$, il prodotto scalare (u, v). È ovvio che $\pi([v], [u])$ dipende unicamente dalla classe di omologia di v e di co-omologia di u.

Sussistono i seguenti teoremi di de RHAM.

XII. *Esiste una forma chiusa avente i periodi tutti assegnati.*

Sia n la dimensione dello spazio di omologia e $a_1, \ldots, a_n$ un sistema ortonormale di forme armoniche. Siano $c_1, \ldots, c_n$ i periodi assegnati relativi alle classi di co-omologia $[a_1], \ldots, [a_n]$. La forma $c_1 a_1 + \ldots + c_n a_n$ è quella cercata.

XIII. *Una forma chiusa è omologa a zero se e solo se ha i periodi tutti nulli.*

È conseguenza del principio di esistenza e della (4).

XIV. (*Teorema di Hodge*) — *Esiste una ed una sola forma armonica avente i periodi assegnati.*

La dimostrazione del teorema XII prova anche l'esistenza asserita dal teorema XIV. L'unicità è ovvia conseguenza di XIII.

4. — L'operatore di Laplace e l'equazione $\Delta u + \lambda u = 0$.

Chiameremo *operatore di Laplace* l'operatore $\Delta = d\delta + \delta d$. È immediato constatare che esso è autoaggiunto, cioè se u e v sono due forme del dominio di Δ, si ha $(u, \Delta v) = (\Delta u, v)$.

XV. *Tutte e sole le soluzioni dell'equazione* $\Delta u = 0$ *sono le forme armoniche.*

Da $d\,\delta u + \delta\, du = 0$ si trae, moltiplicando scalarmente per u: $\|\delta u\|^2 + \|du\|^2 = 0$. Da ciò la tesi.

Consideriamo ora un'ipotesi da sostituire alla 2) il cui verificarsi implica il sussistere della 2).

2') *Se dv descrive un (qualsiasi) insieme limitato, allora $P_d v$ descrive un insieme compatto.*

È ovvio che 2') implica 2), ma non viceversa. La 2') può esser postulata per l'operatore d prima di essere prolungata, ma è evidente, in base al teorema VI, che, in tal caso, essa sussiste anche per l'operatore prolungamento.

In base al principio di esistenza si ha che se è verificata 2'), allora:

XVI. *Se δu descrive un (qualsiasi) insieme limitato, allora $P_\delta u$ descrive un insieme compatto.*

Introduciamo ora nella varietà lineare $\mathcal{S}_0 = \mathcal{U} \cap \mathcal{V}$ un nuovo prodotto scalare ponendo $((u, v)) = \lambda(u, v) + (\delta u, \delta v) + (du, dv)$, ove λ è un qualsiasi fissato numero positivo. È immediato constatare che $\mathcal{S}_0$ risulta completo. Esso è quindi uno spazio di Hilbert. La norma in $\mathcal{S}_0$ sarà indicata con $\|\|\,u\,\|\|$.

Diremo *immersione di $\mathcal{S}_0$ in $\mathcal{S}$* l'isomorfismo di $\mathcal{S}_0$ in $\mathcal{S}$ costituito dalla trasformazione identica.

XVII. *L'immersione di $\mathcal{S}_0$ in $\mathcal{S}$ è un operatore compatto.*

Occorre far vedere che se u descrive un insieme limitato di $\mathcal{S}_0$, esso descrive un insieme compatto di $\mathcal{S}$. Ciò è conseguenza immediata della (6), delle ipotesi 3), 2') e del teorema XVI.

Da XVII, in particolare, segue:

XVIII. *Esiste una costante K tale che per ogni $v \in \mathcal{S}_0$*

$$(7) \qquad \| v \| \leq K \,\|\|\, v \,\|\|.$$

Vogliamo ora prolungare l'operatore Δ. A tal proposito diremo che Δ è applicabile all'elemento u di $\mathcal{S}_0$ e dà come risultato w se per ogni v di $\mathcal{S}_0$ si ha: $(\delta u, \delta v) + (du, dv) = (u, v)$. È evidente che se esiste $d\,\delta u + \delta\,du$ esso coincide con w.

Sia Δ applicabile a $u \in \mathcal{S}_0$ a $z \in \mathcal{S}_0$ e sia $\Delta u = w$, $\Delta z = t$. Si ha: $(w, z) = (\delta u, \delta z) + (du, dz) = (t, u)$ cioè: $(\Delta u, z) = (u, \Delta z)$. Quindi il prolungamento di Δ è un operatore autoaggiunto. Mostriamo anche che per il prolungamento di Δ sèguita a valere il teor. XV. In effetti, l'equazione $\Delta u = 0$ implica $(\delta u, \delta u) + (du, du) = 0$ donde l'asserto.

D'ora in avanti, parlando di Δ, intenderemo sempre riferirci all'operatore prolungamento testè ottenuto.

XX. *Fissato $\lambda > 0$, esiste, qualunque sia $w \in \mathcal{S}$, una ed una sola soluzione dell'equazione $\Delta u + \lambda u = w$.*

Si consideri per ogni $v \in \mathcal{S}_0$ l'equazione $((u, v)) = (w, v)$. Per la (7) e per il principio di esistenza, esiste una (ed una sola) soluzione

u di essa. Si ha $(\delta u, \delta v) + (d u, d v) = (w - \lambda u, v)$ cioè $\Delta u = w - \lambda u$.

XXI. *Detta $G_\lambda w$ la soluzione dell'equazione $\Delta u + \lambda u = w$ per $\lambda > 0$, la G_λ è una trasformazione lineare compatta di $\mathcal{S}$ in sè, autoaggiunta e positiva.*

In effetti, la trasformazione risolvente è compatta da $\mathcal{S}$ in $\mathcal{S}_0$. Indicatala con $\mathcal{G}_\lambda$, la G_λ è data da $\mathcal{J}\mathcal{G}_\lambda$, essendo $\mathcal{J}$ l'immersione di $\mathcal{S}_0$ in $\mathcal{S}$. Si ha inoltre $(G_\lambda u, v) = (G_\lambda u, (\Delta + \lambda) G_\lambda v) = (u, G_\lambda v)$. Ed infine $(G_\lambda u, u) = (G_\lambda u, (\Delta + \lambda) G_\lambda u) = ||| \mathcal{G}_\lambda u |||^2 \geq 0$.

XXII. *Lo spettro dell'operatore $\Delta + \lambda$ è costituito da un'infinità numerabile di autovalori non positivi, ciascuno dei quali ha molteplicità finita. L'equazione*

$$(8) \qquad \Delta u + \lambda u = w$$

ammette una ed una sola soluzione (appartenente ad $\mathcal{S}_0$) se λ non è autovalore. Se λ è autovalore, l'equazione considerata ha soluzione se e solo se w è ortogonale ad ogni autosoluzione dell'equazione omogenea $\Delta u + \lambda u = 0$.

Sia fissato arbitrariamente $\lambda_0 > 0$. Posto $\mu = \lambda - \lambda_0$, l'equazione (8) ha soluzione se e solo se ha soluzione l'equazione

$$(9) \qquad u + \mu G_{\lambda_0} u = G_{\lambda_0} w.$$

Poichè $G_{\lambda_0} u = 0$ implica $u = 0$, la (9) ammette un'infinità numerabile di autovalori μ_n e quindi i $\lambda_n = \mu_n + \lambda_0$ sono gli autovalori di (8), necessariamente tutti non positivi. Se λ_n è autovalore ed u una corrispondente autosoluzione, la condizione $(G_{\lambda_0} w, u) = 0$ per ogni siffatto u è necessaria e sufficiente per la compatibilità della (9). Si ha $(G_{\lambda_0} w, u) = \left(G_{\lambda_0} w, -\dfrac{1}{\mu_n} \Delta u - \dfrac{\lambda_0}{\mu_n} u \right) = -\dfrac{1}{\mu_n} (w, u)$. Da ciò la tesi.

Consideriamo il caso $\lambda = 0$. La soluzione della (8) esiste se e solo se w è ortogonale allo spazio $\mathcal{A}$ delle forme armoniche.

Detto H il proiettore su $\mathcal{A}$, esiste ed è unica la soluzione del problema $\Delta u = w - H w$ la quale verifica la condizione $H u = 0$. Diciamo $G(w)$ tale soluzione. Poichè la (9) è un'equazione di tipo Riesz, dalla teoria di tali equazioni segue che G è un operatore lineare e compatto di dominio $\mathcal{S}$ e codominio in $\mathcal{S} \ominus \mathcal{A}$. Detto I lo operatore identico, l'operatore G verifica le seguenti equazioni, come è facile constatare: $\Delta G = G \Delta = I - H$, $G H = H G$, $\delta G = G \delta$, $d G = G d$.

5. — Spazî $\mathcal{L}^p$ di forme esterne su una varietà differenziabile. Teorema di rappresentazione.

Con $V^{(r)}$ indicheremo una varietà differenziabile di dimensione r compatta e orientabile sulla quale considereremo una struttura di classe C^q con $q > 3$. Su $V^{(r)}$ considereremo esclusivamente coordinate locali di un fissato atlante orientato. Una mappa ammissibile in tale atlante verrà indicata con $\mathcal{E} \equiv [E, \mathcal{T}, \Sigma]$; $E = r$-cella di $V^{(r)}$ sostegno della mappa, $\mathcal{T}$ omeomorfismo di E sulla sfera (aperta) Σ dello spazio cartesiano $X^{(r)}$.

Con $\mathcal{V}_k$ indicheremo la varietà delle forme di grado k di classe C^{q-1} e tali che dv sia anche di classe C^{q-1}. Con $\mathcal{V}$ denoteremo la somma diretta $\mathcal{V} = \mathcal{V}_0 \oplus \dots \oplus \mathcal{V}_r$ e diremo *regolare* ogni forma (non omogenea) appartenente a $\mathcal{V}$.

La k-forma u dicesi appartenente ad $\mathcal{L}_k^p[V^{(r)}]$ $(p > 0)$ se i suoi coefficienti relativi ad un qualsiasi insieme chiuso O contenuto in $\mathcal{E}$ appartengono allo spazio $\mathcal{L}_q^p$. Supponiamo $p \geq 1$. Sia v una $(r-k)$-forma appartenente a $\mathcal{L}_{r-k}^q[V^{(r)}]$, con $\dfrac{1}{p} + \dfrac{1}{q} = 1$.

Sia $C_1, C_2, \dots, C_m$ un ricoprimento di $V^{(r)}$ mediante insiemi chiusi, con C_s contenuto in una mappa ammissibile. Sia $H_1 = C_1$, $H_2 = C_2 - C_1$, $H_3 = C_3 - (C_1 + C_2), \dots, H_m = C_m - (C_1 + \dots + C_{m-1})$.

Dimostriamo che riesce

$$\int u \wedge v = \frac{1}{k!\,(r-k)!} \sum_{s=1}^{m} \int_{H_s} \delta_{1\dots r}^{s_1 \dots s_r}\, u_{s_1 \dots s_k}\, v_{s_{k+1} \dots s_r}\, dx^1 \dots dx^r \ (^5).$$

Si consideri infatti la k-forma $u^{(s)}$ così definita:

$$u^{(s)} \begin{cases} = u & x \in H_s \\[2mm] = 0 & x \in V^{(r)} - H_s \end{cases} \qquad (s = 1, 2, \dots, m).$$

Si ha, impiegando la partizione dell'unità $1 = \sum\limits_{h=1}^{n} \varphi_h(x)$,

$$\int u^{(s)} \wedge v = \sum_{h=1}^{n} \int \varphi_h\, u^{(s)} \wedge v =$$

$(^5)$ Con $\int w$ intendiamo l'integrale di una r-forma sulla varietà orientata $V^{(r)}$.

$$= \sum_{h=1}^{n} \frac{1}{k!\,(r-k)!} \int_{H_s} \delta_{1\ldots r}^{s_1\ldots s_r}\,\varphi_h\,u^{(s)}_{s_1\ldots s_k}\,v_{s_{k+1}\ldots s_r}\,dx^1 \ldots dx^r =$$

$$= \frac{1}{k!\,(r-h)!} \int_{H_s} \delta_{1\ldots r}^{s_1\ldots s_r}\,u_{s_1\ldots s_k}\,v_{s_{k+1}\ldots s_r}\,dx^1 \ldots dx^r\,,$$

donde l'asserto.

$B_1\,,\,B_2\,,\ldots,\,B_m$ siano insiemi boreliani che ricoprono $V^{(r)}$, con ogni B_s contenuto con la sua chiusura in una mappa ammissibile. Ad $\mathcal{L}_k^p[V^{(r)}]$ può darsi una struttura di spazio di Banach definendo la norma di un suo elemento al modo seguente

$$\| u \|_p = \sum_{s=1}^{m}\ \sum_{i_1<\ldots<i_k} \left(\int_{B_s} | u_{i_1\ldots i_k} |^p\,dx^1 \ldots dx^r \right)^{\frac{1}{p}}.$$

Lo spazio risulta ovviamente completo.

Si consideri una seconda norma in $\mathcal{L}_k^p$ relativa al ricoprimento $B_1'\,,\,B_2'\,,\ldots,\,B_m'$. Indichiamola con $\| u \|_p'$. È facile dimostrare l'isomorfismo fra le due norme, cioè l'esistenza di due costanti $0 < k \leq K$ tali che $k\,\| u \|_p' \leq \| u \|_p \leq K\,\| u \|_p'$. Supponiamo che il ricoprimento di $V^{(r)}$ sia ottenuto mediante i boreliani disgiunti $H_1\,,\ldots,\,H_m$ ed assumiamo come norma $\| u \|_p$ in $\mathcal{L}_k^p$ della k-forma u quella relativa a questo ricoprimento. Sia $F(u)$ un funzionale lineare e continuo definito in $\mathcal{L}_k^p[V^{(r)}]$. Si ha $F(u) = \sum_{h=1}^{n} F(u^{(s)})$, essendo $u^{(s)}$ la k-forma dianzi introdotta. Per il teorema di rappresentazione di Riesz in $\mathcal{L}^p$ si ha:

$$F(u^{(s)}) = \sum_{i_1<\ldots<i_k} \delta_{1\ldots r}^{i_1\ldots i_r} \int_{H_s} u^{(s)}_{i_1\ldots i_k}\,v^{(s)}_{i_{k+1}\ldots i_r}\,dx^1 \ldots dx^r \quad (i_{k+1} < \ldots < i_r)$$

con $v_{i_{k+1}\ldots i_k}$ appartenente a $\mathcal{L}^q(H_s)$.

Poniamo $v_{s_{k+1}\ldots s_r}(x) = \delta_{s_{k+1}\ldots s_r}^{i_{k+1}\ldots i_r}\,v^{(s)}_{i_{k+1}\ldots i_r}(x)$ per $x \in H_s$, $(s = 1,\ldots,m)$ ed interpretiamo $v_{s_{k+1}\ldots s_r}$ come coefficienti di una $(r-k)$-forma v rispetto alle coordinate locali in H_s. Si ha allora

$$F(u) = \int u \wedge v.$$

È ovvio che $F(u) \equiv 0$ implica $v \equiv 0$. Si ha poi

$$| F(u) | \leq \sum_{s=1}^{m} | F(u^{(s)}) | \leq \sum_{s=1}^{m} \sum_{i_1 < \ldots < i_k} \left(\int\limits_{H_s} | u_{i_1 \ldots i_k} |^p \, dx \right)^{\frac{1}{p}} \cdot$$

$$\cdot \left(\int\limits_{H_s} | v_{i_{k+1} \ldots i_r} |^q \, dx \right)^{\frac{1}{q}} \leq \| u \|_p \, \| v \|_q$$

avendo posto

$$\| v \|_q = \sum_{s=1}^{m} \sum_{i_{k+1} < \ldots < i_r} \left(\int\limits_{H_s} | v_{i_{k+1} \ldots i_r} |^q \, dx^1 \ldots dx^r \right)^{\frac{1}{q}}$$

e quindi $\| F \| \leq \| v \|_q$.

La corrispondenza $v \longleftrightarrow F$ stabilita fra $\mathcal{L}^q_{r-k} [V^{(r)}]$ e lo spazio $\overset{*}{\mathcal{L}}{}^p_k [V^{(r)}]$ duale di $\mathcal{L}^p_k [V^{(r)}]$ è biunivoca e continua nel senso $v \to F$. Poichè $\overset{*}{\mathcal{L}}{}^p_k [V^{(r)}]$ è completo e quindi, per il teorema della categoria di Baire, di II categoria, deve esistere una costante $K > 0$ tale che $\| v \| \leq K \| F \|$ [6].

Indicheremo con $\mathcal{L}^p$ la somma diretta di tutti gli spazi $\mathcal{L}^p_k [V^{(r)}]$ e assumeremo come norma di un elemento di $\mathcal{L}^p$ la radice quadrata della somma dei quadrati delle norme delle sue componenti.

Se v_k e u_h sono due forme omogenee di grado k e h rispettivamente e se $h < r - k$, porremo per definizione

$$\int v_k \wedge u_h = 0.$$

Se $v \in \mathcal{L}^p \, (p \geq 1)$ e $u \in \mathcal{L}^q \left(\frac{1}{p} + \frac{1}{q} = 1 \right)$, definiremo l'integrale $\int v \wedge u$ al modo seguente

$$\int v \wedge u = \int \left(\sum_{k=0}^{r} v_k \right) \wedge \left(\sum_{h=0}^{r} u_h \right) = \sum_{k=0}^{r} \int v_k \wedge u_{r-k} \, ,$$

avendo indicato con v_k le componenti di v e con u_k quelle di u.

<hr>

[6] Cfr. S. BANACH - *Operations linéaires* - Warszawa, 1926.

Da quanto si è provato segue il teorema:

XXIII. *Ad ogni elemento φ del duale topologico $\overset{*}{\mathcal{L}}{}^p$ di $\mathcal{L}^p$ ($p \geq 1$) rimane univocamente associato un elemento $u \in \mathcal{L}^q \left(\dfrac{1}{p} + \dfrac{1}{q} = 1 \right)$ tale che*

$$\langle \varphi, v \rangle = \int v \wedge u.$$

La trasformazione $\varphi \to u$ è un isomorfismo (nel senso di Banach) di $\overset{*}{\mathcal{L}}{}^p$ su $\mathcal{L}^q$.

6. — Applicazione della teoria astratta allo spazio $\mathcal{L}^2$ delle forme differenziali su $V^{(r)}$.

È evidente che l'ipotesi 3) del § 2 non dipende dalla struttura di spazio di Hilbert definita in $\mathcal{S}$. Facciamo vedere che la 2) e la 2') dipendono unicamente dalla topologia che la struttura di spazio di Hilbert introduce in $\mathcal{S}$, ma non dalla definizione di prodotto scalare. Ciò significa che se in $\mathcal{S}$ introduciamo una diversa definizione di prodotto scalare $[u, v]$ la cui relativa norma indichiamo con $|u|$, se accade che $h \| u \| \leq | u | \leq H \| u \|$ con $0 < h \leq H$, allora dall'essere verificata la 2) nel primitivo spazio $\mathcal{S}$ essa lo è altresì nel nuovo spazio di Hilbert che indichiamo con Σ. Osserviamo intanto che $d\widetilde{\mathcal{V}}$ e $\widetilde{\mathcal{V}}_0$ sono sempre la stessa varietà sia in $\mathcal{S}$ che in Σ, dato che $d\widetilde{\mathcal{V}} = \overline{d\mathcal{V}}$ e $\widetilde{\mathcal{V}}_0 = \overline{\mathcal{V}}_0$ ed il concetto di chiusura è un concetto puramente topologico.

Sia π_d la proiezione relativa a Σ analoga alla P_d di $\mathcal{S}$. Si ha $P_d v = v - v_0$, essendo v_0 la proiezione, in $\mathcal{S}$, di v su $\mathcal{V}_0$ Si ha

$$| \pi_d v | = \inf_{w \in \mathcal{V}_0} | v - w | \leq | v - v_0 | \leq H \| v - v_0 \| = H \| P_d v \| \leq$$

$$\leq HK \| dv \| < \frac{H}{h} K | dv |.$$ È così provato che in Σ è vera la 2).

Sia v^n una successione tale che $| dv^n |$ sia limitata. Allora è tale anche $\| dv^n \|$, quindi $P_d v^n = v^n - v_0^n$ è compatta. Si ha:

$$| \pi_d v^m - \pi_d v^n | = \inf_{w \in \mathcal{V}_0} | v^m - v^n - w | \leq | v^m - v_0^m - (v^n - v_0^n) | \leq$$

$$\leq H \| P_d v^m - P_d v^n \|.$$

Da ciò l'asserto.

Se φ è un elemento dello spazio duale topologico $\overset{*}{\mathcal{L}}{}^2$ di $\mathcal{L}^2$ (munito della consueta topologia della convergenza in media) si ha, per ogni $v \in \mathcal{L}^2$

$$(10) \qquad \langle \varphi, v \rangle = \int v \wedge u,$$

con w univocamente determinato da φ. La trasformazione $\varphi \to w$ è un isomorfismo (di Banach) di $\overset{*}{\mathcal{L}}{}^2$ in $\mathcal{L}^2$ (cfr. Teor. XXIII).

Supponiamo che in $\mathcal{L}^2$ sia introdotta una struttura di spazio di Hilbert ed il corrispondente spazio $\mathcal{S}$ sia topologicamente equivalente ad $\mathcal{L}^2$. Si ha allora $\langle \varphi, v \rangle = (u, v)$. Posto $w = {*}\, u$, essendo w la forma che compare nella (10), la $*$ è un isomorfismo lineare di $\mathcal{S}$ su $\mathcal{S}$ che diremo *trasformazione di aggiunzione*. Diciamo σw la trasformazione lineare che ad una forma w omogenea di grado k fa corrispondere la forma $(-1)^{r-k} w$. Si ha

$$\int dv \wedge w = \int v \wedge d\sigma w$$

per ogni coppia di forme regolari v e w.

Siano u e v forme regolari. Si ha

$$(u, dv) = \int dv \wedge {*}\, u = \int v \wedge d\sigma {*}\, u = (\delta u, v)$$

essendo

$$(11) \qquad \delta u = {*}^{-1}\, d\sigma {*}\, u.$$

Viceversa, se è definito nello spazio vettoriale $\mathcal{S}$ di tutti gli elementi di $\mathcal{L}^2$ un isomorfismo lineare di $\mathcal{S}$ su $\mathcal{S}$ tale che, pòsto per ogni coppia u, v di elementi di $\mathcal{S}$

$$(12) \qquad (u, v) = \int v \wedge {*}\, u,$$

(u, v) abbia le proprietà di un prodotto scalare, ed $\mathcal{S}$ acquisti la topologia di $\mathcal{L}^2$, è verificata l'ipotesi fondamentale 1) e sussiste la (11).

Evidentemente, per definire la $*$ basta farlo su ogni $\mathcal{S}_k$ ed imporre la condizione di linearità. Ora, quando sia definita una metrica $a_{ij}\, dx^i\, dx^j$, ciò può farsi dicendo aggiunta di una k-forma u la

$(r - k)$-forma i cui coefficienti sono definiti al modo seguente

$$(13) \qquad * u_{s_{k+1}\ldots s_r} = \delta_{s_1\ldots s_r}^{1\ldots r} \sqrt{\det a_{ij}}\; a^{s_1 i_1} \ldots a^{s_k i_k} u_{i_1\ldots i_k}$$

Ma l'aggiunzione può definirsi in infiniti altri modi. Ad esempio, si consideri per ogni fissato $0 \leq k \leq r$ il tensore $2k$-plo contravariante $a^{s_1\ldots s_k i_1\ldots i_k}$ tale che $a^{s_1\ldots s_k i_1\ldots i_k} = a^{i_1\ldots i_k s_1\ldots s_k}$ e tale ancora che la forma quadratica $a^{s_1\ldots s_k i_1\ldots i_k} \lambda_{s_1\ldots s_k} \lambda_{i_1\ldots i_k}$ nelle r^k variabili reali $\lambda_{s_1\ldots s_k}$ sia definita positiva in ogni punto di $V^{(r)}$. Entrambe queste proprietà sono invarianti. Infatti, se si opera il cambiamento di coordinate

$$x = x\,(\overline{x}) \quad \text{si ha} \quad \overline{a}^{s_1\ldots s_k i_1\ldots i_k} = a_{h_1}^{s_1} \ldots a_{h_k}^{s_k} a_{j_1}^{i_1} \ldots a_{j_k}^{i_k} a^{h_1\ldots h_k j_1\ldots j_k} \left(a_j^i = \frac{\partial \overline{x}_i}{\partial x_j} \right)$$

e quindi $\overline{a}^{i_1\ldots i_k s_1\ldots s_k} = a_{h_1}^{i_1} \ldots a_{h_k}^{i_k} a_{j_1}^{s_1} \ldots a_{j_k}^{s_k} a^{h_1\ldots h_k j_1\ldots j_k} = a_{h_1}^{i_1} \ldots a_{h_k}^{i_k} a_{j_1}^{s_1} \ldots$

$\ldots a_{j_k}^{s_k} a^{j_1\ldots j_k h_1\ldots h_k} = \overline{a}^{s_1\ldots s_k i_1\ldots i_k}$. Si ha inoltre $\overline{a}^{s_1\ldots s_k i_1\ldots i_k} \lambda_{s_1\ldots s_k} \lambda_{i_1\ldots i_k} =$

$= a_{h_1}^{s_1} \ldots a_{h_k}^{s_k} a_{j_1\ldots j_k}^{i_1\ldots i_k} a^{h_1\ldots h_k j_1\ldots j_k} \lambda_{s_1\ldots s_k} \lambda_{i_1\ldots i_k} = a^{h_1\ldots h_k j_1\ldots j_k} (a_{h_1}^{s_1} \ldots a_{h_k}^{s_k} \lambda_{s_1\ldots s_k}) \cdot$

$\cdot (a_{j_1}^{i_1} \ldots a_{j_k}^{i_k} \lambda_{i_1\ldots i_k})$. Si supponga il tensore $2k$-plo considerato di classe C^{q-1}.

Sia $p = \dfrac{1}{r!}\, p_{s_1\ldots s_r}\, dx^{s_1}\ldots dx^{s_r}$ una forma regolare di grado r tale che

$p_{1\ldots r} > 0$ in ogni punto, cioè tale che $\displaystyle\int_C p > 0$ su ogni campo C.

Porremo : $* u_{s_{k+1}\ldots s_r} = p_{s_1\ldots s_r}\, a^{s_1\ldots s_k i_1\ldots i_k} u_{i_1\ldots i_k}$. Si ha : $(u, u) = \displaystyle\int u \wedge * u \geq 0$.

Adoperando una partizione dell'unità $1 = \displaystyle\sum_{i=1} \varphi_i(x)$ (con il supporto di φ_i nel sostegno E_i di una mappa ammissibile) si ha

$$(u,\, u) = \sum_{i=1}^{\nu} \int \varphi_i(x)\, u \wedge * u =$$

$$= \sum_{i=1}^{\nu} \frac{1}{k!\,(r-k)!} \int_{E_i} \varphi_i(x)\, p_{s_1\ldots s_r}\, a^{s_1\ldots s_k\, i_1\ldots i_k} u_{s_1\ldots s_k} u_{i_1\ldots i_k} dx^{s_1} \ldots dx^{s_r} =$$

$$= \sum_{i=1}^{\nu} \frac{1}{k!} \int_{E_i} \varphi_i(x)\, a^{s_1\ldots s_k\, i_1\ldots i_k} u_{s_1\ldots s_k} u_{i_1\ldots i_k} p_{1\ldots r}\, dx^1 \ldots dx^r \geq 0$$

L uguaglianza sussiste solo quando $u = 0$.

Analogamente si prova che $(u,\, v) = (v,\, u)$. È anche facile provare che il prodotto scalare considerato introduce la topologia di $\mathcal{L}^2$.

Dimostreremo nei successivi paragrafi che se v è una forma regolare essa si lascia rappresentare al modo seguente

$$(14) \qquad v = \mathcal{F}(dv) + dz + \sum_{h=1}^{n} c_h \, a_h$$

essendo $\mathcal{F}$ un operatore lineare compatto di $\mathcal{L}^2$ in $\mathcal{L}^2$, z una forma regolare e $c_1, \dots c_n$ costanti (l'una e le altre dipendenti da v) e infine $a_1, \dots, a_n$ n k-forme regolari chiuse *indipendenti* da v. Dalla (14) e dall'osservazione fatta al principio di questo paragrafo segue che, qualunque sia la struttura di spazio di Hilbert in $\mathcal{S}$ *purchè introducente la topologia di* $\mathcal{L}^2$, è verificata la 2') del § 4. Inoltre, scrivendo la (14) per una forma chiusa si constata che è verificata l'ipotesi 3) del § 2.

Si ha quindi il seguente teorema che costituisce il risultato principale della presente trattazione.

XXIV. *Perchè su* $V^{(r)}$ *possa costruirsi una teoria delle forme armoniche, per la quale sussista il teorema di Hodge o, più in generale, perchè possa farsi una teoria dell'equazione (ellittica del 2^0 ordine) quale la (8), basta definire una trasformazione (di aggiunzione)* $w = *u$ *(isomorfismo dell'insieme lineare sostegno di* $\mathcal{L}^2$ *su se stesso) verificante unicamente le condizioni*:

$$\int v \wedge * u = \int u \wedge * v$$

$$h \, \| u \|_2^2 \leq \int u \wedge * u \leq H \, \| u \|_2^2$$

con $0 < h \leq H$.

L'operatore di co-differenziazione è allora dato dalla (11).

7. — Dimostrazione della (14).

Per provare la (14) *si può, al fine di conseguirla, usare una particolare struttura di spazio di Hilbert in* $\mathcal{S}$ *che introduce in* $\mathcal{S}$ *la topologia di* $\mathcal{L}^2$. Trarremo vantaggio da tale circostanza tornando comodo *scegliere come operazione di aggiunzione* $*$ *quella classica*, ciò che ci consentirà un rapido conseguimento della (14).

Supporremo pertanto di avere introdotto su $V^{(r)}$ un tensore metrico a_{ij} che potremo ben supporre di classe C^s con $s \geq 3$ e assumeremo come operazione $*$ quella che ad una k-forma associa la $(r-k)$-forma i cui cofficienti sono dati dalla (13). L'operazione δ definita dalla (11) è quindi ora e nei successivi paragrafi da introdursi con tale scelta di $*$, cioè nel senso classico..

In seguito considereremo k-forme $\lambda(x, y)$ dipendenti dai due punti x ed y di $V^{(r)}$, tali che per ogni fissato x, $\lambda(x, y)$ sia una k-forma regolare dipendente da y in $V^{(r)} - x$ e viceversa. La $\lambda(x, y)$ in un sistema locale si rappresenterà al modo seguente

$$\lambda(x, y) = \frac{1}{(k!)^2} \lambda_{s_1 \ldots s_k \, i_1 \ldots i_k}(x, y) \, dx^{s_1} \ldots dx^{s_k} \, dy^{i_1} \ldots dy^{i_k} \, .$$

La $\lambda(x, y)$ dicesi una k-forma nucleare (o doppia).

Sia E una r-cella di $V^{(r)}$ ed in essa sia fissato un sistema di coordinate ammissibili $x^1 \ldots x^r$. Detti a_{ij} le componenti, in tale sistema, del tensore metrico e posto $a = \det(a_{ij})$, consideriamo la k-forma nucleare definita per $x \in E, \, y \in E, \, x \neq y$ che rispetto al sistema di coordinate fissato, si esprime al modo seguente

$$(15) \qquad \lambda(x, y) = \frac{1}{(k!)^2} L(x, y) \begin{vmatrix} a_{s_1 i_1}(y) & \ldots & a_{s_1 i_k}(y) \\ \cdot & \cdot & \cdot \\ \cdot & \cdot & \cdot \\ a_{s_k i_1}(y) & \ldots & a_{s_k i_k}(y) \end{vmatrix} dx^{s_1} \ldots dx^{s_k} dy^{i_1} \ldots dy^{i_k}$$

avendo posto

$$(16) \quad L(x, y) \begin{cases} = \dfrac{1}{(r-2)\,\omega_r} \left[\sum_{i,j}^{1,r} a_{ij}(y)(x^i - y^i)(x^j - y^j) \right]^{\frac{2-r}{2}} \quad \text{per } r > 2, \\[4mm] = \dfrac{1}{2\pi} \log \left[\sum_{i,j}^{1,r} a_{ij}(y)(x^i - y^i)(x^j - y^j) \right]^{-\frac{1}{2}} \quad \text{per } r = 2, \end{cases}$$

($\omega_r = $ misura dell'ipersuperficie sferica unitaria in $X^{(r)}$). Si ha:

$$(17) \quad \lambda(x, y) \begin{cases} = O\left(\dfrac{1}{|x - y|^{r-2}} \right), \ r > 2 \ \left(|x - y| = \left[\sum_{h=1}^{r} (x^h - y^h)^2 \right]^{\frac{1}{2}} \right). \\[4mm] = O(\log |x - y|), \qquad r = 2 \end{cases}$$

Con ciò intendiamo che ogni coefficiente di $\lambda(x, y)$ verifica la limitazione indicata dal secondo membro della (17). *Tali limitazioni, essendo verificate nel sistema di coordinate scelto, lo sono in qualsiasi sistema di coordinate ammissibili.*

Si ha anche:

$$(18) \quad \begin{aligned} d_x \, \lambda \, (x, y) &= O \, (\,|\, x - y \,|^{1-r}), \quad \delta_x \, \lambda \, (x, y) = O \, (\,|\, x - y \,|^{1-r}), \\ d_y \, \lambda \, (x, y) &= O \, (\,|\, x - y \,|^{1-r}), \quad \delta_y \, \lambda \, (x, y) = O \, (\,|\, x - y \,|^{1-r}). \end{aligned}$$

Proviamo che riesce:

$$(19) \qquad \Delta_x \, \lambda \, (x, y) = O \, (\,|\, x - y \,|^{1-r}).$$

Osserviamo intanto che se le a_{ij} fossero costanti e la metrica euclidea, sarebbe allora (per $r > 2$ ed analogamente per $r = 2$):

$$(20) \quad \lambda \, (x, y) = \frac{1}{(k!)^2} \, \frac{1}{(r-2)\,\omega_r} \, \frac{1}{|\, x - y \,|^{r-2}} \, \underset{s_1 \cdots s_k}{\Sigma} \, dx^{s_1} \ldots dx^{s_k} \, dy^{s_1} \ldots dy^{s_k}$$

e quindi, $\Delta_x \, \lambda \, (x, y) = 0$. Tale identità sussiste anche se le a_{ij} sono costanti. Infatti, sia $x^k = \beta_i^k \, \xi^i$ una trasformazione lineare tale che $ds^2 = a_{ij} dx^i \, dx^j = (d\xi^1)^2 + \ldots + (d\xi^r)^2$. Sarà quindi $a_{hk} \beta_i^h \beta_j^k = \delta_i^j$. Per provare l'asserto basta solo verificare che la forma nucleare λ espressa nelle nuove coordinate assume la forma (20). Si ha intanto:

$$L \, (\beta_i^k \, \xi^i \,, \, \beta_j^h \, \eta^j) = \frac{1}{(r-2)\,\omega_r} \, |\, \xi - \eta \,|^{2-r}.$$

Riesce inoltre:

$$\begin{vmatrix} a_{s_1 i_1} \ldots a_{s_1 i_k} \\ \cdots \cdots \cdots \\ \cdots \cdots \cdots \\ a_{s_k i_1} \ldots a_{s_k i_k} \end{vmatrix} \, dx^{s_1} \ldots dx^{s_k} \, dy^{i_1} \ldots dy^{i_k} =$$

$$\begin{vmatrix} a_{s_1 i_1} \ldots a_{s_1 i_k} \\ \cdots \cdots \cdots \\ \cdots \cdots \cdots \\ a_{s_k i_1} \ldots a_{s_k i_k} \end{vmatrix} \, \beta_{t_1}^{s_1} \ldots \beta_{t_k}^{s_k} \, \beta_{j_1}^{i_1} \ldots \beta_{j_k}^{i_k} \, d\xi^{t_1} \ldots d\xi^{t_k} \, d\eta^{j_1} \ldots d\eta^{j_k} =$$

$$
= \begin{vmatrix} a_{s_1 i_1} \beta_{t_1}^{s_1} \beta_{j_1}^{i_1} \dots a_{s_1 i_k} \beta_{t_1}^{s_1} \beta_{j_k}^{i_k} \\ \cdot \quad \cdot \quad \cdot \quad \cdot \quad \cdot \quad \cdot \quad \cdot \\ \cdot \quad \cdot \quad \cdot \quad \cdot \quad \cdot \quad \cdot \quad \cdot \\ a_{s_k i_1} \beta_{t_k}^{s_k} \beta_{j_1}^{i_1} \dots a_{s_k i_k} \beta_{t_k}^{s_k} \beta_{j_k}^{i_k} \end{vmatrix} d\xi^{t_1} \dots d\xi^{t_k} \dots d\eta^{j_1} \dots d\eta^{j_k}.
$$

Da ciò l'asserto.

Sia ora a_{ij} arbitrario. Poniamo: $\Delta u = \dfrac{1}{k!} \Delta_{s_1 \dots s_k}(u)\, dx^{s_1} \dots dx^{s_k}$ con $\Delta_{s_1 \dots s_k}(u)$ un operatore differenziale del secondo ordine nei coeficienti di u. Sarà precisamente

$$
\Delta_{s_1 \dots s_k}(u) = \underset{i_1 \dots i_k}{\Sigma} \left\{ \underset{m,n}{\Sigma} P_{s_1 \dots s_k}^{(m,n;\, i_1 \dots i_k)}(a^{ij}) \frac{\partial^2 u_{i_1 \dots i_k}}{\partial x^m \, \partial x^n} + \right.
$$

$$
+ \underset{m}{\Sigma} Q_{s_1 \dots s_k}^{(m;\, i_1 \dots i_k)} \left(\sqrt{a}\, a^{ij},\, \frac{\partial \sqrt{a}\, a^{ij}}{\partial x^h} \right) \frac{\partial u_{i_1 \dots i_k}}{\partial x^m} +
$$

$$
+ R_{s_1 \dots s_k}^{(i_1 \dots i_k)} \left(\sqrt{a}\, a^{ij},\, \frac{\partial \sqrt{a}\, a^{ij}}{\partial x^h},\, \frac{\partial^2 \sqrt{a}\, a^{ij}}{\partial x^h \, \partial x^h} \right) u_{i_1 \dots i_k} \Big\} =
$$

$$
= \Delta_{s_1 \dots s_k}^{(2)}(u) + \Delta_{s_1 \dots s_k}^{(1)}(u) + \Delta_{s_1 \dots s_k}^{(0)}(u),
$$

avendo indicato con P un polinomio nelle r^2 variabili a^{ij}, con Q uno nelle variabili a^{ij} e $\dfrac{\partial \sqrt{a}\, a^{ij}}{\partial x^h}$ e con R uno nelle variabili a^{ij}, $\dfrac{\partial \sqrt{a}\, a^{ij}}{\partial x^h}$, $\dfrac{\partial^2 \sqrt{a}\, a^{ij}}{\partial x^h \, \partial x^l}$ $(h, l = 1, 2, \dots, r)$.

Fissato y, consideriamo le a_{ij} come costanti ed uguali al valore $a_{ij}(y)$. Detto $\Delta^{(y)}$ il corrispondente operatore di Laplace, si ha, per quanto si è sopra visto: $\Delta_x^{(y)} \lambda(x, y) = 0$. Quindi

$$
\underset{x}{\Delta}_{s_1 \dots s_k}[\lambda(x, y)] = \underset{x}{\Delta}_{s_1 \dots s_k}^{(2)}(\lambda) - \underset{x}{\Delta}_{s_1 \dots s_k}^{(y)}(\lambda) + O(\,|x - y|^{1-r}) =
$$

$$
= \underset{i_1 \dots i_k}{\Sigma}\, \underset{m,n}{\Sigma}\, [P_{s_1 \dots s_k}^{(m,n;\, i_1 \dots i_k)}(a^{ij}(x)) - P_{s_1 \dots s_k}^{(m,n;\, i_1 \dots s_k)}(a^{ij}(y))] \frac{\partial^2 \lambda_{i \dots i_k}}{\partial x^m \, \partial x^n} +
$$

$$
+ O(\,|x - y|^{1-r}) = O(\,|x - y|^{1-r}).
$$

Consideriamo la partizione dell'unità su $V^{(r)}: \sum\limits_{h=1}^{n} \varphi_h(x) = 1$.

Possiamo supporre che il supporto U_h di $\varphi_h(x)$ sia contenuto in E_h, sostegno di $\mathcal{C}_h$ e che $\tau E_h = \Sigma_h$ sia una sfera di raggio 3, mentre che τU_h sia contenuto nella sfera $\Sigma_h^{(1)}$ concentrica a Σ_h ed avente raggio 1. Diciamo $x^1 \dots x^r (y^1 \dots y^r)$ le coordinate locali in E_h e $\lambda_h(x, y)$ la *parametrice locale* in E_h. Porremo, come in precedenza, per $x \in E_h$, $y \in E_h$,

$$| x - y |^2 = \sum\limits_{i=1}^{r} (x^i - y^i)^2.$$

Fissato y in $V^{(r)}$, consideriamo la k-forma nucleare $F_h(x, y)$ così definita per $x \neq y$ in $V^{(r)}$:

$$(21) \quad \begin{cases} = \varphi_h(x)\, \lambda_h(x, y)\, [1 - | x - y |^4]^4 & \text{per } x \in U_h, y \in E_h;\ | x-y | \leq 1, \\ = 0 & \text{per } x \in U_h, y \in E_h;\ | x-y | > 1, \\ = 0 & \text{per } x \in U_h, y \in V^{(r)} - E_h \\ = 0 & \text{per } x \in V^{(r)} - U_h, y \in V^{(r)}. \end{cases}$$

Il seguente grafico esplicativo — ottenuto rappresentando simbolicamente $V^{(r)}$ con un quadrato del piano (x, y) — mostra le diverse regioni in cui si hanno le varie definizioni di $F_h(x, y)$.

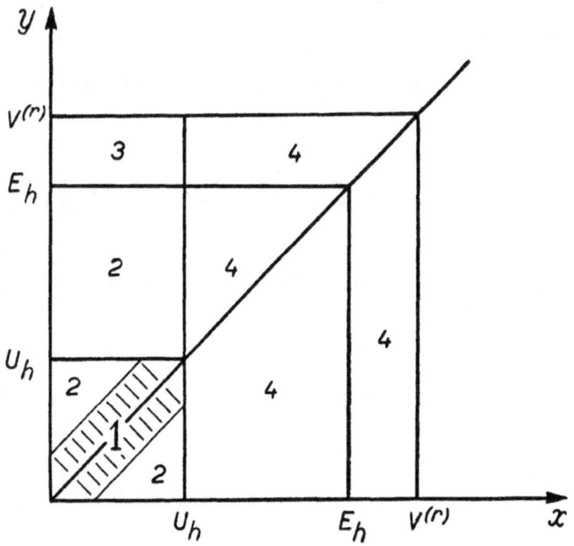

Fissato y, la $F_h(x, y)$ è regolare in $V^{(r)} - y$. Se y è fissato nella immagine di $\Sigma_h^{(2)}$ (sfera concentrica a Σ_h e raggio 2), la sfera di centro τy e raggio 1 : $\Sigma^{(1)}(y)$ è contenuta in Σ_h. In essa la $F_h(x, y)$ coincide con $\varphi_h(x)\, \lambda(x, y)\, [1 - |x - y|^4]^4$ epperò è regolare — fatta al più eccezione del punto y — . D'altronde essa è nulla con le sue derivate prima e seconda sulla frontiera di $\Sigma^{(1)}(y)$ ed identicamente nulla fuori di $\Sigma^{(1)}(y)$.

Sia ora y in E_h ma non in $\tau E_h^{(2)}$. Allora $\Sigma^{(1)}(y)$ non interseca τU_h, sicchè $F_h(x, y)$ è identicamente nulla tanto in U_h che in $V^{(r)} - U_h$.

Sia infine $y \in V^{(r)} - E_h$; anche in tal caso $F_h(x, y)$ è identicamente nulla. L'asserto è cosi provato.

È ovvio che $d_x F_h(x,y) = O(|x-y|^{1-r})$, $\delta_x F_h(x,y) = O(|x-y|^{1-r})$, $\Delta_x F_h(x, y) = O(|x, y|^{1-r})$. La k-forma nucleare: $F(x, y) = \sum_{h=1}^{n} F_h(x, y)$ sarà detta *parametrice* su $V^{(r)}$. Essa verifica le limitazioni

$$d_x F(x, y) = O(|x - y|^{1-r}), \quad \delta_x F(x, y) = O(|x - y|^{1-r})$$
$$(22)$$
$$\Delta_x F(x, y) = O(|x - y|^{1-r}).$$

Per conseguire la (14) basta evidentemente limitarci a provarla per le forme omogenee di grado k. Siano $\alpha_1, \dots, \alpha_n, \widetilde{\beta}_1, \dots, \widetilde{\beta}_n$ due n-ple di k-forme regolari per adesso arbitrarie. Detto μ un numero reale, poniamo : $H(x, y) = F(x, y) + \mu \sum_{s=1}^{n} \alpha_s(x) \wedge \widetilde{\beta}_s(y)$. È facile provare, con classico, ben noto procedimento, che per ogni k-forma regolare v si ha :

$$(23) \qquad v(y) = \int H(x, y) \wedge * (\Delta_x v) - \int v(x) \wedge * (\Delta_x H(x, y))$$

ove Δ è, come al solito, l'operatore $d\delta + \delta d$. Si ha anche (mediante integrazione per parti) :

$$(24) \qquad v(y) = \int d_x v \wedge * (d_x H(x, y)) +$$

$$+ \int \delta_x v \wedge * (\delta_x H(x, y)) - \int v(x) \wedge * (\Delta_x H(x, y)).$$

Poniamo

$$\mathcal{K}(u) = -\int u(x) \wedge * [\varDelta_x H(x, y)].$$

Consideriamo l'equazione di « *tipo Riesz* » nella k-forma u

$$(25) \qquad\qquad \mathcal{K}(u) - u = f.$$

Sia $\psi_1, \ldots, \psi_q$ un sistema ortonormale completo di soluzioni della equazione $\mathcal{K}^*(\psi) - \psi = 0$. Diciamo $\mathcal{P}$ l'operazione di proiezione di un elemento di $\mathcal{L}_h^2$ sulla varietà delle ψ_h. Indichiamo con $u = \mathcal{R}(f - \mathcal{P}(f))$ la k-forma soluzione dell'equazione $\mathcal{K}(u) - u = f - \mathcal{P}(f)$ e verificante le condizioni $(u, a_h) = 0$ $(h = 1, \ldots, q)$ essendo a_h le autosoluzioni di $\mathcal{K}(a) - a = 0$. Fra le a_h vi sono *tutte* le k-forme armoniche regolari, più eventualmente altre k-forme. *Supponiamo di avere determinato α_s, $\widetilde{\beta}_s$ e μ in guisa tale che le a_h siano tutte armoniche.* Tale fatto sarà dimostrato in sèguito, a parte.

Detto $\mathcal{L}_\psi$ il complemento ortogonale a $\mathcal{P}(\mathcal{L}_k^2)$ ed $\mathcal{L}_a$ la varietà ortogonale a quella delle a_h, la $\mathcal{R}$ muta $\mathcal{L}_\psi$ in $\mathcal{L}_a$ in modo biunivoco e continuo. Sia $v \in \mathcal{L}_a$. Riesce $\mathcal{K}(v) - v = \mathcal{K}_1(v) \in \mathcal{L}_\psi$ e si ha $\mathcal{R}\mathcal{K}_1(v) = v$. Quindi, per $h \in \mathcal{L}_a$, $(\mathcal{R}\mathcal{K}_1(v), h) = (v, h)$ che implica: $(\mathcal{K}_1(v), \mathcal{R}^*(h)) = (v, h)$ essendo $\mathcal{R}^*$ una trasformazione continua di $\mathcal{L}_a$ in $\mathcal{L}_\psi$. Ed ancora: $(v, \mathcal{K}_1^* \mathcal{R}^*(h)) = (v, h)$. Ciò significa che $\mathcal{R}^*(h)$ è la soluzione dell'equazione

$$(26) \qquad\qquad \mathcal{K}^*(\varphi) - \varphi = h$$

ortogonale a tutte le ψ.

Dalla (24) segue

$$v = -\mathcal{R}\left[\int d_x v \wedge * (d_x H(x, y)) + \int d\,\delta v \wedge * (H(x, y))\right] + \sum_{h=1}^{q} c_h\,a_h$$

Poniamo:

$$J(d_x v) = \int d_x v \wedge * (d_x H(x, y)), \quad \mathcal{H}(\psi) = \int H(x, y) \wedge * \psi(x).$$

Riesce $\mathcal{P}J(dv) + \mathcal{P}\mathcal{H}(d\,\delta v) = 0$ e quindi

$$(27) \quad v = -\mathcal{R}[J(dv) - \mathcal{P}J(dv)] + \mathcal{R}[\mathcal{H}(d\,\delta v) - \mathcal{P}\mathcal{H}(d\,\delta v)] + \sum_{h=1}^{n} c_h\,a_h.$$

Vogliamo vedere che $dv_0 = d\mathcal{R}\left[\mathcal{H}(d\,\delta v) - \mathcal{P}\mathcal{H}(d\,\delta v)\right] = 0$. A tal fine basta constatare che $(v_0, \delta w) = 0$ per ogni $(k+1)$-forma w. Cioè $(\mathcal{R}\mathcal{H}(d\,\delta v) - \mathcal{R}\mathcal{P}\mathcal{H}(d\,\delta v), \delta w) = 0$. Dato che $\delta w \in \mathcal{L}_a$, possiamo applicare la relazione di reciprocità. Si ha: $(\mathcal{H}(d\,\delta v), \mathcal{R}^*(\delta w)) -$ $- (\mathcal{P}\mathcal{H}(d\,\delta w), \mathcal{R}^*(\delta w)) = 0$. Ma il secondo prodotto scalare è nullo, dato che $\mathcal{R}^*(u) \in \mathcal{L}_\psi$, che è la varietà ortogonale al codominio di $\mathcal{P}$. Occorre quindi solo provare che $(d\,\delta v, \mathcal{H}^*\mathcal{R}^*(\delta w)) = 0$. Posto $u = \mathcal{H}^*\mathcal{R}^*(\delta w)$, riesce $\Delta u = \delta w$ cioè $d\,\delta u = \delta(w - du) = \delta z$. Ciò implica $\|d\,\delta u\|^2 = (\delta z, d\,\delta u) = 0$, cioè $d\,\delta u = 0$ e quindi $\delta u = 0$. Ne viene: $(d\,\delta v, u) = (\delta v, \delta u) = 0$. La (27) fornisce

$$(28) \qquad v = \mathcal{F}(dv) + \mathcal{R}(w) + \sum_{h=1}^{n} c_h\, a_h,$$

avendo posto $\mathcal{F}(dv) = -\mathcal{R}[J(dv) + \mathcal{P}J(dv)]$, $w = \mathcal{H}(d\,\delta v) - \mathcal{P}\mathcal{H}(d\,\delta v)$. Attesa la compattezza della trasformazione J e la continuità di $\mathcal{P}$ ed $\mathcal{R}$, la $\mathcal{F}$ è compatta. La (28) coinciderà con la (14) appena avremo provato che $\mathcal{R}(w)$ è omologa a zero. Poichè, per la definizione stessa di $\mathcal{R}$ riesce $(\mathcal{R}(w), a_h)=0$ $(h=1,2,\dots,n)$, posto $u=\mathcal{H}^*\mathcal{R}^*\mathcal{R}(w)$ essendo $\mathcal{R}(w)$ chiusa, si ha: $d\,\delta u = \mathcal{R}(w)$. Cioè l'asserto.

L'ultima cosa da provare è che le a_h sono tutte armoniche per una conveniente scelta di α_h, $\widetilde{\beta}_k$, μ.

Poniamo: $\mathcal{K}_0(u) = \int u(x) \wedge * (\Delta_x F(x, y))$. Siano $\beta_1, \beta_2, \dots, \beta_n$ le autosoluzioni (linearmente indipendenti) di

$$(29) \qquad \mathcal{K}_0(\beta) - \beta = 0$$

e $\widetilde{\beta}_1, \widetilde{\beta}_2, \dots, \widetilde{\beta}_n$ quelle di

$$(30) \qquad \mathcal{K}_0^*(\widetilde{\beta}) - \widetilde{\beta} = 0.$$

Sia q il massimo numero di k-forme armoniche linearmente indipendenti su $V^{(r)}$. Se riesce $q = n$, basta assumere $\mu = 0$ nella dimostrazione precedente per conseguire la (14). Supponiamo $q < n$ e poniamo $m = n - q$. In tale ipotesi sussiste il seguente lemma.

XXV. *Esistono n k-forme regolari $\alpha_1, \dots, \alpha_n$ tali che la caratteristica della matrice*

$$(31) \qquad (\Delta\,\alpha_i, \beta_j) \qquad (i,j = 1, 2, \dots, n),$$

sia uguale ad m.

Procediamo per assurdo e supponiamo che, comunque si scelgano le α_i, la matrice (31) abbia caratteristica $s < m$.

Sia $\alpha_1, \dots, \alpha_s$ tali che $\det (\varDelta\alpha_i, \beta_j) \neq 0$ $(i, j = 1, 2, \dots, s)$. Consideriamo il sistema omogeneo di s equazioni in n incognite: $\sum_{j=1}^{n} (\varDelta\alpha_i, \beta_j) c_j = 0$ $(i = 1, 2, \dots, s)$. Siano $c_1^{(l)}, \dots, c_n^{(l)}$ $n - s$ n-ple di autosoluzioni linearmente indipendenti. Qualunque sia α, riesce: $\sum_{j=1}^{n} (\varDelta\alpha, \beta_j) c_j^{(l)} = 0$ $(l = 1, 2, \dots, n - s)$ in forza del fatto che s è la caratteristica massima delle matrici (31). Per modo che, posto: $\beta^{(l)} = \sum_{j=1}^{n} c_j^{(l)} \beta_j$, riesce: $(\varDelta\alpha, \beta^{(l)}) = 0$ e quindi, essendo $\beta^{(l)}$ regolare perchè autosoluzione della (30): $(\alpha, \varDelta\beta^{(l)}) = 0$ che, per l'arbitrarietà di α, implica $\varDelta\beta^{(l)} = 0$. Pertanto le k-forme $\beta^{(1)}, \dots, \beta^{(n-s)}$ sono armoniche. Esse sono linearmente indipendenti. Infatti, supposto — cosa lecita — le β_j ortonormali, si ha $(\beta^{(l)}, \beta^{(h)}) = \sum_{j=1}^{m} c_j^{(l)} c_j^{(h)}$ e quindi il determinante di Gram delle $\beta^{(l)}$ coincide con quello dei vettori $c_1^{(l)}, \dots c_n^{(l)}$, ciò che prova l'asserita indipendenza lineare delle $\beta^{(l)}$. Si è così giunti all'assurdo che esistono $n - s > n - m = q$ forme armoniche linearmente indipendenti.

Nel definire $H(x, y)$ assumeremo per le $\tilde{\beta}_i$ le autosoluzioni della (30) e le α_i tali che la matrice (31) abbia caratteristica m.

Vogliamo far vedere che può scegliersi μ in guisa tale che

$$(32) \qquad \mathcal{K}(u) - u = 0$$

abbia come autosoluzioni solo forme armoniche. Poniamo $Q(u) = \sum_{i=1}^{n} \int u(x) \wedge^* (\varDelta_x \alpha_i(x) \wedge \tilde{\beta}_i(y))$. La (32) si scrive:

$$(33) \qquad \mathcal{K}_0(u) + \mu Q(u) - u = 0.$$

Riesce $\mathcal{K}_0(u) - u \in \mathcal{L}_{\tilde{\beta}}$, essendo $\mathcal{L}_{\tilde{\beta}}$ la varietà ortogonale a tutte le $\tilde{\beta}_i$. Sia $\mathcal{P}_0$ l'operazione di proiezione sulla varietà $\mathcal{L}_{\tilde{\beta}}$. Se u verifica la (33), deve verificare l'equazione:

$$(34) \qquad \mathcal{K}_0(u) + \mu \, \mathcal{P}_0 \, Q(u) - u = 0.$$

Indichiamo con $v = \mathcal{R}_0 \mathcal{P}_0 f$ la (unica) soluzione dell'equazione:

$$(35) \qquad \mathcal{K}_0(v) - v = \mathcal{P}_0 f$$

verificante le condizioni $(v, \beta_h) = 0$ $(h = 1, 2, \dots, n)$.

Consideriamo la trasformazione continua (anzi totalmente continua) in $\mathscr{L}_k^2 : \mathcal{T} = \mathcal{R}_0 \, \mathcal{P}_0 \, Q$. Si consideri l'equazione:

$$(36) \qquad u + \mu \, \mathcal{T}(u) = v,$$

per $|\mu| < \|\mathcal{T}\|^{-1}$, essa ammette una ed una sola soluzione data da:

$$(37) \qquad u = \sum_{k=0}^{\infty} (-\mu)^k \, \mathcal{T}^k(v) \equiv \mathcal{S}_\mu(v).$$

Dimostriamo che:

XXVI. *Sia* $0 < |\mu| < \|\mathcal{T}\|^{-1}$. *Posto*:

$$(38) \qquad u = \sum_{i=1}^{n} \gamma_i \, \mathcal{S}_\mu(\beta_i),$$

allorchè $\gamma \equiv (\gamma_1, \dots, \gamma_n)$ *descrive tutto l'autoinsieme* $\mathscr{A}_1$ *del sistema*:

$$(39) \qquad \sum_{i=1}^{n} (Q\,\mathcal{S}_\mu(\beta_i), \widetilde{\beta}_j)\,\gamma_i = 0 \qquad (j = 1, 2, \dots, n),$$

allora u *descrive tutto l'autoinsieme* $\mathscr{A}_0$ *della* (33). *La corrispondenza posta dalla* (38) *fra* $\mathscr{A}_0$ *ed* $\mathscr{A}_1$ *è biunivoca.*

La biunivocità della corrispondenza è evidente, dato che:
$$0 = \sum_{i=1}^{n} \gamma_i \, \mathcal{S}_\mu(\beta_i) = \mathcal{S}_\mu \left(\sum_{i=1}^{n} \gamma_i \, \beta_i \right) \text{ implicherebbe } \sum_{i=1}^{n} \gamma_i \, \beta_i = 0 \text{ e quindi } \gamma_i = 0.$$

Sia u soluzione di (33). Riesce allora u soluzione di (34) e quindi

$$(40) \qquad u + \mu \, \mathcal{R}_0 \, \mathcal{P}_0 \, Q(u) = \sum_{i=1}^{m} \gamma_i \, \beta_i,$$

con le γ_i costanti. La u verifica pertanto la (36) con $v = \sum_{i=1}^{n} \gamma_i \, \beta_i$. Riesce quindi

$$(38) \qquad u = \sum_{i=1}^{n} \gamma_i \, \mathcal{S}_\mu(\beta_i).$$

D'altronde, dalla (33), essendo $\mu \neq 0$, si trae $(Q(u), \widetilde{\beta}_j) = 0$ e quindi, per la (38), la (39).

Sia ora u data da (38) con le γ_i verificanti (39). La u è soluzione di (40) e quindi verifica (34). Ma le (39) dicono che $(Q(u), \widetilde{\beta}_j) = 0$ e quindi $Q(u) = \mathcal{P}_0 \, Q(u)$, epperò u verifica la (33).

Si ha, supposte le $\widetilde{\beta}_i$ ortonormali :

$$\{\,(Q\,\mathcal{S}_\mu\,(\beta_i),\,\widetilde{\beta}_j)\,\}_{\mu=0} = (Q\,(\beta_i),\,\widetilde{\beta}_j) =$$

$$= \left(\sum_{s=1}^{n}\int \beta_i\,(x)\,\wedge^*\,(\varDelta_x\,\alpha_s\,(x)\,\wedge\,\widetilde{\beta}_s\,(y)),\,\widetilde{\beta}_j\,(y)\right) =$$

$$= \sum_{s=1}^{n}\int\left[\int(\varDelta\alpha_s\,(x)\,\wedge^*\,\widetilde{\beta}_s\,(y))\,\wedge\,(\beta_i\,(x))\right]\,\wedge^*\,(\widetilde{\beta}_j\,(y)) = (\varDelta\alpha_j\,,\,\beta_i).$$

Ciò comporta che la caratteristica di

$$(41) \qquad\qquad \{\,(Q\mathcal{S}_\mu\,(\beta_i),\,\widetilde{\beta}_j)\,\} \qquad\qquad (i,j = 1,\,...\,,\,n)$$

sia m per $\mu = 0$. Ma essendo i minori di questa matrice funzioni olomorfe di μ, nell'intorno di $\mu = 0$, per μ abbastanza piccolo e non nullo la caratteristica di (41) sarà m. Per un tale valore di μ, $\mathscr{A}_1$ ha dimensione q e quindi tale è la dimensione di $\mathscr{A}_0$, epperò $\mathscr{A}_0$ contiene solo forme armoniche regolari.

BIBLIOGRAFIA

[1] G. de RHAM - *Variétés différentiables*, Hermann, Paris, 1955.

[2] G. FICHERA - *Sull'esistenza delle forme differenziali armoniche*, Rend. Sem. Mat. Padova, 1955.

[3] W. V. D. HODGE - *The theory and applications of harmonic integrals*, Cambridge Univ. Press, 1952.

[4] G. FICHERA - *Lezioni sulle trasformazioni lineari*, vol. I. Istit. Matem. Trieste, 1954.

[5] B. SEGRE - *Forme differenziali e loro integrali*, Ediz. Docet, Roma vol. I, 1951 e vol. II, 1956.

[6] F RIESZ et B. SZ. NAGY - *Leçons d'analyse fonctionelle*, Academie des sciences de Hongrie, Budapest, 1952.

HODGE, WILLIAM
1961
Rendiconti di Matematica
(1-2) Vol. 20, pp. 172-234

Differential forms in algebraic geometry (*)

by Sir **WILLIAM HODGE** (a Cambridge)

1. The Projective space Π_r

Before considering more general spaces we shall first discuss [1] the r-dimensional projective space Π_r. In this space we shall consider a homogeneous coordinate system $(Z^0, Z^1, \ldots, Z^r)$. Let U_α be that part of Π_r in which $Z^\alpha \neq 0$. In U_α we may then introduce non-homogeneous coordinates $z^i_\alpha = Z^i/Z^\alpha$ $(i \neq \alpha)$. Any two distinct sets U_α and U_β will overlap and in $U_\alpha \cap U_\beta$ we have the transformation law

$$z^i_\alpha = \frac{z^i_\beta}{z^\alpha_\beta} \, (i \neq \alpha, \beta) \,;\, z^\beta_\alpha = \frac{1}{z^\alpha_\beta} \,. \tag{1.1}$$

This means that the local coordinates in U_α are holomorphic functions of those in U_β. The Jacobian of the coordinate transformation is $\pm (z^\alpha_\beta)^{-r-1}$ and is different from zero in $U_\alpha \cap U_\beta$.

Now define

$$\Psi_\alpha = \frac{1}{2\pi} \log (1 + \sum_{i \neq a} z^i_a \, \overline{z^i_a}).$$

Then, if we define

$$a_{i\bar{j}} = \frac{\partial^2 \Psi}{\partial z^i_a \, \partial \, \overline{z^j_a}}$$

(*) Corso di otto lezioni svolto nel Ciclo del CIME (Centro Internazionale Matematico Estivo) su *Forme differenziali e loro integrali*, tenuto al Saltino di Vallombrosa (Firenze) dal 23 al 31 agosto 1960.

[1] This discussion is somewhat informal and ought logically to follow the discussion of differential forms in § 3. It is hoped however that it will be found more helpful to introduce the ideas informally first.

(the partial derivatives being calculated as if Ψ_α were a function of $2r$ independent variables z_α^i, $\overline{z_\alpha^i}$), the form

$$\underset{\alpha}{a_{i\bar{j}}}\, dz_\alpha^i\, d\overline{z_\alpha^j} \tag{1.2}$$

is Hermitian. An elementary calculation shows that

$$\underset{\alpha}{a_{i\bar{j}}} = \frac{1}{2\pi}\, \frac{\delta_{ij}}{\left(1 + \sum_{h \neq \alpha} z_\alpha^h \overline{z_\alpha^h}\right)} - \frac{1}{2\pi}\, \frac{\overline{z}_\alpha^i\, z_\alpha^j}{\left(1 + \sum_{h \neq \alpha} z_\alpha^h \overline{z_\alpha^h}\right)^2}$$

and it follows at once that the quadratic Hermitian form (1.2) is positive definite and thus defines a positive definite Hermitian metric in U_α.

If now in $U_\alpha \cap U_\beta$ we compare the metrics associated with U_α and U_β we have

$$\underset{\alpha}{a_{i\bar{j}}}\, dz_\alpha^i\, d\,\overline{z}_\alpha^{\,j} - \underset{\beta}{a_{i\bar{j}}}\, dz_\beta^i\, d\,\overline{z}_\beta^{\,j} =$$

$$= \left[\underset{\alpha}{a_{p\bar{q}}}\, \frac{\partial z_\alpha^p}{\partial z_\beta^i}\, \frac{\partial \overline{z}_\alpha^q}{\partial \overline{z}_\beta^j} - \underset{\beta}{a_{i\bar{j}}}\right] dz_\beta^i\, d\overline{z}_\beta^{\,j} =$$

$$= \frac{\partial^2}{\partial z_\beta^i\, \partial \overline{z}_\beta^j}\, |\Psi_\alpha - \Psi_\beta|.$$

But

$$\Psi_\alpha - \Psi_\beta = \frac{1}{2\pi} \log \frac{1 + \sum_{i \neq \alpha} z_\alpha^i \overline{z}_\alpha^i}{1 + \sum_{i \neq \beta} z_\beta^i \overline{z}_\beta^i} =$$

$$= \frac{1}{2\pi} \log \frac{1}{z_\beta^\alpha\, \overline{z}_\beta^\alpha} = \qquad\qquad \text{by (1.1).}$$

$$= -\frac{1}{2\pi} \log z_\beta^\alpha - \frac{1}{2\pi} \log \overline{z}_\beta^\alpha\,.$$

And from this it follows that

$$\frac{\partial^2}{\partial z_\beta^i\, \partial \overline{z}_\beta^j}\, [\Psi_\alpha - \Psi_\beta] = 0 \quad \text{for all } i,\ .$$

Thus the two metrics agree in $U_\alpha \cap U_\beta$. So *we have a single metric defined consistently over Π_r*.

It also follows, from the local representations of the metric, that the real differential forms ω_α defined in U_α by

$$\omega_\alpha = \sqrt{-1}\, a_{ij}\, dz_\alpha^i \cap d\bar{z}_\alpha^j$$

agree at points where more than one is defined. We thus have a real 2-form ω defined on Π_r and, from the expression

$$\sqrt{-1}\, \frac{\partial^2 \Psi_\alpha}{\partial z_\alpha^i\, \partial \bar{z}_\alpha^j}\, dz_\alpha^i \cap d\bar{z}_\alpha^j\,,$$

it follows that ω is closed (c.f. the discussion of $d\omega$ in § 3).

The form ω being closed we can (as explained in Prof. de Rham's lectures) speak of the *periods* of ω on the 2-cycles of Π_r. But the 2-dimensional homology group of Π_r is generated by the cycle representing any complex line in Π_r, and we may take the line L given by $Z^i = 0\ (i > 1)$. Writing z for z_0^1 and using this as a parameter on L

$$\int_L \omega = \frac{\sqrt{-1}}{2\pi} \int_L \frac{dz \cap d\bar{z}}{(1 + z\bar{z})^2} = 1.$$

[This result is easily obtained by first converting to real coordinates x, y where $z = x + \sqrt{-1}\, y$, and then making a further transformation to polar coordinates].

We have thus established the following properties of Π_r.

1) Π_r can be covered by a finite set of neighbourhoods $\{U_\alpha\}$ in each of which there is a set of complex coordinates, and in $U_\alpha \cap U_\beta$ the coordinates in U_α are holomorphic functions of the coordinates in U_β, the Jacobian of the transformation being non-singular.

2) There exists a positive definite Hermitian metric on Π_r with the property that it is defined in terms of a local coordinate system $(z^1, \dots, z^r)$ by $a_{i\bar{j}}\, dz^i\, d\bar{z}^j$ and the real exterior 2-form $\omega = \sqrt{-1}\, a_{i\bar{j}}\, dz^i \cap d\bar{z}^j$ is closed.

3) The cohomology class represented by ω is integral.

Now suppose that M is a non-singular algebraic variety of dimension m lying in Π_r. We have the inclusion mapping $f : M \to \Pi_r$

to carry over our results from Π_r to M. Corresponding to f we have a transposed mapping f^* taking the metric $a_{i\bar{j}}\, dz^i\, d\bar{z}^j$ into a positive definite Hermitian metric $A_{h\bar{l}}\, du^h\, d\bar{u}^l$ on M ($(u^1, \ldots, u^m)$ being local coordinates on M and h, l ranging from 1 to m) and $f^*\omega = \sqrt{-1}\, A_{h\bar{l}}\, du^h \cap d\bar{u}^l$ is a closed 2-form on M. Further if Γ is any 2-cycle of M

$$\int_\Gamma f^*\omega = \int_{f_*\Gamma} \omega$$

where $f_*\Gamma$ is the image of Γ induced by f. Hence $f^*\omega$ represents an integral cohomology class on M.

It is clear that the imbedding of f can be given locally by equations of the type

$$z_\alpha^i = f^i(u_\lambda^1, \ldots, u_\lambda^m)$$

where $u_\lambda^1, \ldots, u_\lambda^m$ are complex parameters valid in a neighbourhood V_λ of M (in the topology on M induced by that in Π_r), the equations being valid in the intersection $U_\alpha \cap V_\lambda$, and the neighbourhoods $\{V_\lambda\}$ cover M. Further, if $V_\lambda \cap V_\mu \neq \varnothing$, u_λ^i is a holomorphic function of $u_\mu^1, \ldots, u_\mu^m$ and

$$\frac{\partial(u_\lambda^1, \ldots, u_\lambda^m)}{\partial(u_\mu^1, \ldots, u_\mu^m)} \neq 0 \,.$$

Thus M also has the properties 1, 2, 3 already established for Π_r. Property 1 is the defining property of a complex manifold. Property 2 says that the manifold is Kählerian (or carries a Kähler metric). Property 3 says that the manifold is a Kähler manifold of restricted type. Later it will be pointed out that a Kähler manifold of restricted type is necessarily algebraic (a theorem of Kodaira).

2. Complex Manifolds.

We now give an intrinsic definition of a complex manifold of m dimensions. Let U_α be a set of subsets of an aggregate M of elements (points) such that each point of M belongs to at least one U_α (i.e. the sets U_α cover M). Suppose further that there is a (1,1) mapping f of U_α into a finite open set E_α of an m-dimensional complex

Euclidean space. If the coordinates in E_α are $(z_\alpha^1, \ldots, z_\alpha^m)$ these can be used as coordinates in U_α. Suppose further that if P is a point of M common to two subsets U_α and U_β there exists a set of points $n(P) \subset U_\alpha \cap U_\beta$ such that $f_\alpha(n(P))$ is an open set of E_α and $f_\beta(n(P))$ an open set of E_β and that the mapping

$$f_\beta f_\alpha^{-1} : f_\alpha(n(P)) \to f_\beta(n(P))$$

is analytic, i.e. given by holomorphic equations

$$z_\beta^i = f_{\beta\alpha}^i(z_\alpha^1, \ldots, z_\alpha^m)$$

(the functions $f_{\alpha\beta}^i$ being independent of the possible choices of $n(P)$), with the Jacobian

$$\frac{\partial(f_{\beta\alpha}^1, \ldots, f_{\beta\alpha}^m)}{\partial(z_\alpha^1, \ldots, z_\alpha^m)}$$

different from zero in $f_\alpha(n(P))$.

It is clear that we can use the coordinate systems to introduce a topology on M. The aggregate M, with this topology and these coordinate systems, is called a complex manifold. In general it is, of course, possible to introduce further subsets (new open sets) into M, and coordinate systems in these sets which are analytically related to those defined for the U_α, and we shall do this freely as occasion requires. [This is essentially the same as the introduction of a « complete atlas » as discussed by Prof. de Rham].

We can replace the m complex coordinates z_α^i in U_α by $2m$ real coordinates x_α^j defined by

$$z_\alpha^j = x_\alpha^{2j-1} + \sqrt{-1}\, x_\alpha^{2j}.$$

Then in $U_\alpha \cap U_\beta$ we have two systems of coordinates: the x_β^j are functions of the x_α^h ($j, h = 1, \ldots, 2m$) and the Jacobian of the coordinate transformation is

$$\frac{\partial(x_\alpha^1, \ldots, x_\alpha^{2m})}{\partial(x_\beta^1, \ldots, x_\beta^{2m})} = \left| \frac{\partial(z_\alpha^1, \ldots, z_\alpha^m)}{\partial(z_\beta^1, \ldots, z_\beta^m)} \right|^2 > 0,$$

and therefore M is (c.f. the definition of Prof. de Rham) a C^∞ real $2m$-dimensional manifold which is orientable.

While it is possible to carry the theory of open complex manifolds a considerable distance, in these lectures we are concerned only with the case of compact complex manifolds, and *it is henceforth to be understood that the manifolds under discussion are compact.*

A complex manifold can always be given a positive definite Hermitian metric. Assuming compactness we can choose a covering $\{U_\alpha\}$ so that each point of M is contained in only a finite number of U_α; and further in each U_α we can choose an open set W_α such that $\{W_\alpha\}$ is a similar covering of M and

$$\overline{W}_\alpha \subset U_\alpha .$$

As before f_α denotes an analytic homeomorphism between U_α and an open set E_α of complex Euclidean space.

Choose in E_α a C^∞ quadratic differential form σ_α subject to the conditions

$$1) \quad \sigma_\alpha = \sum_{i=1}^{n} dz_\alpha^i \, d\bar{z}_\alpha^i \quad \text{in} \quad f_\alpha W_\alpha ,$$

$$2) \quad \sigma_\alpha \geq 0 \qquad \text{in} \quad f_\alpha U_\alpha ,$$

$$3) \quad \sigma_\alpha = 0 \qquad \text{outside} \quad f_\alpha U_\alpha .$$

(The possibility of this arises from the existence of a non-negative continuous function with value 1 on $f_\alpha W_\alpha$ and value zero outside $f_\alpha U_\alpha$).

Let us now define a metric ϱ_α on M such that $\varrho_\alpha = 0$ outside U_α and (with the notation of the last part of section 1) $\varrho_\alpha = f_\alpha^* \, \sigma_\alpha$ in U_α. At any point P of M only a finite number of ϱ_α are different from zero, one at least is positive definite and the others are non-negative. Hence $\sum_\alpha \varrho_\alpha$ is defined and is a positive definite Hermitian metric on M.

We note here that if $m = 1$ our definition is equivalent to that given by Hermann Weyl (*Die Idee der Riemannschen Fläche*, Leipzig 1923) for a Riemann surface. Weyl proves that any Riemann surface is in $(1 - 1)$ analytic correspondence with the Riemann surface of an algebraic curve. For $m > 1$ no such result is true as we shall see later.

3. Differential forms on a complex manifold.

The theory of differential forms, as described by de Rham, can be applied to the complex manifold M, of m complex dimensions, by treating it as a real manifold of $2m$ real dimensions. We do this restricting our consideration to local co-ordinate systems x^j_α in the U_α derived from the complex co-ordinates z^i_α by the equation

$$z^i_\alpha = x^{2i-1}_\alpha + \sqrt{-1}\, x^{2i}_\alpha.$$

We wish to develope a system of calculation which deals more directly with the complex coordinates, and instead of the $2m$ real coordinates $x^1_\alpha,...,x^{2m}_\alpha$ we use the $2m$ parameters $z^1_\alpha,...,z^m_\alpha,\overline{z}^1_\alpha,...,\overline{z}^m_\alpha$.

From now on we shall omit from the co-ordinates the suffix α which distinguishes one coordinate system from another, unless for some reason we wish to emphasise which system is involved, or else to compare two different systems.

We have the formulae

$$z^i = x^{2i-1} + \sqrt{-1}\, x^{2i}, \qquad x^{2i-1} = \frac{1}{2}(z^i + \overline{z}^i),$$

$$\overline{z}^i = x^{2i-1} - \sqrt{-1}\, x^{2i}, \qquad x^{2i} = \frac{1}{2\sqrt{-1}}(z^i - \overline{z}^i). \tag{3.1}$$

Strictly speaking, of course, $z^1,...,z^m,\overline{z}^1,...,\overline{z}^m$ are not independent co-ordinates since they do not vary independently, $\overline{z}^i$ being restricted to being the conjugate of z^i. What we are really doing is to suppose that the co-ordinate neighbourhood is imbedded in space of $2m$ complex dimensions with coordinates $(z^1,...,z^m,\zeta^1,...,\zeta^m)$ and lies in the subspace given by $\zeta^i = \overline{z}^i$. However all the formal operations can be obtained without this representation.

We write, as suggested by (3.1),

$$dz^i = dx^{2i-1} + \sqrt{-1}\, dx^{2i}, \quad dx^{2i-1} = \frac{1}{2}(dz^i + d\overline{z}^i),$$

$$d\overline{z}^i = dx^{2i-1} - \sqrt{-1}\, dx^{2i}, \quad dx^{2i} = \frac{1}{2\sqrt{-1}}(dz^i - d\overline{z}^i) \tag{3.2}$$

and also

$$\frac{\partial}{\partial z^i} = \frac{1}{2}\left(\frac{\partial}{\partial x^{2i-1}} + \frac{1}{\sqrt{-1}}\frac{\partial}{\partial x^{2i}}\right), \quad \frac{\partial}{\partial x^{2i-1}} = \frac{\partial}{\partial z^i} + \frac{\partial}{\partial \bar{z}^i},$$

$$\frac{\partial}{\partial \bar{z}^i} = \frac{1}{2}\left(\frac{\partial}{\partial x^{2i-1}} - \frac{1}{\sqrt{-1}}\frac{\partial}{\partial x^{2i}}\right), \quad \frac{\partial}{\partial x^{2i}} = \sqrt{-1}\left(\frac{\partial}{\partial z^i} - \frac{\partial}{\partial \bar{z}^i}\right),$$

$$(3.3)$$

the point of these latter formulae being that, if f is a function $f(z^1, \ldots, z^m, \bar{z}^1, \ldots, \bar{z}^m)$ then

$$df(z^1, \ldots, z^m, \bar{z}^1, \ldots, \bar{z}^m) = \sum_{j=1}^{2m} \frac{\partial f}{\partial x^j}\, dx^j = \sum_{i=1}^{m} \frac{\partial f}{\partial z^i}\, dz^i + \sum_{i=1}^{m} \frac{\partial f}{\partial \bar{z}^i}\, d\bar{z}^i,$$

which we write as

$$df = d'f + d''f \tag{3.4}$$

where

$$d'f = \sum_{i=1}^{m} \frac{\partial f}{\partial z^i}\, dz^i, \quad d''f = \sum_{i=1}^{m} \frac{\partial f}{\partial \bar{z}^i}\, d\bar{z}^i.$$

If we have a real p-form on M we can express it in terms of $z^1, \ldots, z^m, \bar{z}^1, \ldots, \bar{z}^m$, and $dz^1, \ldots, dz^m, d\bar{z}^1, \ldots, d\bar{z}^m$ with the aid of the formulae (3.1) and (3.2). We thus have

$$P = \sum_{q=0}^{p} A^{p-q,q}$$

where $A^{p-q,q}$ is a form which can be written as

$$A^{p-q,q} = \frac{1}{(p-q)!\,q!}\, A_{i_1\ldots i_{p-q}\bar{j}_1\ldots\bar{j}_q}\, dz^{i_1} \wedge \cdots \wedge dz^{i_{p-q}} \wedge d\bar{z}^{j_1} \cdots \wedge d\bar{z}^{j_q},$$

all the summations being from 1 to m. Since the relations between the complex coordinates and the corresponding real coordinates are purely formal it follows that if we change to a system of complex coordinates ζ^i, where $\zeta^i = \xi^{2i-1} + \sqrt{-1}\,\xi^{2i}$, P becomes

$$P = \sum_{q=0}^{p} B^{p-q,q}$$

where

$$B^{p-q,q} = \frac{1}{(p-q)!\,q!}\, B_{i_1\ldots i_{p-q}\bar{j}_1\ldots\bar{j}_q}\, d\zeta^{i_1} \wedge \cdots \wedge d\zeta^{i_{p-q}} \wedge d\bar{\zeta}^{i_1} \wedge \cdots \wedge d\bar{\zeta}^{i_q}$$

and

$$B_{i_1 \cdots i_{p-q} \bar{j}_1 \cdots \bar{j}_q} = A_{k_1 \cdots k_{p-q} \bar{l}_1 \cdots \bar{l}_q} \frac{\partial z^{k_1}}{\partial \zeta^{i_1}} \cdots \frac{\partial z^{k_{p-q}}}{\partial \zeta^{i_{p-q}}} \frac{\partial \bar{z}^{l_1}}{\partial \bar{\zeta}^{j_1}} \cdots \frac{\partial \bar{z}^{l_q}}{\partial \bar{\zeta}^{j_q}} .$$

Thus the form $A^{p-q,q}$ is determined by P independently of the coordinate system and is called *the part of P of type* $(p-q, q)$. $A^{p-q,q}$ *is a pure form of type* $(p-q, q)$.

Just as in the real case we may assume that $A_{i_1 \cdots i_{p-q} \bar{j}_1 \cdots \bar{j}_q}$ is skew-symmetric in each of the sets $(i_1, \ldots, i_{p-q})$ and $(j_1, \ldots, j_q)$ and the law of transformation of the coefficients shows that the coefficients of a pure form of type $(p-q, q)$ are the components (with an obvious use of language) of a *complex covariant tensor field of type* $(p-q, q)$. We can in fact develop a full theory of complex tensors in this sense, but such detail is not called for here. We should note however that, if M carries a non-singular Hermitian metric $a_{i\bar{j}}\, dz^i\, \bar{dz}_j$, then $a_{i\bar{j}}$ is a complex covariant tensor, and if $a^{\bar{i}j}$ is such that $a^{\bar{i}j} a_{j\bar{h}} = \delta^{\bar{i}}_{\bar{h}}$, $a_{i\bar{j}}\, a^{\bar{j}h} = \delta^h_i$, then $a^{\bar{i}j}$ is a *complex contravariant tensor*, of type $(1,1)$.

Finally we should note that for a real form P the parts $A^{p-q,q}$ need not be real. We shall however consider p-forms $P_{j_1 \cdots j_p}\, dx^{j_1} \cap \cdots \cap dx^{j_p}$ in which the tensor P has complex components. That is, we are considering forms $P = P' + \sqrt{-1}\, P''$ where P', P'' are real and all our theory applies to such forms.

By applying Prof. de Rham's results to the forms P', P'' we shall be able to extend them, in part at least, to complex forms P. If $P = P' + \sqrt{-1}\, P''$ where P', P'' are real, we *shall define* $\bar{P} = = P' - \sqrt{-1}\, P''$. *The conjugate* $\overline{A^{p-q,q}}$ of a $(p-q, q)$ form is, of course, a $(q, p-q)$ form.

We now consider the exterior derivative of P. Since the operator d is linear

$$dP = \sum_{q=0}^{p} dA^{p-q,q}$$

where

$$dA^{p-q,q} = \frac{1}{(p-q)!\, q!} \, d\, (A_{i_1 \cdots i_{p-q} \bar{j}_1 \cdots \bar{j}_q})\, dz^{i_1} \cap \cdots \cap dz^{i_{p-q}} \cap d\bar{z}^{j_1} \cap \cdots \cap d\bar{z}^{j_q} =$$

$$= \frac{1}{(p-q)!\, q!} \, d'\, (A_{i_1 \cdots i_{p-q} \bar{j}_1 \cdots \bar{j}_q})\, dz^{i_1} \cap \cdots \cap dz^{i_{p-q}} \cap d\bar{z}^{j_1} \cap \cdots \cap d\bar{z}^{j_q} +$$

$$+ \frac{1}{(p-q)!\,q!}\, d''(A_{i_1\cdots i_{p-q}\bar{j}_1\cdots\bar{j}_q})\, dz^{i_1}\cap\cdots\cap dz^{i_{p-q}}\cap d\bar{z}^{j_1}\cap\cdots\cap d\bar{z}^{j_q} =$$

$$= d'\,A^{p-q,q} + d''\,A^{p-q,q}\,,\ \text{say, where}$$

$$d'\,A^{p-q,q} = \frac{1}{(p-q+1)!\,q!}\ \sum_{r=1}^{p-q+1}\ (-1)^{r-1}\ \cdot$$

$$\cdot\,\frac{\partial}{\partial z^{i_r}}\,(A_{i_1\cdots\hat{i}_r\cdots i_{p-q+1}\bar{j}_1\cdots\bar{j}_q})\, dz^{i_1}\cap\cdots\cap dz^{i_{p-q+1}}\cap d\bar{z}^{j_1}\cap\cdots d\bar{z}^{j_q}$$

and

$$d''\,A^{p-q,q} = \frac{1}{(p-q)!\,(q+1)!}\ \sum_{s=1}^{q+1}\ (-1)^{s-1}\ \cdot$$

$$\cdot\,\frac{\partial}{\partial \bar{z}^{j_s}}\,(A_{i_1\cdots i_{p-q}\bar{j}_1\cdots\hat{\bar{j}}_s\cdots\bar{j}_{q+1}})\, dz^{i_1}\cap\cdots\cap dz^{i_{p-q}}\cap d\bar{z}^{j_1}\cap\cdots\cap d\bar{z}^{j_{q+1}}$$

are respectively pure forms of types $(p-q+1,\,q)$ and $(p-q,\,q+1)$ and hence are defined invariantively (independently of the coordinate system).

We write

$$d'\,P = \sum_{q=0}^{p} d'\,A^{p-q,q}\,,\quad d''\,P = \sum_{q=0}^{p} d''\,A^{p-q,q}\,.$$

Note that, *for a pure $(p-q,q)$ form $A^{p-q,q}$, $d\,A^{p-q,q} = 0$ is equivalent to $d'\,A^{p-q,q}$ and $d''\,A^{p-q,q} = 0$*, but that *for a mixed form P, $dP = 0$ does not imply either $d'\,P = 0$ or $d''\,P = 0$* nor does it imply $d\,A^{p-q,q} = 0$. However $d^2 = 0$, and it is easily verified (by considering the application of d^2 to pure components) that

$$(d')^2 = 0,\qquad (d'')^2 = 0.$$

Hence $0 = d^2 = (d' + d'')(d' + d'') = d'\,d'' + d''\,d'$.

In what follows it may be assumed that all forms involved are C^∞. In this case it follows from the definition that $A^{p,0}$ *satisfies* $d''\,A^{p,0} = 0$ *if and only if*

$$A^{p,0} = \frac{1}{p!}\,A_{i_1\cdots i_p}\, dz^{i_1}\cap\cdots\cap dz^{i_p}$$

is an analytic form.

Finally we remark that if $A^{r,s}$ is the pure (r,s) form

$$A^{r,s} = \frac{1}{r!\,s!}\,A_{i_1\dots i_r \bar{j}_1\dots \bar{j}_s}\,dz^{i_1} \cap \dots \cap dz^{i_r} \cap d\bar{z}^{j_1} \cap \dots \cap d\bar{z}^{j_s}$$

then $\overline{A^{r,s}}$ is the (s,r) form $\dfrac{(-1)^{rs}}{r!\,s!}\,B_{j_1\dots j_s \bar{i}_1\dots \bar{i}_r}\,dz^{j_1} \cap \dots \cap dz^{j_s} \cap d\bar{z}^{i_1} \cap \dots \cap d\bar{z}^{i_s}$
where

$$B_{j_1\dots j_s \bar{i}_1\dots \bar{i}_r} = \overline{A_{i_1\dots i_r \bar{j}_1\dots \bar{j}_s}},$$

and that if P is any p-form

$$d\bar{P} = \overline{dP}.$$

4. Harmonic forms on a Hermitian manifold.

If a real n-dimensional manifold carries a positive definite Riemann metric, expressed in terms of local coordinates as $g_{ij}\,dx^i\,dx^j$, a real p-form

$$P = \frac{1}{p!}\,P_{i_1\dots i_p}\,dx^{i_1} \cap \dots \cap dx^{i_p}$$

has a unique dual form

$$*P = \frac{1}{p!\,(n-p)!}\sqrt{g}\,g^{i_1 j_1} \dots g^{i_p j_p}\,P_{j_1\dots j_p}\,\varepsilon_{i_1\dots i_n}\,dx^{i_{p+1}} \cap \dots \cap dx^{i_n}$$

and

$$**P = (-1)^{p(n-1)}\,P.$$

The operation $*$ is linear, so that for a complex form $P = P' + \sqrt{-1}\,P''$ we shall define $*P = *P' + \sqrt{-1}\,*P''$. It then follows that $*\bar{P} = \overline{*P}$.

If M is a complex manifold, of m complex dimensions, with a positive definite Hermitian metric we can express this metric in terms of the real coordinates and then define the dual of a form P. However a straightforward calculation enables us to perform the operation of forming the dual of P without recourse to the real coordinate system.

If P is a pure (r, s) form (and as the $*$ operation is linear it is enough to describe it for pure forms) given by

$$P = \frac{1}{r!\,s!}\,P_{i_1\dots i_r \bar{j}_1\dots \bar{j}_s}\,dz^{i_1} \cap \dots \cap dz^{i_r} \cap d\bar{z}^{j_1} \cap \dots \cap d\bar{z}^{j_s}$$

then $*P$ is the $(m-s, m-r)$ form given by

$$*P = \frac{2^{r+s}}{2^m} \frac{(\sqrt{-1})^{m^2}(-1)^{rm}}{r!\,s!\,(m-r)!\,(m-s)!}\, aa^{\bar{j}_1 h_1} \dots a^{\bar{j}_r h_r}\, a^{\bar{l}_1 i_1} \dots a^{\bar{l}_s i_s}\, P_{h_1 \dots h_r \bar{l}_1 \dots \bar{l}_s} \times$$

$$\times\, \varepsilon_{i_1 \dots i_m}\, \varepsilon_{\bar{j}_1 \dots \bar{j}_m}\, dz^{i_{s+1}} \cap \dots \cap dz^{i_m} \cap d\bar{z}^{j_{r+1}} \cap \dots \cap d\bar{z}^{j_m}.$$

(It is easily verified directly that $**P = (-1)^p P$ and that $*\bar{P} = \overline{*P}$.)

The theory of real harmonic forms on a real manifold has been dealt with in Prof. de Rham's book, « *Variétés Différentiables* » and we shall quote his results as we require them.

For two real p-forms P, Q he has defined a scalar product $(P, Q) = (Q, P) = \int_M P \cap *Q$ which has the property that $(P, P) \geq 0$ and is zero only if $\cdot P = 0$. For complex forms we extend the definition by defining the scalar product (P, Q) by

$$(P, Q) = \int_M P \cap *\bar{Q}.$$

Like de Rham's product this is linear in the first form, but, unlike it, it is antilinear in the second. It is an immediate consequence of the results quoted for the real case that

$$(P, Q) = \overline{(Q, P)}$$

and that again $(P, P) \geq 0$ also for complex forms and $(P, P) = 0$ only if $P = 0$.

The scalar product of two *pure* p-forms is always zero unless the forms are of the same type. For if we consider

$$(A^{p-q,q}, B^{p-r,r})$$

the product $A \cap *\bar{B}$ is the product of a $(p-q, q)$ form with an $(m-p+r, m-r)$ form, i.e. it is an $(m+(r-q), m+(q-r))$ form and unless $r = q$ one of these indices exceeds m. Thus if $P = \sum_{q=0}^{p} A^{p-q,q}$, $Q = \sum_{q=0}^{p} B^{p-q,q}$ then

$$(P, Q) = \sum_{q=0}^{p} (A^{p-q,q}, B^{p-q,\,q}).$$

If

$$\delta = - \,^*d^*,$$

the operator δ takes p-forms into $(p - 1)$-forms. Then if P is a p-form and Q a $(p + 1)$-form the products (dP, Q) and $(P, \delta Q)$ are both defined. We shall now prove that they are equal, i.e.

$$(dP,\, Q) = (P,\, \delta Q),$$

so that (in terms of our scalar product) d and δ are adjoint operators.

The proof of this equality is immediate :

$$(dP,\, Q) - (P,\, \delta Q) = \int_M dP \cap \,^*\overline{Q} + \int_M P \cap \,^*\overline{(^*d^*Q)} =$$

$$= \int_M (dP \cap \,^*\overline{Q} + (-1)^p\, P \cap d\,^*\overline{Q}) =$$

$$= \int_M d\,(P \cap \,^*\overline{Q}) = 0.$$

Just as we split d into the sum of two operators d' and d'', so we split δ into the sum of δ' and δ''. In fact

$$^*d^* = -\,^*(d' + d'')^* = -\,^*d''{}^* - \,^*d'{}^*$$

and we define

$$\delta' = -\,^*d''{}^*, \qquad \delta'' = -\,^*d'{}^*$$

so that δ' takes a pure (r, s) form into an $(r - 1, s)$ form and δ'' takes a pure (r, s) form into an $(r, s - 1)$ form.

We now show that the pairs d', δ' and d'', δ'' are adjoint pairs of operators.

Let

$$P = \sum_{r+s=p} A^{r,s}, \qquad Q = \sum_{t+u=p+1} B^{t,u}.$$

Then

$$(d'\, P,\, Q) = (\sum_{r+s=p} d'\, A^{r,s},\, \sum_{t+u=p+1} B^{t,u}) =$$

$$= \sum_{r+s=p} (d'\, A^{r,s},\, B^{r+1,s}).$$

But $(d'' A^{r,s}, B^{r+1,s}) = 0$ as the forms are of different type, so that

$$(d' P, Q) = \sum_{r+s=p} (dA^{r,s}, B^{r+1,s}) =$$

$$= \sum_{r+s=p} (A^{r,s}, \delta B^{r+1,s}).$$

But $(A^{r,s}, \delta'' B^{r+1,s}) = 0$ as the forms are of different type, and hence
$(d' P, Q) = \sum_{r+s=p} (A^{r,s}, \delta' B^{r+1,s}) = (P, \delta' Q)$.

The proof for d'', δ'' is similar.

We now introduce the *Laplace operator*

$$\Delta = (d\delta + \delta d).$$

Clearly Δ transforms p-forms into p-forms. Also

$$(\Delta P, Q) = (d\delta P, Q) + (\delta d P, Q) =$$

$$= (\delta P, \delta Q) + (dP, dQ) =$$

$$= (P, d\delta Q) + (P, \delta d Q) =$$

$$= (P, \Delta Q).$$

Thus Δ *is self-adjoint*. Forms which satisfy the condition $\Delta P = 0$
are called *harmonic forms*.

Clearly if $dP = 0$, $\delta P = 0$ then P is harmonic and in fact the
converse is true, for, as we have already seen,

$$(\Delta P, P) = (\delta P, \delta P) + (dP, dP)$$

and as both scalar products are non-negative, $\Delta P = 0$ implies that
both are zero, i.e. $\delta P = 0$ and $dP = 0$.

The essential result on harmonic forms is that there is exactly
one harmonic form in each cohomology class. If HP is the harmonic
form cohomologous to P then there exists a form Q satisfying the
equation

$$P = HP + \Delta Q \tag{4.1}$$

and the operator H commutes with d.

All that we have done in this section is purely a formal generalisation of the theory for real manifolds; we are not able to get
anything new without imposing special conditions on the metric.

When however the metric is Kählerian, i.e. the pure (and real) (1,1) form $\omega \equiv \sqrt{-1}\, a_{i\bar{j}}\, dz^i \cap d\,\overline{z}^j$ is closed, many new properties emerge. We discuss this case in the next section.

5. Kähler Metrics.

Let $a_{i\bar{j}}\, dz^i\, d\overline{z}^j$ be any Hermitian metric. We then define symbols $\Gamma^{\alpha}_{\beta\gamma}$, where α, β, γ can be ordinary or barred indices, as follows.

If all the indices are ordinary

$$\Gamma^i_{jh} = \frac{1}{2}\, a^{\bar{l}i}\left[\frac{\partial a_{j\bar{l}}}{\partial z^h} + \frac{\partial a_{h\bar{l}}}{\partial z^j}\right] = \Gamma^i_{hj}.$$

If all the indices are barred

$$\Gamma^{\bar{i}}_{\bar{j}\,\bar{h}} = \overline{\Gamma^i_{jh}} = \Gamma^{\bar{i}}_{\bar{h}\,\bar{j}}.$$

Finally all the Γ's with indices of both types are zero,

$$\Gamma^i_{i\,\bar{h}} = 0 = \Gamma^i_{\bar{h}\,j}\,;\ \ \Gamma^{\bar{i}}_{j\,\bar{h}} = 0 = \Gamma^{\bar{i}}_{\bar{h}\,j}\,;$$

$$\Gamma^{\bar{i}}_{jh} = 0\,;\ \ \Gamma^i_{\bar{j}\,h} = 0\,.$$

If we now transform to new complex local co-ordinates $\zeta^1, \dots, \zeta^m$ and denote by $\Delta^{\alpha}_{\beta\gamma}$ the corresponding quantities derived from the metric $b_{i\bar{j}}\,d\zeta^i\,d\overline{\zeta}^j$ in the new co-ordinates, we obtain, using the fact that the ζ's are analytic functions of the z's,

$$\Delta^i_{jh} = \Gamma^p_{qr}\frac{\partial \zeta^i}{\partial z^p}\frac{\partial z^q}{\partial \zeta^j}\frac{\partial z^r}{\partial \zeta^h} + \frac{\partial^2 z^p}{\partial \zeta^j\,\partial \zeta^h}\frac{\partial \zeta^i}{\partial z^p}\,,$$

or

$$\frac{\partial^2 z^p}{\partial \zeta^j\,\partial \zeta^h} = \Delta^i_{jh}\frac{\partial z^p}{\partial \zeta^i} - \Gamma^p_{qr}\frac{\partial z^p}{\partial \zeta^j}\frac{\partial z^r}{\partial \zeta^h}\,. \tag{5.1}$$

The Γ^i_{jh} and similarly $\Gamma^{\bar{i}}_{\bar{j}\,\bar{h}}$ thus behave like components of an affine connection. If S^i is a contravariant tensor (of type $1,0$) which has components T^j in the ζ coordinates, then differentiating the transformation law

$$S^i = T^j\,\frac{\partial z^i}{\partial \zeta^j}$$

we see in the usual way that

$$\frac{\partial S^i}{\partial z^h} + S^m \, \Gamma^i_{mh}$$

is a tensor and similarly $\dfrac{\partial S^i}{\partial \bar{z}^h}$ $\left(\text{i. e.} \dfrac{\partial S^i}{\partial \bar{z}^h} + S^m \, \Gamma^{\,i}_{m\,\bar{h}}\right)$ is a tensor. These we call the covariant derivatives $S^i_{,h}$ and $S^i_{,\bar{h}}$ respectively, these covariant derivatives being defined in the usual way in terms of the « affine connection » $\Gamma^a_{\beta\gamma}$. Taking over to the complex case the formulae for covariant derivatives of general tensors we see that the covariant derivatives of the metric tensor $a_{i\bar{j}}$ are given by

$$a_{i\bar{j},h} = \frac{\partial a_{i\bar{j}}}{\partial z^h} - a_{l\bar{j}} \, \Gamma^l_{ih} =$$

$$= \frac{\partial a_{i\bar{j}}}{\partial z^h} - \frac{1}{2} \, a_{l\bar{j}} \, a^{ml} \left[\frac{\partial a_{i\bar{m}}}{\partial z^h} + \frac{\partial a_{h\bar{m}}}{\partial z^i}\right] =$$

$$= \frac{1}{2} \left(\frac{\partial a_{i\bar{j}}}{\partial z^h} - \frac{\partial a_{h\bar{j}}}{\partial z^i}\right),$$

and, similarly, $a_{i\bar{j},\bar{h}} = \dfrac{1}{2} \left(\dfrac{\partial a_{i\bar{j}}}{\partial \bar{z}^h} - \dfrac{\partial a_{i\bar{h}}}{\partial \bar{z}^j}\right)$.

The conditions $a_{i\bar{j},h} = 0 = a_{i\bar{j},\bar{h}}$ are therefore the same as

$$\frac{\partial a_{i\bar{j}}}{\partial z^h} - \frac{\partial a_{h\bar{j}}}{\partial z^i} = 0 = \frac{\partial a_{i\bar{j}}}{\partial \bar{z}^h} - \frac{\partial a_{i\bar{h}}}{\partial \bar{z}^j} \tag{5.2}$$

and this is the same as $d\omega = 0$, where ω is the 2-form $\sqrt{-1} \, a_{i\bar{j}} \, dz^i \cap d\bar{z}^j$ associated with the metric. The conditions (5.2) are the conditions for a *Kähler metric*. From now on we shall suppose that the condition is fulfilled, i. e. that the metric is a Kähler one.

We now discuss some aspects of the Kähler condition. First we remark that $\dfrac{\partial a_{i\bar{j}}}{\partial z^h} - \dfrac{\partial a_{h\bar{j}}}{\partial z^i}$ is itself a tensor (as may easily be verified directly). Hence if it vanishes in one coordinate system it does so in all systems. If we can choose at each point geodesic coordinates, i. e. a coordinate system in which the metric has, at the point, the form $\Sigma \, dz^i \, \overline{dz^i}$ and is such that the first derivative of the coefficients vanish at the point, then clearly the Kähler condition is satisfied. Conversely if the metric is Kählerian then geodesic coordinates exist. For suppose the metric be Kählerian : then at any point we can choose a linear transformation of coordinates so that the metric becomes $\Sigma \, dz^i \, \overline{dz^i}$. Then putting $z^i = \zeta^i - \dfrac{1}{2}\,(\Gamma^i_{jh})_0\, \zeta^j\, \zeta^h$, $(\Gamma^i_{jh})_0$ being the value of Γ^i_{jh} at the point (in the z-coordinates), the ζ's give a geodesic co-ordinate system.

Thus a Kähler metric is equivalent to the existence of geodesic co-ordinates at any point.

We note that when the metric is Kählerian

$$\Gamma^i_{jh} = a^{\bar{l}i}\,\frac{\partial a_{i\bar{l}}}{\partial z^h} \tag{5.3}$$

so that $\Gamma^i_{ih} = \dfrac{\partial}{\partial z^h}\log a$ (where, of course, $a = \|\,a_{ij}\,\|$).

Next we consider the *curvature* of a Kähler metric.

From the formula $S^i_{,j} = \dfrac{\partial S^i}{\partial z^j} + S^h\,\Gamma^i_{hj}$ we deduce, just as in the real case, that

$$S^i_{,j\,,\,h} - S^i_{,h\,,\,j} = S^p\,R^i_{pjh}$$

where

$$R^i_{pjh} = \frac{\partial \Gamma^i_{pj}}{\partial z^h} - \frac{\partial \Gamma^i_{ph}}{\partial z^j} + \Gamma^t_{pj}\,\Gamma^i_{th} - \Gamma^t_{ph}\,\Gamma^i_{tj}.$$

With a Kähler metric we can take geodesic coordinates in which the Γ^i_{jh} are all zero. Hence in these coordinates, using (5.3)

$$R^i_{pjh} = \frac{\partial}{\partial z_h}\left(a^{\bar{l}i}\,\frac{\partial a_{p\bar{l}}}{\partial z^j}\right) - \frac{\partial}{\partial z^j}\left(a^{\bar{l}i}\,\frac{\partial a_{p\bar{l}}}{\partial z^h}\right) = 0$$

because the terms not involving first derivatives of the $a_{p\bar{l}}$ cancel. Thus with a Kähler metric R^i_{pjh} vanishes everywhere in geodesic coordinates and hence in all coordinate systems. Hence in finding covariant derivatives we may always interchange the order of derivation for two unbarred suffixes (and similarly for two barred suffixes).

On the other hand

$$S^{i}_{,j,\bar{h}} - S^{i}_{,\bar{h},j} = \frac{\partial}{\partial \bar{z}^h}\left(\frac{\partial S^i}{\partial z^j} + S^q \, \Gamma^i_{qj}\right) -$$

$$- \frac{\partial}{\partial z^j}\left(\frac{\partial S^i}{\partial \bar{z}^h} + S^q \, \Gamma^i_{q\bar{h}}\right) =$$

$$= S^q \, \frac{\partial \Gamma^i_{qj}}{\partial \bar{z}^h}.$$

Hence, with the natural definition of $R^i_{qj\,\bar{h}}$ we have

$$R^{i}_{qj\,\bar{h}} = \frac{\partial \Gamma^i_{qj}}{\partial \bar{z}^h}$$

so that

$$R_{\bar{p}qj\bar{h}} = a_{i\bar{p}} \, \frac{\partial \Gamma^i_{qj}}{\partial \bar{z}^h} = a_{i\bar{p}} \, \frac{\partial}{\partial \bar{z}^h}\left(a^{\bar{l}i} \, \frac{\partial a_{q\bar{l}}}{\partial z^j}\right)$$

hence

$$R_{\bar{p}qj\bar{h}} = \delta^{\bar{l}}_{\bar{p}} \, \frac{\partial^2 a_{q\bar{l}}}{\partial \bar{z}^h \, \partial z^j} + a_{i\bar{p}} \, \frac{\partial a^{\bar{l}i}}{\partial \bar{z}^h} \, \frac{\partial a_{q\bar{l}}}{\partial z^j}.$$

But

$$a_{i\bar{p}} \, \frac{\partial a^{\bar{l}i}}{\partial \bar{z}^h} + a^{\bar{l}i} \, \frac{\partial a_{i\bar{p}}}{\partial \bar{z}^h} = \frac{\partial}{\partial \bar{z}^h}\,(\delta^{\bar{l}}_{\bar{p}}) = 0.$$

Thus

$$R_{\bar{p}qj\bar{h}} = \frac{\partial^2 a_{q\bar{p}}}{\partial z^j \, \partial \bar{z}^h} - a^{\bar{l}i} \, \frac{\partial a_{i\bar{p}}}{\partial \bar{z}^h} \, \frac{\partial a_{q\bar{l}}}{\partial z^j},$$

which is, in view of the Kähler metric, symmetrical in $\bar{p}, \bar{h}$ and q, j.

The above formulae, which are purely local, lead to a number of important results concerning operators which appear in the theory of harmonic forms. The following results are basic

$$(a) \quad d'' \delta' + \delta' d'' = 0, \quad d' \delta'' + \delta'' d' = 0,$$

$$(b) \quad d' \delta' + \delta' d' = d'' \delta'' + \delta'' d''.$$

$$(5.4)$$

These properties are purely local. Since the operators involve the construction of second covariant derivatives we need to use the properties of the curvature tensor described above. The computations (^{1}) are purely formal and accordingly omitted.

The formulae (5.4) cast some light on the Laplace operator $\varDelta$. For

$$\varDelta = d\delta + \delta d =$$

$$= (d' + d'')(\delta' + \delta'') + (\delta' + \delta'')(d' + d'') =$$

$$= (d'\,\delta' + \delta'\,d') + (d'\,\delta'' + \delta''\,d') + (d''\,\delta' + \delta'\,d'') + (d''\,\delta'' + \delta''\,\delta'').$$

Hence if the metric is Kählerian

$$\varDelta = 2\,(d'\,\delta' + \delta'\,d') = 2\,(d''\,\delta'' + \delta''\,d''). \qquad (4.5)$$

It follows that $\varDelta$ transforms a pure form of type (r, s) into a pure form of the same type.

Just as we proved that $\varDelta P = 0$ is equivalent to $dP = 0$ and $\delta P = 0$ so we can prove, from (5.5), that with a Kähler metric $\varDelta P = 0$ is equivalent to $d''\,P = 0$ and $\delta''\,P = 0$.

In § 4 we had for any form P a relation

$$P = HP + \varDelta Q$$

where HP is the unique harmonic form cohomologous to P. The Kähler property can be used to show that the operator H transforms a pure (r, s) form into one of the same type, and also that, if P is pure, Q is of the same type (H. 51). It follows at once that as $dH = Hd$ then $d'H = Hd'$ and $d''H = Hd''$ by a simple consideration of the types of forms obtained by operating on a pure form with dH and Hd.

If $A^{r,s}$ is pure, the formula above gives

$$A^{r,s} = HA^{r,s} + (d''\,\delta'' + \delta''\,d'')\,B^{r,s}$$

or

$$A^{r,s} = HA^{r,s} + d''\,B^{r,s-1} + \delta''\,B^{r,s+1},$$

where

$$B^{r,s-1} = \delta''\,B^{r,s}, \quad B^{r,s+1} = d''\,B^{r,s}.$$

(^{1}) To be found with many of the other formulae used in §§ 3-8, in Proc. Cam. Phil. Soc. 47, 1951. 504-517, a paper which will in future be referred to as H. 51. The notations of the paper are different from those used here.

If $A^{r,s}$ is d''-closed, i. e. if $d''A^{r,s} = 0$, then also $d''\,HA^{r,s} = Hd''A^{r,s} = 0$.

Then

$$(A^{r,s}, \delta''\,B^{r,s+1}) = (HA^{r,s}, \delta''\,B^{r,s+1}) + (d''\,B^{r,s-1}, \delta''\,B^{r,s+1}) +$$

$$+ (\delta''\,B^{r,s+1}, \delta''\,B^{r,s+1}),$$

i. e.

$$(d''\,A^{r,s}, B^{r,s+1}) = (d''\,HA^{r,s}, B^{r,s+1}) + (B^{r,s-1}, \delta''^2\,B^{r,s+1}) +$$

$$+ (\delta''\,B^{r,s+1}, \delta''\,B^{r,s+1}).$$

But

$$d''\,A^{r,s}, \qquad d''\,HA^{r,s}, \qquad \delta''^2\,B^{r,s+1}$$

are all zero, hence

$$\delta''\,B^{r,s+1} = 0.$$

I. e. if $d''\,A^{r,s} = 0$ then

$$A^{r,s} = HA^{r,s} + d''\,B^{r,s-1}. \tag{5.6}$$

This result will have important applications later.

6. Forms on a Kähler manifold.

The special properties of a Kähler manifold enable us to carry through a classification of the forms on a Kähler manifold, in particular the harmonic forms. Since there is a one-to-one correspondence between the harmonic forms and the cohomology classes (over the complex field) this classification yields information about the topology of Kähler manifolds.

6.1 *The operators C, Ω and Λ.*

We have already introduced the operators $*$, d, δ, Δ. We now introduce some further operators.

The operator C replaces the differential dz^i by $\sqrt{-1}\,dz^i$ and the differential $\overline{dz^j}$ by $-\sqrt{-1}\,\overline{dz^j}$ wherever these occur in a differential form, but leaves all else unaltered. It is trivial to show that C is determined by the complex structure of the manifold and does not depend on the co-ordinate system chosen (and, of course, not on the metric),

$$CA^{r,s} = (\sqrt{-1})^{r+s} (-1)^s A^{r,s}.$$

Hence $C^2 P_p = (-1)^p P_p$ for any p-form P_p.

The existence of an operator C which operates on differential forms of a manifold and has the property $C^2 = (-1)^p$ for all p-forms is equivalent to saying that the manifold has an « almost complex structure ». This is less restrictive than a complex structure. In order that a manifold with almost complex structure defined by an operator C have a complex structure defined by C it is both necessary and sufficient that

$$dC^{-1} dC + C^{-1} d\, Cd = 0.$$

[Cf. Eckmann-Fröhlicher, Comptes Rendues 232 (1951) p. 2284. The form of the result given here was communicated to me in a letter from Dr. Guggenheimer].

The operator Ω. The operation of multiplying a form by the fundamental (1,1) form

$$\omega = \sqrt{-1}\, a_{i\bar{j}}\, dz^i \cap d\bar{z}^j$$

associated with a Hermitian (Kähler) metric occurs so frequently that we introduce the symbol Ω to represent it:

$$\Omega P = P \cap \omega = \omega \cap P.$$

Since $\omega = \bar{\omega}$ we have $\Omega\bar{P} = \overline{\Omega P}$.

The operator Λ. We define Λ to be the operator adjoint to Ω. If P is a p-form and Q a $(p+2)$-form we have a product

$$(\Omega P, Q) = \int_M P \cap \omega \cap \overline{^*Q} =$$

$$= \int_M P \cap \overline{\Omega^* Q}.$$

But this product must be $(P, \Lambda\, Q) = \int_M P \cap \overline{^*\Lambda Q}$ by definition of

Λ. Hence

$$^*\Lambda Q = \Omega^*\, Q$$

and as
$$**\Lambda Q = (- 1)^p \Lambda Q$$
we have
$$\Lambda Q = (- 1)^p *\Omega *Q,$$
or
$$\Lambda = (- 1)^p *\Omega*.$$

We have already remarked that $*\Lambda = \Omega^*$. It is immediate that also $\Lambda^* = *\Omega$ and also

$$C\Omega = \Omega C, \quad C\Lambda = \Lambda C.$$

We now discuss further properties of these operators and classify them according to the information required to establish them. Before proceeding further we have a useful definition. Many of our results apply to forms such that $\Lambda P = 0$. Such forms will be called *effective forms*.

6.2 *Some basic formulae depending only on the almost complex structure and the fact that the metric is Hermitian (but not involving differentiation).*

The following formulae I-IV are proved by direct calculations which can be most conveniently effected by taking co-ordinates in which the metric is $\Sigma\, dz^i\, d\bar{z}^i$.

They are to be found essentially (with changes of notation) in my book on Harmonic Integrals, and the basic calculations are neatly carried through in Chapter I of Weil's « *Variétés Kähleriennes* ».

I. If P_p is an effective p-form (i. e. if $\Lambda P = 0$) and $p \leq m$ then

$$*P_p = \frac{(- 1)^{\frac{1}{2}p(p+1)}}{(m - p)!}\, \Omega^{m-p}\, C P_p\,.$$

II. For *any* p-form P_p

$$(\Lambda\, \Omega - \Omega\, \Lambda)\, P_p = (m - p)\, P_p\,.$$

By induction from II we could calculate $\Lambda^r\, \Omega^s - \Omega^s\, \Lambda^r$ but we only need

III. For *any* p-form P_p

(a) $$(\Lambda^r\, \Omega - \Omega\, \Lambda^r)\, P_p = r\, (m - p + r - 1)\, \Lambda^{r-1}\, P,$$

(b) $$(\Lambda\, \Omega^s - \Omega^s\, \Lambda)\, P_p = s\, (m - p - s + 1)\, \Omega^{s-1}\, P_p\,.$$

Finally I can be generalised to give

IV. If P_{p-2k} is an effective $(p-2k)$-form then

$$*\Omega^k\,P_{p-2k} = (-1)^{\frac{1}{2}p(p+1)+k}\,\frac{k!}{(m-p+k)!}\,\Omega^{m-p+k}\,CP_{p-2k}$$

if $m-p+k \geq 0$ and

$$*\Omega^k\,P_{p-2k} = 0 \qquad \text{if } p > m+k.$$

An alternative form of the first result is

$$*\Omega^k\,P_q = (-1)^{\frac{1}{2}q(q+1)}\frac{k!}{(m-q-k)!}\,\Omega^{m-q-k}\,CP_q \text{ if } q+k \leq m.$$

6.3. *The expansion theorem.*

The results of the preceding section can be applied to obtain an important expansion theorem for forms. As a preliminary we prove the following

LEMMA. If Q is an effective p-form then

$$\Lambda^r\,\Omega^r\,Q = r!\,(m-p)\,(m-p-1)\ldots(m-p-r+1)\,Q.$$

Proof:
$$\Lambda^r\,\Omega^r\,Q = \Lambda^{r-1}\,(\Lambda\,\Omega^r - \Omega^r\,\Lambda)\,Q = \qquad (\text{since } \Lambda\,Q = 0)$$

$$= \Lambda^{r-1}\,r\,(m-p-r+1)\,\Omega^{r-1}\,Q, \text{ by III b,}$$

and the result follows at once by induction on r.

COROLLARY. If Q is effective $\Lambda^{r+1}\,\Omega^r\,Q = 0$ if $t > 0$, and if Q is non-zero Λ^{r+1} is the lowest power of Λ which annihilates $\Omega^r\,Q$.

We now have the following

Expansion Theorem.

If P is any p-form with $0 \leq p \leq m$ there is a unique expansion

$$P = Q_p + \Omega\,Q_{p-2} + \Omega^2\,Q_{p-4} + \ldots + \Omega^r\,Q_{p-2r}\ldots$$

where each Q is effective.

If P is a p-form with $m > p$ there is a unique expansion

$$P = \Omega^{p-m}\,Q_{2m-p} + \Omega^{p-m+1}\,\Omega_{2m-p-2} + \ldots + \Omega^r\,Q_{p-2r}\ldots,$$

beginning with the term involving the operator Ω^{p-m}.

Consider first the case $p \leq m$. Let Λ^r be the highest power of Λ for which $\Lambda^r P \neq 0$ $(0 \leq 2r \leq p)$. Then $\Lambda^r P$ is effective, since $\Lambda(\Lambda^r P) = 0$, and of degree $p - 2r$.

Then, by the lemma above

$$\Lambda^r \, \Omega^r (\Lambda^r P) = \frac{r!\,(m - p + 2r)!}{(m - p + r)!} \, \Lambda^r P.$$

Thus, if $\varrho = \dfrac{(m - p + r)!}{r!\,(m - p + 2r)}$,

$$\Lambda^r (P - \varrho \, \Omega^r \Lambda^r P) = 0.$$

Then if $Q = \varrho \, \Lambda^r P$, Q is effective and we have

$$P = \Omega^r \, Q + P'$$

where $\Lambda^r P' = 0$. The technique we have applied to P can now be applied to P' and proceeding in this way, after r steps at most, we have an expansion

$$P = \Omega^r \, Q_{p-2r} + \Omega^{r-1} \, Q_{p-2r+2} + \dots + \Omega \, Q_{p-2} + Q_p$$

where every Q is effective. [Note that unless $p \leq m$ one might not at some stage be able to define ϱ].

The uniqueness of the expansion follows by remarking that if there were two different expansions for P their difference would be a non-trivial expansion of the zero p-form. We now show that such an expansion does not exist.

Indeed if

$$0 = R_p + \Omega \, R_{p-2} + \dots + \Omega^r \, R_{p-2r}$$

is an expansion of the zero p-form with each R effective then operating on each side by Λ^r and applying the lemma to the last term and the corollary to the others we have

$$0 = \frac{r!\,(m - p + 2r)!}{(m - p + r)!} \, R_{p-2r}$$

and hence $R_{p-2r} = 0$ if $m - p + r \geq 0$. Having eliminated the last term we then operate by Λ^{r-1} and eliminate the preceding one and continue until we have shown that each R is zero, this being possible at each stage if $m - p \geq 0$.

Now suppose $p > m$. Then $*P$ is of degree $2m - p < m$. Hence, by what we have already proved, there is a unique expansion

$$*P = Q_{2m-p} + \Omega\, Q_{2m-p-2} + \cdots$$

where each Q is effective. Using formula IV we have

$$P = \eta_0\, \Omega^{p-m}\, C\, Q_{2m-p} + \eta_1\, \Omega^{p-m+1}\, C\, Q_{2m-p-2} + \cdots$$

where the η_k are numerical factors. Since $\Lambda\, C = C\, \Lambda$ this is an expansion of the type required. Its uniqueness follows from the impossibility of two different expansions for $*P$.

A condition for effectiveness.

If $p > m$ the form P is effective if and only if $P = 0$ and if $p \leq m$ the form P is effective if and only if $\Omega^{m-p+1}\, P = 0$.

If P is a non-zero p form with $p > m$ we have an expansion

$$P = \Omega^{p-m}\, Q_{2m-p} + \cdots .$$

No power of Λ less than Λ^{p-m+1} can annihilate any non-zero term on the right hand side: so that if Λ annihilates P every term on the right hand side is zero, i.e. P is zero.

Consider now the case $p \leq m$. As P is effective it follows from I that $*P = \eta \Omega^{m-p}\, CP$ where $\eta\, (\neq 0)$ is a constant. Therefore

$$0 = *\Lambda P = \Omega *P = \eta \Omega^{m-p+1}\, CP = \eta C \Omega^{m-p+1}\, P$$

and hence $\Omega^{m-p+1}\, P = 0$.

Conversely suppose $\Omega^{m-p+1}\, P = 0$. By the expansion theorem

$$P = Q_p + \Omega\, Q_{p-2} + \Omega^2\, Q_{p-4} + \cdots$$
hence

$$0 = \Omega^{m-p+1}\, P = \Omega^{m-p+1}\, Q_p + \Omega^{m-p+2}\, Q_{p-2} + \cdots .$$

But Q_p is an effective p-form, so, as we have just proved, $\Omega^{m-p+1}Q_p = 0$. Hence

$$0 = \Omega^{m-p+2}\, Q_{p-2} + \Omega^{m-p+2}\, Q_{p-4} + \cdots ,$$

But the right hand side is a form of degree $2m - p + 2$ and the expansion on the right is of the type given by the expansion theorem for such forms, and in view of the uniqueness of such an expansion each of Q_{p-2}, Q_{p-4}, ... , is zero. Thus $P = Q_p$ and the condition is established.

6.4. *Results depending on the complex structure and the Kähler property.*

Since ω is closed (the Kähler property)

$$d\,(\omega \cap P) = d\omega \cap P + \omega \cap dP = \omega \cap dP.$$

That is $d\Omega = \Omega d$ and dually $\delta \Lambda = \Lambda \delta$. On the other hand d and Λ, or δ and Ω, do not commute. Indeed we have the formulae

$$
\begin{aligned}
d\Lambda - \Lambda d &= C^{-1}\,\delta C, \\
\delta\,\Omega - \Omega\,\delta &= C^{-1}\,dC.
\end{aligned}
\tag{6.4.1}
$$

These formulae being dual it is necessary only to prove the first of them. A neat method is given by Weil in his book (pp. 42-43). He remarks that it is enough, in view of the expansion theorem, to prove that $(d\Lambda - \Lambda d)\,\Omega^r\,Q = C^{-1}\,\delta C\,\Omega^r\,Q$, when Q is effective. Following the simple remark that we can show that $dQ = Q^1 + \Omega\,Q^2$, with Q^1 and Q^2 effective, the result is obtained by putting $\delta = -{}^*d^*$ and then by repeated applications of the formulae III and IV. Of course it makes use of the Kähler property by using the formula $d\,\Omega = \Omega\,d$.

Using the results (6.4.1) we have

$$\delta\,d\Lambda - \delta\Lambda\,d = \delta\,C^{-1}\,\delta C,$$

i.e.

$$\delta\,d\Lambda - \Lambda\delta\,d = \delta C^{-1}\,\delta C.$$

Also

$$d\,\delta\Lambda - \Lambda\,d\delta = d\,\Lambda\delta - \Lambda\,d\delta =$$

$$= C^{-1}\,\delta C\delta.$$

Adding these results we have

$$\Delta\Lambda - \Lambda\Delta = C^{-1}\,\delta\,C\,\delta + \delta\,C^{-1}\,\delta C.$$

Similarly

$$\varDelta\,\varOmega - \varOmega\,\varDelta = C^{-1}\,d\,C\,d + d\,C^{-1}\,dC.$$

But the condition for a complex structure is

$$dC^{-1}\,dC + C^{-1}\,d\,C\,d = 0,$$

or dually

$$\delta C^{-1}\,\delta C + C^{-1}\,\delta\,C\,\delta = 0,$$

and hence $\varOmega$ and $\varDelta$ commute with $\varDelta$.

To sum up the following operators commute with $\varDelta$:

$$*,\ d,\ \delta,\ C,\ \varOmega,\ \varLambda.$$

We are now in a position to prove the following important THEOREM. *If a harmonic form P has the expansion*

$$P_p = Q_p + \varOmega\,Q_{p-2} + \varOmega^2\,Q_{p-4} + \cdots,$$

where each Q_s is effective, then each of the components Q_s is also harmonic.

Proof.

$$0 = \varDelta P = \varDelta Q_p + \varOmega\,\varDelta\,Q_{p-2} + \varOmega^2\,\varDelta\,Q_{p-4} + \cdots, \qquad (6.4.2)$$

because $\varOmega$ and $\varDelta$ commute.

But

$$\varLambda\,\varDelta\,Q_s = \varDelta\,\varLambda\,Q_s = 0.$$

Hence (6.4.2) is an expansion of zero, and hence

$$\varDelta Q_p = \varDelta Q_{p-2} = \varDelta Q_{p-4} = \ldots = 0.$$

Not only the forms $Q_p,\ Q_{p-2},\ \ldots$, are harmonic, but also all the terms $Q_p,\ \varOmega\,Q_{p-2},\ \varOmega^2\,Q_{p-4},\ \ldots$ are harmonic. Indeed *If P is harmonic so also is $\varOmega^h\,P$, for if $\varDelta P = 0$ then*

$$\varDelta\,\varOmega^h\,P = \varOmega^h\,\varDelta P = 0.$$

7. Harmonic forms on a Kähler manifold.

We are now in a position to classify the harmonic forms on a compact Kähler manifold. We shall consider only the case of p-forms where $p \leq m$: the case where $p > m$ can be obtained by duality (the * operation). We shall also consider at each stage the special results obtained if ω belongs to an integral cohomology class: this by Kodaira's Theorem, cf. the note at the end of § 11.3, is the case of an algebraic variety.

7.1. Let $P^i (i = 1, \dots, R_p)$ be an integral base [1] for the harmonic p-forms and $Q^j (j = 1, \dots, R_{p-2})$ be a base for the harmonic $(p - 2)$-forms: we shall suppose that the Q^i are an integral base only if ω is integral.

As in the last section we can write

$$Q = S_{p-2} + \Omega\, S_{p-4} + \dots, \quad \text{where} \quad \Lambda\, S_s = 0\,,$$

and each term on the right-hand side is also harmonic. Then also $\Omega\, Q = \Omega\, S_{p-2} + \Omega^2 S_{p-4} + \dots$ is harmonic, and by the expansion theorem it is zero if and only each S_s and hence also Q is zero (and $\Omega\, Q$ is integral if ω and Q are both integral). Thus the $\Omega\, Q^j$ form an independent set of harmonic p-forms.

If now

$$P = S_p + \Omega\, S_{p-2} + \Omega^2 S_{p-4} + \dots$$

is harmonic so also is

$$S_{p-2} + \Omega\, S_{p-4} + \dots\,.$$

Thus any harmonic p-form has a unique representation of the form

$$P = S_p + \Omega\, Q_{p-2} \tag{7.1.1}$$

where S_p is effective and Q_{p-2} is a harmonic $(p-2)$-form. It follows that the number of independent effective p-forms is $R_p - R_{p-2}$, from which it follows that

$$R_p \geq R_{p-2}\,.$$

Now as shown in § 6.3 a p-form is effective if and only if $\Omega^{m-p+1}P = 0$.

<hr>

[1] An integral base is a base consisting of integral forms, i. e. having integral periods on each integral homology class. There is no suggestion that all integral forms can be represented as a sum of *integral* multiples of the forms of an integral base, but only as a sum of *rational* multiples.

If $P = \sum\limits_{i=1}^{R_p} \lambda_i P^i$ is such a form then

$$\sum_i \lambda_i \Omega^{m-p+1} P^i = 0.$$

Since, in the case when ω is integral, $\Omega^{m-p+1} P^i$ is integral (the P^i being an integral base) these equations in the λ_i can be solved in integers. Thus, when ω is integral, we can find an integral basis for the harmonic p-forms such that

$$\Lambda P^i = 0 \; (i = 1,\dots, R_p - R_{p-2}), \; P^i = \Omega \, Q^i \,(i = R_p - R_{p-2} + 1,\dots, R_p).$$

We also note that if p is even (say $p = 2q$) the q-fold product $\Omega^q \cdot 1$ is harmonic (and integral) so that $R_{2q} > 0$.

7.2. In this section we make a second classification of the integrals. Unlike the work in section (7.1) this has no extra significance in the case where ω is integral.

Let P be any effective harmonic p-form, say

$$P = P^{p,0} + P^{p-1,1} + \dots + P^{0,p},$$

where $P^{p-q,p}$ is the part of P of type $(p - q, q)$. As Λ takes components of different types into components of different types it follows that $\Lambda P = 0$ implies $\Lambda P^{p-q,q} = 0$ for each q. I. e. *Every pure part of an effective p-form is itself effective.*

Further as Δ transforms any pure (r, s) form into a pure (r, s) form it follows that

Every pure part of a harmonic p-form is itself harmonic.

Thus if ϱ_{hk} is the number of independent effective harmonic forms of type (h, k) it follows, from the two preceding results, that

$$R_p - R_{p-2} = \sum_{q=0}^{p} \varrho_{p-q,q} \cdot$$

The numbers ϱ_{hk} could, a priori, possibly depend on the metric chosen, but we shall now show that they do not and are thus true invariants of the manifold. To do this we shall take another metric, with fundamental 2-form ν, and with corresponding numbers σ_{hk} for the independent effective harmonic forms of type (h, k).

The number of independent harmonic forms (effective or not) of type (h, k) for the first metric is r_{hk} where (in view of (7.1.1))

$$r_{hk} = \varrho_{hk} + r_{h-1,k-1}, \qquad (7.2.1)$$

and hence

$$r_{hk} = \varrho_{hk} + \varrho_{h-1,k-1} + \varrho_{h-2,k-2} + \cdots .$$

and similarly for the second metric the number s_{hk} of independent harmonic forms of type (h, k) is

$$s_{hk} = \sigma_{hk} + \sigma_{h-1,k-1} + \cdots .$$

Let P_i^{hk} $(i = 1, \ldots, r_{hk})$ be an independent basis for harmonic forms of type (h, k) for the first metric and Q_j^{hk} $(j = 1, \ldots, s_{hk})$ be an independent basis for the second metric.

The forms $P_i^{p-q,q}$ give an independent basis of R_p harmonic p-forms. The $(2m - p)$-forms $P_i^{p-q,q} \cap \omega^{m-p}$ will also be independent and we thus have a basis of R_p $(2m - p)$-forms

$$P_i^{p,0} \cap \omega^{m-p}, \quad P_i^{p-1,1} \cap \omega^{m-p}, \quad \text{etc.} . \qquad (7.2.2)$$

Similar bases can be constructed using the forms Q_j^{hk}.

Now if P_i^{p} $(i = 1, \ldots, R_p)$ and Q_j^{2m-p} $(j = 1, \ldots, R_p)$ are bases respectively for p-and $(m - p)$-forms of M then the matrix

$$\int_M P_i \cap \overline{Q}_j$$

is non-singular. It follows that the matrix

$$\int_M P_i^{p} \cap \overline{Q}_j^{p} \cap \omega^{m-p} \qquad (7.2.3)$$

is non-singular. Now

$$P_i^{p-q,q} \cap \overline{Q}_j^{p-r,r} \cap \omega^{m-p}$$

is a form of type $(m + r - q, m + q - r)$, and one of these indices exceeds m unless $q = r$. Then if the bases for the P_i and Q_j are arranged in the order given in (7.2.2) the matrix (7.2.3) breaks up into a number of non-zero submatrices, and the rows and columns of two submatrices never overlap. Thus if the big matrix is non-singular so is each submatrix, and hence these submatrices are square. Hence

$$r_{hk} = s_{hk} \text{ for all } h,k,$$

and thus by (7.2.1)

$$\varrho_{hk} = \sigma_{hk} \text{ for all } h, k.$$

The numbers r_{pq} are often denoted by $H^{p,q}$ or $h^{p,q}$ in the literature : we shall frequently use the $h^{p,q}$ to avoid confusion with cohomology groups.

7.3. *The period matrices of the effective harmonic forms in the case where ω is integral (i. e. for algebraic varieites).*

Associated with any harmonic p form is a dual $(2m - p)$-cycle [1] whose intersection with any p cycle is equal to the value of the integral of the form over the cycle. Let Δ be (in our special case) the rational cycle dual to ω. We shall suppose $p \leq m$.)

The results at the end of § 7.1 will enable us to find a rational base, Γ^i_{2m-p} $(i = 1, \ldots, R_p -- R_{p-2})$ for the $(2m -- p)$-cycles dual to the effective p-forms. (A complete base for $(2m - p)$-cycles will be all the $\Gamma^i_{2m-p+2r} \cdot \Delta^r$ for suitable values of r).

We define the rational matrix N by $N_{ij} = (\Gamma^i_{2m-p} \cdot \Gamma^j_{2m-p} \cdot \Delta^{m-p})$.

We can also obtain a base for p-cycles by intersecting the base for $(2m - p)$-cycles with Δ^{m-p} (dual to the method of § 7.2 for obtaining a base for $(2m - p)$-forms from the p-forms). Let us denote $\Gamma^i_{2m-p} \cdot \Delta^{m-p}$ by Γ^i_p.

Let Q^{hk}_i $(i = 1, \ldots, \varrho_{hk})$ be a base for the effective harmonic p-forms of type (h, k) and let Q^{hk}_i be dual to the cycle Γ^{hk}_i. Suppose $\Gamma^{hk}_i \approx \Sigma \lambda^{hk}_{ij} \Gamma^j_{2m-p}$.

Then $(\Gamma^{hk}_i \cdot \overline{\Gamma}^{h'k'}_j \cdot \Delta^{m-p}) = \int_M P^{hk}_i \cap \overline{P}^{h'k'}_j \cap \omega^{m-p}$, (where $h + k = p = h' + k'$) is zero (cf § 7.2) unless $h = h'$, $k = k'$. In this latter case we define

$$M^{hk}_{ij} = (\Gamma^{hk}_i \cdot \overline{\Gamma}^{hk}_j \cdot \Delta^{m-p}) = \int_M P^{hk}_i \cap \overline{P}^{hk}_j \cap \omega^{m-p}.$$

---

[1] By cycle we mean here a linear combination, with complex coefficients of the elements of a base for the integral Betti-group of M. We can thus talk of the conjugate $\overline{\Gamma}$ of a cycle Γ.

Suppose now $P^{hk} = \sum_i \alpha^i P_i^{h.k}$ is any effective h, k form. Then

$$\sum_{i,j} \alpha^i M_{ij}^{hk} \,\overline{\alpha}^j = \int_M P^{h,k} \cap \overline{P}^{h,k} \cap \omega^{m-p} = \int_M P^{h,k} \cap \overline{\Omega^{m-p} P^{hk}}.$$

But

$$\Omega^{m-p} P^{h,k} = (-1)^p C^2 \Omega^{m-p} P^{m-p} = (-1)^p C\Omega^{m-p} CP^{h,k} =$$

$$= (-1)^p C \left((-1)^{\frac{1}{2} p(p+1)} (m-p)! \, *P^{h,k} \right) =$$

$$\text{by formula I of } \S\, 6.2,$$

$$= (-1)^{\frac{1}{2} p(p+1)+p+m-k} (\sqrt{-1})^{2m-p} (m-p)! \, *P^{h,k}.$$

So that

$$\overline{\Omega^{m-p} P^{h,k}} = (-1)^{\frac{1}{2} p(p+1)+k} (\sqrt{-1})^p (m-p)! \, \overline{*P^{h,k}}.$$

Hence

$$\sum_{ij} \alpha^i M_{ij}^{hk} \,\overline{\alpha}^j = (-1)^{\frac{1}{2} p(p+1)+k} (\sqrt{-1})^p (m-p)! \int_M P \cap \overline{*P}$$

and hence

$$M^{hk} = (-1)^{\frac{1}{2} p(p+1)} (\sqrt{-1})^p (-1)^k \Pi^{hk}$$

where Π^{hk} is a positive-definite hermitian $(\varrho^{hk} \times \varrho^{hk})$-matrix.

Consider now the period matrix Ω where we define

$$\Omega_{ij}^{hk} = \int_{\Gamma_p^j} P^{hk} = \sum \lambda_{il}^{hk} (\Gamma_{2m-p}^l \cdot \Gamma^j \cdot \Delta^{m-p})$$

i.e. $\Omega = \Lambda N$.

But

$$\Lambda N \,{}^t\overline{\Lambda} = \begin{pmatrix} M^{p,0} & & & \\ & M^{p-1,1} & & \\ & & \cdot & \\ & & & \cdot \\ & & & & M^{0,p} \end{pmatrix} =$$

$$= (-1)^{\frac{1}{2}p(p+1)} (\sqrt{-1})^p \begin{pmatrix} \Pi^{p,0} & & & \\ & -\Pi^{p-1,1} & & \\ & & \cdot & \\ & & & \cdot \\ & & & & (-1)^p \Pi^{0,p} \end{pmatrix}.$$

So that certainly N is non-singular.

If p is even the signature of N is

$$(\varrho^{p,0} + \varrho^{p-2,2} + \ldots + \varrho^{0,p}) - (\varrho^{p-1,1} + \varrho^{p-3,3} + \ldots + \varrho^{1,p-1}).$$

If p is odd and $\widetilde{N}$ is the transposed inverse of N

$$\Omega \widetilde{N}\, {}^t\overline{\Omega} = \Lambda N \, \widetilde{N} \, {}^t N \, {}^t\overline{\Lambda} = \Lambda N \, {}^t\overline{\Lambda} =$$

$$= \sqrt{-1} \begin{pmatrix} \Pi^{p,0} & & & \\ & -\Pi^{p-1,1} & & \\ & & \cdot & \\ & & & \cdot \\ & & & & -\Pi^{0,p} \end{pmatrix}.$$

Thus the integrals of the types $(p, 0), (p-2, 2), \ldots, (1, p-1)$, or their conjugates, form a Riemann set (and incidentally $R_p - R_{p-2}$ is even).

8. An example of a complex manifold which is not algebraic.

Consider a projective space Π_r, and use the notation of § 1. We can normalise the projective co-ordinates, so that

$$\sum_0^r |Z^j|^2 = 1.$$

Writing

$$Z^j = X^{2j+1} + \sqrt{-1}\, X^{2j+2} \qquad (j = 0, \ldots, r)$$

we see that the unit sphere S_{2r+1} given in the real space of $2r+2$ co-ordinates $(X^1, \ldots, X^{2r+2})$ by the equation

$$\sum_1^{2r+2} (X^h)^2 = 1,$$

is a 1-sphere bundle over Π_r, the circle over the point $(Z^0, \ldots, Z^r)$ being given by points $('Z^0, \ldots, 'Z^r)$ where $'Z^i = e^{\sqrt{-1}\,\theta}\, Z^i$ or

$$'X^{2j+1} = X^{2j+1} \cos \theta - X^{2j+2} \sin \theta$$

$$'X^{2j+2} = X^{2j+1} \sin \theta + X^{2j+2} \cos \theta$$

for all real θ.

If now we consider the coordinates z_α^i in U_α, a point of the bundle lying over U_α will have coordinates $(z_\alpha^i, \theta_\alpha)$. This will coincide with the point $(z_\beta^i, \theta_\beta)$ if

$$\frac{e^{\sqrt{-1}\theta_\alpha}\, z_\alpha^i}{\{1 + \Sigma\, z_\alpha^j\, \overline{z}_\alpha^j\}^{\frac{1}{2}}} = \frac{e^{\sqrt{-1}\theta_\beta}\, z_\beta^i}{\{1 + \Sigma\, z_\beta^j\, \overline{z}_\beta^j\}^{\frac{1}{2}}}$$

which is easily seen to give

$$\theta_\alpha - \theta_\beta = \arg z_\beta^\alpha \qquad\qquad (8.1)$$

so that this equation gives the transition functions of the bundle.

Now the normalised homogeneous coordinates $(Z^0, \ldots, Z^r)$ on Π^r have the properties: (a) $|Z^\alpha|$ is uniquely determined at each point; (b) $Z^\alpha \neq 0$ in U_α. Hence we can introduce a new fibre parameter ϱ_α in the part of the bundle over U_α, where

$$\varrho_\alpha = \log |Z^\alpha| + \sqrt{-1}\, \theta_\alpha .$$

Using this parameter, the transition functions are given by

$$\varrho_\alpha - \varrho_\beta = \log z_\beta^\alpha ,$$

in $U_\alpha \cap U_\beta$.

Now take a second projective space Π_s, and let $(W^1, \ldots, W^s)$ be the normalised homogeneous coordinates. Denoting by V_λ the open set $W^\lambda \neq 0$, we proceed as before. We thus get a bundle of circles over Π_s, the fibre parameter over V_λ being σ_λ, where

$$\sigma_\lambda - \sigma_\mu = \log w_\mu^\lambda .$$

Now construct the product $\Pi_r \times \Pi_s$, and the product of the bundles over the two projective spaces. The open sets of $\Pi_r \times \Pi_s$ are $U_\alpha \times V_\lambda$, and in this open set the complex coordinates are $(z_\alpha^i, w_\lambda^j)$. The product bundle is a bundle of tori, and in the torus over $(z_\alpha^i, w_\lambda^j)$ we introduce the elliptic parameter $\varrho_\alpha + \sqrt{-1}\, \sigma_\lambda = \Psi_{\alpha\lambda}$ (periods 2π and $2\pi\sqrt{-1}$). The transition relations for this bundle of tori are then

$$\Psi_{\alpha\lambda} - \Psi_{\beta\mu} = \log z_\beta^\alpha + \sqrt{-1}\, \log w_\mu^\lambda .$$

Let $M_{a\lambda}$ be the part of the bundle of tori over $U_a \times V_\lambda$. Then the neighborhoods $M_{a\lambda}$ cover the bundle space, and in $M_{a\lambda}$ we have a set of complex co-ordinates $(z_a^i, w_\lambda^j, \Psi_{a\lambda})$. Since the coordinate transformations in $M_{a\lambda} \cap M_{\beta\mu}$ are

$$z_a^i = \frac{z_\beta^i}{z_\beta^a}, \quad w_\lambda^j = \frac{w_\mu^j}{w_\mu^\lambda}, \quad \Psi_{a\lambda} - \Psi_{\beta\mu} = \log z_\beta^a + \sqrt{-1} \, \log w_\mu^\lambda,$$

the bundle space satisfies the conditions for a complex manifold. Now the non-zero Betti numbers of $S_{2r+1} \times S_{2s+1}$ are, if $r \neq s$,

$$R_0 = R_{2r+1} = R_{2s+1} = R_{2r+2s+2} = 1$$

and, if $r = s$,

$$R_0 = R_{4r+2} = 1, \quad R_{2r+1} = 2.$$

These clearly do not satisfy the conditions found for a Kähler manifold unless $r = s = 0$.

9. Sheaves.

9.1. The essential idea in a sheaf is to associate with each point x of a topological space X an algebraic structure F_x, say, and then to treat the totality of these structures F_x as a topological space F. Suppose, for example, X is the Argand plane, and the stalk F_x at x consists of all power series centred at x and having non-zero radius of convergence. The stalk at x is an additive group, and is in fact a C-module (and indeed it can carry a ring structure). The aggregate of all the stalks forms a topological space if we define neighbourhoods of each element: a neighbourhood of an element f of S_x is naturally those power series centred at a point in a sufficiently small neighbourhood of x (e.g. one inside the circle of convergence of f) which are analytic continuations (in the usual sense) of f. The aggregate $\bigcup_{x \in X} F_x$ with this topology is called the sheaf of germs of holomorphic functions on X.

Now the theory of holomorphic functions can be approached from a different point of view in which the essential idea is functions differentiable in a domain, the power series then being obtained by Taylor's Theorem. If U is an open set the functions holomorphic in U again form a C-module, $M(U)$ say: and, if V is an open set such that $V \subset U$, each function in U defines, by restriction to V an element of $M(V)$ and we have a homorphism $M(U) \to M(V)$. If $W \subset V \subset U$ there is also a homorphism $M(V) \to M(W)$ and a homorphism $M(U) \to M(W)$ which is the composite of the homomorphisms $M(U) \to M(V) \to M(W)$. This aspect of the matter gives us what we shall call a pre-sheaf of holomorphic functions on X. The relationship between this pre-sheaf and the sheaf already discussed, and how a sheaf is derived from a pre-sheaf, and conversely, in more general cases is something we shall now consider.

Our discussion is based closely on the book of Hirzebruch (« *Neue Topologische Methoden in der Algebraischen Geometrie* ») to which the reader is referred for a more formal and detailed treatment.

We now crystallise our intuitive ideas in more formal definitions.

9.2. *The definition of a sheaf.*

A *sheaf* F over a space X is a topological space with a continuous mapping $\pi: F \to X$ with the following properties.

(1) For each $x \in X$, $\pi^{-1}(x)$ is non-empty (though it may consist only of zero) and is an algebraic structure of some pre-assigned type. (For our purposes a C-module will usually suffice.)

(2) π *is a local homeomorphism* (formally each point of F has a neighbourhood such that π restricted to the neighbourhood is a homeomorphism: the reader should check that this property holds for the sheaf of germs of holomorphic functions).

(3) *The operations in the stalk are continuous.* [E.g. if F_x is a C-module then for every $\lambda \in C$, $\alpha \to \lambda\alpha$ is a continuous mapping of F into F, and if $F \oplus F$ is the subset of $F \times F$ consisting of points $\alpha \times \beta$ such that $\pi\alpha = \pi\beta$, then the mapping $(\alpha, \beta) \to \alpha - \beta$ of $F \oplus F \to F$ is continuous if $F \oplus F$ is endowed with the topology induced by $F \times F$.] Informally we mean that if α is near α' and β is near β' and $\pi\alpha = \pi\beta = x$, $\pi\alpha' = \pi\beta' = x'$, then $\lambda\alpha$ is near $\lambda\alpha'$ and $\alpha - \beta$ is near $\alpha' - \beta'$.

9.3. *Definition of a pre-sheaf.*

A pre-sheaf $\mathcal{M}$ is determined if, given a space X, we associate with every open set U of X a C-module (or other algebraic structure) $M(U)$ such that:

(1) if U is empty $M(U) = 0$ (i.e. consists of zero only);

(2) if $V \subset U$ there is a homomorphism h_U^V of $M(U)$ into $M(V)$;

(3) if $W \subset V \subset U$ then $h_U^W = h_V^W h_U^V$ and h_U^U is the identical mapping.

The example already given of holomorphic functions suggests the possibility of associating with each sheaf a pre sheaf and with each pre-sheaf a sheaf. We now perform these operations.

9.4. *The sheaf associated with a presheaf.*

Let x be any point of X and consider the open sets containing x. These are partially ordered by inclusion. We define a module F_x, the stalk at x, as the direct limit of the modules $M(U)$ of the pre-sheaf $\mathcal{M}$. The direct limit is constructed as follows.

If U_1 and U_2 are open sets containing x we say that α_1 in $M(U_1)$ and α_2 in $M(U_2)$ are equivalent if they have a common restriction to some open set V (formally this means that there exists V contained in $U_1 \cap U_2$ and containing x so that $h_{U_1}^V \alpha_1 = h_{U_2}^V \alpha_2$). It is easily seen that this is a proper equivalence relation and S_x consists of the equivalence classes under this relation. To prove that S_x is a C-module we need to show that we can multiply equivalence classes by constants (which is trivial) and that we can subtract two classes. For the latter if a and b are the classes represented by α in $M(U)$ and β in $M(V)$ then we can restrict α and β to $U \cap V$ (or any smaller open set containing x) and there subtract them. Formally $a - b$ is defined as the equivalence class of $h_U^{U \cap V} \alpha - h_V^{U \cap V} \beta$. We now denote by F the aggregate $\bigcup_{x \in X} F_x$ and this will be a sheaf as soon as we have defined a topology for which the sheaf axioms are satisfied. We define open sets in F as follows. If α is an element in $M(U)$ then α defines a unique element α_x in each S_x associated with a point x in U. The aggregate of these α_x for x in U, is defined to be an open set in F. The aggregate of these open sets for all U in X and all α in $M(U)$ is taken as a base for open sets in F. (For full technical details the reader is referred to Hirzebruch's book).

9.5. *The canonical pre-sheaf of a sheaf.*

If F is a sheaf over X and U is an open set of X we define a « section of F over U » to be a mapping $\gamma : U \to F$ such that $\pi\gamma$ is the identical mapping of U into itself. It is a consequence of the continuity condition (3) for a sheaf that the aggregate $\Gamma(U, F)$ of sections γ over U (which we shall denote simply by $\Gamma(U)$ if it is clear which sheaf is being considered) is a C-module. The pre-sheaf $\mathcal{F}$ for which $F(U) = \Gamma(U, F)$ is called the *canonical pre-sheaf* associated with F.

If F is the sheaf determined by a pre-sheaf $\mathcal{M}$ the canonical pre-sheaf $\mathcal{F}$ of F can be different from $\mathcal{M}$. However if $\mathcal{F}$ is the canonical pre-sheaf of F, the sheaf determined by $\mathcal{F}$ is F itself (for details see Hirzebruch).

The use of sheaves and pre-sheaves is in defining globally over X functions, differential forms etc. which satisfy local conditions : e.g. in the case of holomorphic functions the integral functions are the elements of the module $\Gamma(X)$.

In the case of holomorphic functions the elements of the stalk are neatly defined by power series. If however we consider the pre-sheaf defined by functions *continuous* in open sets of X the situation is very different. The elements of the stalks of the associated sheaf are called « germs of continuous functions » but they do not correspond to any simply defined concept like the power series. This pre sheaf also illustrates that the homomorphisms h_U^V are not always (as in the case of holomorphic functions) monomorphisms but may be more general homomorphisms.

It is naturally interesting to know when a pre-sheaf is the canonical pre-sheaf of the sheaf it defines. The technical conditions are given by Godement (« *Théorie des faisceaux* », p. 109, F_1 and F_2). We simply remark here that these conditions are very simply fulfilled for all the parlicular sheaves of germs of functions or forms which we consider later. Godement gives the name sheaf not only to the sheaves we have described but also to canonical pre-sheaves.

9.6. *Cohomology groups.*

We now define the cohomology groups $H^r(X, \mathcal{M})$ of X with coefficients in a pre-sheaf $\mathcal{M}$. The cohomology groups $H^r(X, F)$ with coefficients in a sheaf F are then defined to be $H^r(X, \mathcal{F})$ where $\mathcal{F}$ is the canonical pre sheaf of F.

Let $\mathcal{U} = \{U_a\}$ be any open covering of X. Suppose that for each set $\alpha_0, \alpha_1, \ldots, \alpha_p$ such that $U_{a_0} \cap U_{a_1} \cap \ldots \cap U_{a_p}$ is non-empty we have an element $f_{a_0 \ldots a_p}$ (or $f_{a_0 \ldots a_p}^{\mathcal{U}}$ if we wish to emphasise the covering $\mathcal{U}$) belonging to $M(U_0 \cap U_1 \cap \ldots \cap U_p)$. The function f is called a p-cochain of $\{U_a\}$ for $\mathcal{M}$. These p-cochains clearly form an additive group $C^p(\mathcal{U}, \mathcal{M})$. To proceed from cochains to cohomology groups we have to define a coboundary operator ∂, i.e. a mapping

$$\partial_p : \quad C^p(\mathcal{U}, \mathcal{M}) \to C^{p+1}(\mathcal{U}, \mathcal{M}).$$

(The suffix p on ∂_p will be omitted if there is no special reason to emphasise it). We define ∂ by the rule

$$\partial(f_{a_0 \ldots a_p}) = g_{a_0 \ldots a_{p+1}}$$

where

$$g_{a_0 \ldots a_{p+1}} = \sum_0^{p+1} (-1)^r h_r f_{a_0, \ldots, \hat{a}_r, \ldots, a_{p+1}}$$

(the index $\hat{a}_r$ under the magic hat being rendered invisible) where h_r is the homomorphism from

$$M(U_{a_0} \cap \ldots \cap \hat{U}_{a_r} \cap \ldots \cap U_{a_{p+1}}) \quad \text{to} \quad M(U_{a_0} \cap \ldots \cap U_{a_{p+1}}).$$

It is easily verified that $\partial^2 = 0$ (more exactly $\partial_p \partial_{p-1} = 0$), i.e. that ∂ is a coboundary operator.

We then define $Z^p(\mathcal{U}, \mathcal{M}) = \partial_p^{-1}(0)$ to be the module of cocycles and $B^p(\mathcal{U}, \mathcal{M}) = \partial_{p-1} C^{p-1}(\mathcal{U}, \mathcal{M})$ to be the module of coboundaries. We then define

$$H^p(\mathcal{U}, \mathcal{M}) = Z^p(\mathcal{U}, \mathcal{M})/B^p(\mathcal{U}, \mathcal{M}).$$

Such a cohomology group is defined for each non negative integer p and each covering $\mathcal{U}$ of X. If $\mathcal{M}$ is the canonical pre sheaf $\mathcal{F}$ of a sheaf F we can use F instead of $\mathcal{F}$ in all the symbols so far introduced.

Next we partially order the coverings by writing

$$\mathcal{V} < \mathcal{U} \quad (\text{read } \mathcal{V} \text{ refines } \mathcal{U})$$

if there is a selection function τ_β such that $V_\beta \subset U_{\tau_\beta}$ for all β in the index set of the covering $\mathcal{V} = \{V_\beta\}$. Of course there may be more than one selection function. The selection function τ induces a mapping τ_U^V from $C^p(\mathcal{U}, \mathcal{M})$ to $C^p(\mathcal{V}, \mathcal{M})$. Indeed if $f = f_{a_0 \ldots a_p}^U$ is a cochain of the covering $\mathcal{U}$, $\tau_U^V f$ is the cochain of $\mathcal{V}$ given by

$$(\tau_U^V f)_{\beta_0 \ldots \beta_p}^V = h f_{\tau \beta_0 \ldots \tau \beta_p}^V$$

where h is the homomorphism from

$$M(U_{\tau_{\beta_0}} \cap \cdots \cap U_{\tau_\beta}) \text{ to } M(V_{\beta_0} \cap \cdots \cap V_{\beta_p}).$$

It is easily seen that τ_U^V commutes with ∂ and hence defines a homomorphism

$$*\tau_U^V : \ H^p(\mathcal{U}, \mathcal{M}) \to H^p(\mathcal{V}, \mathcal{M}).$$

A neat and basically simple formal homotopy argument (Hirzebruch, p. 29) shows that the homomorphism of cohomology groups is independent of the particular selection function chosen.

It is straightforward that the homomorphisms $*\tau_U^V$ of cohomology groups are compatible, i.e. $*\tau_U^W = *\tau_V^W *\tau_U^V$ and $*\tau_U^U$ is the identical homomorphism. Hence we have a direct limit of the cohomology groups. $H^p(\mathcal{U}, \mathcal{M})$ and this limit is called the *p-th cohomology group*, $H^p(X, \mathcal{M})$ *of* X *with coefficients in the pre-sheaf* $\mathcal{M}$. If $\mathcal{M}$ is a canonical pre-sheaf $\mathcal{F}$ we also write it as $H^p(X, F)$ and call it *the cohomology group of* X *with coefficients in the sheaf* F.

In view of this definition any element of $H^p(X, \mathcal{M})$ can be represented in $H^p(\mathcal{U}, \mathcal{M})$ for sufficiently fine coverings $\mathcal{U}$ (i.e. in at least one covering and all refinements of it).

The following result is fundamental.

The zero-dimensional cohomology group $H^0(X, F)$ *is isomorphic with the module* $\Gamma(X, F)$ *of global sections of* F.

Given any covering $\mathcal{U}$, $H^0(\mathcal{U}, \mathcal{F})$ is, by definition, the group of 0-cochains f_α^U such that $\partial f = 0$.

But

$$(\partial f)_{a_0 a_1} = h_{u_{\overset{\cdot}{a}_0}}^{u_{a_0} \cap u_{a_1}} f_{a_0} - h_{u_{\overset{\cdot}{a}_1}}^{u_{a_0} \cap u_{a_1}} f_{a_1}.$$

This means that f_{a_0}, which is an element of $\Gamma(U_{a_0}, F)$ and f_{a_1} which is an element of $\Gamma(U_{a_1}, F)$ must agree in $U_{a_0} \cap U_{a_1}$. But f_a is a mapping of U_a into F, thus there is a function f, agreeing with f_a in U_a, which defines a global section of F. Thus $H^0(\mathcal{U}, \mathcal{F})$ is isomorphic with $\Gamma(X, F)$ for all coverings $\mathcal{U}$, and the result then follows.

Finally we remark that if X is a closed subspace of a space Y and F is a sheaf on X and $\widetilde{F}$ (the trivial extension of F to Y) is a sheaf on Y so that the part of $\widetilde{F}$ lying over X is F and $\widetilde{F}_y = 0$

for every point y in $Y - X$, then

$$H^p(Y, \widetilde{F}) = H^p(X, F).$$

(This is Theorem 2.6.3 of Hirzebruch).

9.7. *Homomorphisms of sheaves and pre-sheaves. Exact sequence of sheaves.*

Let F be a sheaf on X and F' another sheaf such that $F' \subset F$ and F' is open [1] in F. We say that F' is a sub sheaf of F.

Suppose that F and G are two sheaves over the same space X, and that a continuous mapping of F into G induces $\lambda_x : F'_x \to G_x$ in each stalk (so that $\pi_F = \pi_G \lambda$) and that λ_x is a homomorphism for each x. We say that λ is a sheaf homomorphism $F \to G$. The kernel of λ (i.e. the aggregate of the kernels of each λ_x) is a subsheaf F' of F and the image λF of F is a subsheaf F'' of G (Hirzebruch p. 23). The notions of monomorphism, epimorphism, exact sequence, etc. can be carried over from modules to sheaves by requiring that the appropriate properties hold in every stalk.

If F' is a subsheaf of F we can define a *quotient sheaf* F'' as follows. The stalk $F''_x = (\pi'')^{-1} x$ is defined to be F_x/F'_x. There is a natural transformation from F into $\bigcup_{x \in X} F''_x$ given by the natural homomorphism $F_x \to F''_x$. We make this a mapping, and turn F'' into a sheaf, by defining open sets of F'' to be images of open sets of F.

We write the relation between sheaf, subsheaf and quotient sheaf in the form of an exact sequence

$$0 \to F' \overset{i}{\to} F \overset{j}{\to} F'' \to 0, \qquad (9.7.1)$$

where i is the injection mapping of F' in F and j is the sheaf homomorphism we have just defined of F onto F''. The relation (9.7.1) asserts the existence of an exact sequence

$$0 \to F'_x \to F_x \to F''_x \to 0$$

for every point x of X.

---

[1] The point of this is that, if s is a section of F over U and α in F_x belongs to $s(U) \cap F'$ then there exists an open set V of X such that $\pi(\alpha) \in V \subset U$ and $s(V) \in F'$. Note that the zero section of F is always a subsheaf of F.

9.8. *The exact cohomology sequence.*

A space X is called paracompact if it is Haussdorff and if every covering of the space has a locally finite refinement. We shall henceforth consider sheaves only over paracompact spaces.

It is proved (Hirzebruch § 2) that the exact sequence (9.7.1) implies, for paracompact X the exact sequence of cohomology groups

$$0 \to H^0(X, F') \xrightarrow{i} H^0(X, F) \xrightarrow{j} H^0(X, F'') \xrightarrow{\partial} H^1(X, F') \xrightarrow{i} \ldots$$

$$\tag{9.8.1}$$

$$\ldots \xrightarrow{j} H^{p-1}(X, F'') \xrightarrow{\partial} H^p(X, F') \xrightarrow{i} H^p(X, F) \xrightarrow{j} H^p(X, F'') \xrightarrow{\partial} H^{p+1}(X, F') \xrightarrow{i} \ldots .$$

Intuitively the homomorphism $H^p(X, F') \to H^p(X, F)$ can be obtained as follows. Any element of $H^p(X, F')$ is the direct limit (by refinement) of an element of $H^p(\mathcal{U}, F')$ where $\mathcal{U} = \{U_\alpha\}$ is a covering of X, this element being given by a set $\{F'_{U_{\alpha_0} \cap \ldots \cap U_{\alpha_p}}\}$, where $F'_{U_{\alpha_0} \cap \ldots \cap U_{\alpha_p}}$ is a section of F' over $U_{\alpha_0} \cap \ldots \cap U_{\alpha_p}$. The homomorphism $F' \to F$ induces a mapping of $F'_{U_{\alpha_0} \cap \ldots \cap U_{\alpha_p}}$ on a section $F_{U_{\alpha_0} \cap \ldots \cap U_{\alpha_p}}$ of F over $U_{\alpha_0} \cap \ldots \cap U_{\alpha_p}$ and the set $\{F_{U_{\alpha_0} \cap \ldots \cap U_{\alpha_p}}\}$ determines an element of $H^p(\mathcal{U}, F)$, and then by the direct limit process, an element of $H^p(X, F)$. The homomorphism $H^p(X, F) \to H^p(X, F'')$ is obtained similarly.

We now consider the homomorphism $H^{p-1}(X, F'') \to H^p(X, F')$. For suitable coverings $\mathcal{U}$ an element of $H^{p-1}(X, F'')$ is the direct limit of an element $\{F''_{U_{\alpha_1} \cap \ldots \cap U_{\alpha_p}}\}$ of $H^{p-1}(\mathcal{U}, F'')$ and if $\mathcal{U}$ is sufficiently fine we can write $F''_{U_{\alpha_1} \cap \ldots \cap U_{\alpha_p}} = j F_{U_{\alpha_1} \cap \ldots \cap U_{\alpha_p}}$ where $F_{U_{\alpha_1} \cap \ldots \cap U_{\alpha_p}}$ is a section of F over $U_{\alpha_1} \cap \ldots \cap U_{\alpha_p}$. The set $\{F_{U_{\alpha_1} \cap \ldots \cap U_{\alpha_p}}\}$ is not in general a cocycle. Now

$$F'_{U_{\alpha_0} \cap \ldots \cap U_{\alpha_p}} = \sum_{r=0}^{p} (-1)^r F_{U_{\alpha_0} \cap \ldots \cap \widehat{U}_{\alpha_r} \cap \ldots \cap U_{\alpha_p}}$$

has image zero under j (the image being $\delta F''_{U_{\alpha_1} \cap \ldots \cap U_{\alpha_p}}$) and hence is a section of F' over $U_{\alpha_0} \cap \ldots \cap U_{\alpha_p}$. Moreover it is trivial to show that $F'_{U_{\alpha_0} \cap \ldots \cap U_{\alpha_p}}$ is a cocycle, representing an element of $H^p(\mathcal{U}, F')$, and it is easy to show that the direct limit process leads to a uniquely determined element of $H^p(X, F')$. This interpretation of the homomorphisms in (9.8.1) can be used to establish the exactness of the sequence, but we leave the details to the reader.

Sheaves of finite type. A sheaf F is of *finite type* if

(a) $H^r(X, F) = 0$ if r is sufficiently large;

(b) $H^r(X, F)$ is a finite dimensional vector space for all r.

It is easily seen, from the exact sequence of cohomology groups, that if, in an exact sequence of sheaves

$$0 \to F' \to F \to F'' \to 0,$$

two of the sheaves are of finite type then so is the third.

For sheaves of finite type we can define the Euler-characteristic number $\chi(F) = \sum_i (-1)^i \dim H^i(X, F)$.

If $0 \to F' \to F \to F'' \to 0$ is an exact sequence of sheaves of finite type it is easy to prove that

$$\chi(F) = \chi(F') + \chi(F'').$$

Fine sheaves. A sheaf F (on a paracompact space) is fine if it has the property that given any locally finite covering $\{U_\alpha\}$ there exists a set of homomorphisms φ_α of F into itself such that

(1) $\varphi_\alpha F$ is zero outside U_α

(2) $\sum_\alpha \varphi_\alpha F = F$　(or $\sum_\alpha \varphi_\alpha = 1$).

(The sum in (2) is admissible on account of the local finiteness of $\mathcal{U}$ and condition (1)).

The important property of fine sheaves is that

If F is fine then $H^p(X, F) = 0$ if $p > 0$.

Proof. Let any element of $H^p(X, F)$ be represented in $H^p(\mathcal{U}, F)$ by a cocycle $f_{a_0 \cdots a_p}$, where $\mathcal{U}$ is a locally finite covering. (The possibility of finding such a $\mathcal{U}$ depends on paracompactness). Then $\varphi_\alpha f_{a_0 \cdots a_p}$ is zero outside U_α.

Define the $(p-1)$-cochain $g^\alpha_{a_1 \cdots a_p}$ by the rule

$$g^\alpha_{a_1 \cdots a_p} = \varphi_\alpha f_{a a_1 \cdots a_p}.$$

Then g^α is zero outside U_α.

Now

$$(\partial g^\alpha)_{a_0 a_1 \cdots a_p} = \sum_{r=0}^{p} (-1)^r \varphi_\alpha f_{a a_0 \cdots \hat{a}_r \cdots a_p}.$$

But f is a cocycle so that

$$0 = (\partial f)_{aa_0 \ldots a_p} = f_{a_0 \ldots a_p} - \sum_{r=0}^{p} (-1)^r f_{aa_0 \ldots \hat{a}_r \ldots v_p} \cdot$$

Hence
$$\partial g^a = \varphi_a f_{a_0 \ldots a_p} \cdot$$

Hence
$$f_{a_0 \ldots a_p} = \sum_a \varphi_a f_{a_0 \ldots a_p} = \sum_a \partial g^a = \partial \sum_a g^a,$$

the sums Σ all being meaningful because $\mathcal{U}$ is locally finite and $\varphi = 0$ outside $U_{\dot{a}}$. Thus f belongs to the zero class, so that our theorem is proved.

9.9. *De Rham's Theorem.*

The results we have given can now be applied to establish de Rham's Theorem.

Let $\mathcal{A}^p$ be the pre-sheaf of real local C^∞ p-forms on X, defined by taking $A^p(U)$ to be the R-module of C^∞ p-forms on U. We shall denote the associated sheaf by A^p ($\mathcal{A}^p$ is in fact the canonical pre-sheaf of A^p; c.f. the remark at the conclusion of 9.5).

If we take a locally finite covering $\mathcal{U}$ of X and a *partition of unity* $\{\varphi_{\dot{a}}\}$ associated with $\{U_a\}$ (c.f. the lectures of Prof. de Rham) we have associated an obvious homomorphism $\varphi_a : \mathcal{A}^p \to \mathcal{A}^p$ and hence a homomorphism $\varphi_a : A^p \to A^p$. It is immediate then that A^p is fine.

$\mathcal{A}^p$ has a sub-pre sheaf $\mathcal{B}^p$, the sheaf of local closed C^∞ p-forms on X. ($B^p(U)$ is the module of p-forms in U whose exterior derivative vanishes in U). Clearly we have the exact sequence

$$0 \to \mathcal{B}^{p-1} \xrightarrow{i} \mathcal{A}^{p-1} \xrightarrow{d} \mathcal{B}^p.$$

But with the aid of the *Poincaré Lemma*, which asserts that every closed form is locally a derived form (c.f. again the lectures of Prof. de Rham), we see that d is locally onto. Hence the exact sequence

$$0 \to B^{p-1}(U) \xrightarrow{i} A^{p-1}(U) \xrightarrow{d} B^p(U) \to 0,$$

for sufficiently small neigbourhood and thus the exact sequence of sheaves

$$0 \to B^{p-1} \xrightarrow{i} A^{p-1} \xrightarrow{d} B^p \to 0.$$

This then gives rise to the exact sequence of cohomology groups (where we write $H^r(F)$ instead of $H^r(X, F)$ as there is no risk of confusion)

$$0 \to H^0(B^{p-1}) \xrightarrow{i} H^0(A^{p-1}) \xrightarrow{d} H^0(B^p) \xrightarrow{\partial} H^1(B^{p-1}) \xrightarrow{i} H^1(A^{p-1}) \xrightarrow{d} \dots$$

$$\dots \xrightarrow{i} H^r(A^{p-1}) \xrightarrow{d} H^r(B^p) \xrightarrow{\partial} H^{r+1}(B^{p-1}) \xrightarrow{i} H^{r+1}(A^{p-1}) \xrightarrow{d} \dots .$$

But the sheaf A^{p-1} is fine if $p \geq 1$ so that $H^r(A^{p-1}) = 0$ if $r \geq 1$.

Hence it follows that

$$0 \to H^0(B^{p-1}) \xrightarrow{i} H^0(A^{p-1}) \xrightarrow{d} H^0(B^p) \xrightarrow{\partial} H^1(B^{p-1}) \to 0 \qquad (9.9.1)$$

and

$$H^r(B^p) \simeq H^{r+1}(B^{p-1}). \qquad (9.9.2)$$

Repeated use of the formula (9.9.2) thus shows that

$$H^1(B^{p-1}) \simeq H^p(B^0).$$

But B^0 is derived from the pre-sheaf $\mathcal{B}^0$ of locally closed 0-forms, i.e. constants. Thus B^0 is the constant sheaf R, where the sheaf R is the topological product of X and the additive group R of real numbers taken with the discrete topology. It is easily seen that $H^p(X, R)$ is in fact the same as the ordinary real cohomology group. So we have shown that

$$H^1(B^{p-1}) \simeq H^p(X, R).$$

Substituting this in (9.9.1) and using the property that H^0 is the group of sections we have

$$0 \to \Gamma(B^{p-1}) \xrightarrow{i} \Gamma(A^{p-1}) \xrightarrow{d} \Gamma(B^p) \to H^p(X, R) \to 0.$$

Thus

$$H^p(X, R) \simeq \Gamma(B^p)/d\Gamma(A^{p-1}). \qquad (9.9.3)$$

But this quotient on the right is the quotient of the group of global closed p-forms modulo the group of derived p-forms. Thus formula (9.9.3) is simply a statement of de Rham's theorem on the representation of cohomology classes by closed forms.

10. Sheaves and Bundles.

10.1. *Dolbeault's exact sequence.*

M is now a complex Kähler manifold and we shall consider sheaves on M for which the stalks are C-modules. (As opposed to the sheaves of R-modules over the real manifold X applied in section 9.9). The sheaves in which we are interested are sheaves of germs of certain classes of differential forms, defined in an obvious way by considering the pre-sheaf of local forms of the appropriate class.

We define $A^{p,q}$ to be the sheaf of germs of C^∞ forms of type (p, q),

and $B^{p,q}$ to be the sheaf of germs of C^∞ forms of type (p, q) which are d'' closed.

If $q = 0$, $B^{p,0}$ is the sheaf of holomorphic p-forms which we shall also denote by Ω^p.

It is easy to see (c.f. the sheaf A^p of section 9.9) that $A^{p,q}$ is fine. And with the aid of a *complex* Poincaré Lemma (analogous to the lemma used in 9.9) we have an exact sequence

$$0 \to B^{p,q-1} \xrightarrow{i} A^{p,q-1} \xrightarrow{d''} B^{p,q} \to 0. \tag{10.1.1}$$

This gives the corresponding exact cohomology sequence

$$0 \to H^0(B^{p,q-1}) \xrightarrow{i} (H^0(A^{p,q-1}) \xrightarrow{d''} H^0(B^{p,q}) \xrightarrow{\partial} H^1(B^{p,q-1}) \xrightarrow{i} \ldots$$

$$\ldots \xrightarrow{i} H^r(A^{p,q-1}) \xrightarrow{d''} H^r(B^{p,q}) \xrightarrow{\partial} H^{r+1}(B^{p,q-1}) \xrightarrow{i} H^{r+1}(A^{p,q-1}) \to \ldots.$$

But, $A^{p,q-1}$ being fine, $H^r(A^{p,q-1}) = 0$ if $r \geq 1$.

Hence (as in the previous section)

$$H^1(B^{p,q-1}) \simeq \frac{H^0(B^{p,q})}{d'' H^0(A^{p,q-1})} \tag{10.1.2}$$

and

$$H^r(B^{p,q}) \simeq H^{r+1}(B^{p,q-1}) \text{ if } r \geq 1. \tag{10.1.3}$$

A q-fold repetition of this last formula gives us

$$H^r(B^{p,q}) \simeq H^{r+q}(B^{p,0}) \simeq H^{r+q}(\Omega^p). \tag{10.1.4}$$

In particular

$$H^1(B^{p,q-1}) \simeq H^q(\Omega^p). \qquad (10.1.5)$$

Now as we have already remarked, at the end of § 5, every d''-closed (p, q) form is the sum of a harmonic (p, q) form and a d''-derived (p, q) form. Thus

$$\frac{H^0(B^{p,q})}{d'' H^0(A^{p,q-1})} \simeq \frac{\Gamma^0(B^{p,q})}{d'' \Gamma^0(A^{p,q-1})}$$

which is isomorphic to the module of harmonic (p, q) forms. Hence from (10.1.2) and (10.1.5) we have shown that

$$H^q(\Omega^p) \text{ is isomorphic to the module of harmonic } (p, q) \text{ forms.} \qquad (10.1.6)$$

This has several important consequences. In the first place

$$\dim H^q(\Omega^p) = h^{p,q}$$

so that Ω^p is a sheaf of finite type. And, by (10.1.4), $\dim H^r(B^{p,q})$ is finite if $r \geq 1$.

10.2. *Line bundles over complex manifolds.*

Suppose $\{U_\alpha\}$ is a covering of M. A complex line-bundle F over M is defined[1] by a set of non-zero holomorphic functions $\{f_{\alpha\beta}\}$ defined in $U_\alpha \cap U_\beta$ whenever $U_\alpha \cap U_\beta \neq \varnothing$, and such that $f_{\alpha\alpha} = 1$, $f_{\alpha\beta} f_{\beta\alpha} = 1$, and $f_{\alpha\beta} f_{\beta\gamma} f_{\gamma\alpha} = 1$ in $U_\alpha \cap U_\beta \cap U_\gamma$ whenever this latter intersection is non-empty. It is trivial to see how to define the same bundle for any covering $\{V_\lambda\}$ which refines $\{U_\alpha\}$.

[Geometrically a line bundle can be regarded as an abstraction from a manifold (the bundle space) made up by piecing together the sets $U_\alpha \times L$, where L is a complex one dimensional vector space, as follows. If x is a point in $U_\alpha \cap U_\beta$ we identify the point $x \times f_{\alpha\beta} l$ in $U_\alpha \times L$ with $x \times l$ in $U_\beta \times L$. The conditions imposed on f merely assert the consistency of this process].

Two bundles $\{f_{\alpha\beta}\}$, $\{g_{\alpha\beta}\}$ are *equivalent* (geometrically this asserts that the associated spaces are homeomorphic) if in each U_α there is a non-zero holomorphic function φ_α (which has the geometrical

---

[1] In this section F is a line bundle, not a sheaf.

effect of « changing the co-ordinates in the fibre » in $U_\alpha \times L$) such that $g_{\alpha\beta} = \varphi_\alpha^{-1} f_{\alpha\beta} \varphi_\beta$ in $U_\alpha \cap U_\beta$.

A *section* of the line bundle is essentially a continuous mapping of the base space into the bundle space which is inverted by the natural projection. Formally a section of the bundle $\{f_{\alpha\beta}\}$ is a set of functions Ψ_α, defined in each U_α, so that $\Psi_\alpha = f_{\alpha\beta} \Psi_\beta$. If a bundle has a nowhere-vanishing section it is equivalent to the constant bundle. The sections of the bundle form an additive group $\Gamma(F)$.

We can similarly define C^∞ line bundles and C^∞ equivalence of bundles. Of course any two holomorphically equivalent complex bundles are C^∞ equivalent.

LEMMA. The complex line bundle $\{f_{\alpha\beta}\}$ is C^∞ equivalent to the inverse conjugate (C^∞, but not holomorphic) bundle $\{\overline{f_{\alpha\beta}^{-1}}\}$.

It is not hard to see that $\{f_{\alpha\beta}\}$ is equivalent to $\{h_{\alpha\beta}\}$ where $h_{\alpha\beta}$ is unimodular (the principal bundle is locally the product of U_α by the Argand plane with origin removed, and can hence be continuously mapped into the product of U_α and a circle).

Thus

$$f_{\alpha\beta} = \lambda_\alpha^{-1} h_{\alpha\beta} \lambda_\beta = \lambda_\alpha^{-1} \overline{h}_{\alpha\beta}^{-1} \lambda_\beta =$$
$$= \lambda_\alpha^{-1} \overline{\lambda}_\alpha^{-1} \overline{f}_{\alpha\beta}^{-1} \lambda_\beta \overline{\lambda}_\beta$$

and this establishes the lemma.

Hence also there exist real nowhere vanishing C^∞ functions a_α (where $a_\alpha = (\lambda_\alpha \overline{\lambda}_\alpha)^{-1}$) such that $|f_{\alpha\beta}|^2 = a_\alpha/a_\beta$.

We wish now to define the sheaf $A^{p,q}(F)$ of germs of (p, q)-forms with coefficients in the complex line-bundle F. We do this from the pre-sheaf $\mathcal{A}^{p,q}(F)$ which we now define (this pre-sheaf will in fact be canonical: c.f. the remark at the end of section 9.5).

If U is an open set of M we have an induced bundle F_U on U, hence a group of sections $\Gamma(F_U)$ of F_U. We define $(A^{p,q}(F))(U)$ (the module of our pre-sheaf associated with U) to be a set of (p, q) forms φ_α, one defined in each non-empty $U \cap U_\alpha$, such that $\varphi_\alpha = f_{\alpha\beta} \varphi_\beta$ in each non-empty $U \cap U_\alpha \cap U_\beta$. In fact $(A^{p,q}(F))(U) = A^{p,q}(U) \otimes \Gamma(F_U)$.

Similarly we can define sheaves $B^{p,q}(F)$. In this case each φ_α must satisfy $d'' \varphi_\alpha = 0$. This definition is legitimate only because $f_{\alpha\beta}$ is holomorphic.

We can now define an operation $d'' : A^{p,q}(F) \to A^{p,q+1}(F)$ by defining it for the appropriate pre-sheaves. If φ is an element of

$(A^{p,q}(F))(U)$ we define $d''\varphi$ in $(A^{p,q+1}(F))(U)$ by the relation $(d''\varphi)_\alpha = d''(\varphi_\alpha)$. As $f_{\alpha\beta}$ is holomorphic it follows that $(d''\varphi)_\alpha = f_{\alpha\beta}(d''\varphi)_\beta$.

Next we wish, assuming M to be a compact Kähler manifold, to define an operation $\delta'' : A^{p,q}(F) \to A^{p,q-1}(F)$. Again we confine ourselves to $(A^{p,q}(F))U$ and an element φ of this module.

Define $\delta''\varphi$ by the equation

$$(\delta''\varphi)_\alpha = -\,{}^*\left[a_\alpha\,d'\left(\frac{1}{a_\alpha}\,{}^*\varphi_\alpha\right)\right].$$

Thus

$$(\delta''\varphi)_\alpha = -\,{}^*\left[a_\alpha\,d'\left(\frac{1}{a_\alpha}f_{\alpha\beta}\,{}^*\varphi_\beta\right)\right] = -\,{}^*\left[a_\alpha\,d'\left(\frac{\overline{f}_{\alpha\beta}^{-1}}{a_\beta}\,{}^*\varphi_\beta\right)\right] =$$

$$= -\,{}^*\left[a_\alpha\,\overline{f}_{\alpha\beta}^{-1}\,d'\left(\frac{1}{a_\beta}\,{}^*\varphi_\beta\right)\right] = \qquad (\text{since } d'\,(\overline{f}_{\alpha\beta}^{-1}) = 0)$$

$$= -\,{}^*\left[a_\beta f_{\alpha\beta}\,d'\left(\frac{1}{a_\beta}\,{}^*\varphi_\beta\right)\right] =$$

$$= f_{\alpha\beta}(\delta''\varphi)_\beta,$$

by definition of $(\delta''\varphi)_\beta$, so that $\delta''\varphi$ does actually belong to $(A^{p,q-1}(F))(U)$.

If $\delta''\varphi$ and $d''\varphi$ are both zero φ is said to be harmonic. If $f_{\alpha\beta} = 1$ we have harmonic forms in the usual sense.

It can be proved directly that there is a finite number of linearly independent global harmonic r-forms with coefficients in F, and that these resolve into the sum of harmonic forms of type (p, q) with $p + q = r$. (These results are due to Kodaira: cf. Hirzebruch, p. 118, where references are given).

The sheaf-theoretic analysis of section 10.1 goes through unchanged when we have forms with coefficients in F and we deduce that

(a) $\Omega^p(F)$ is of finite type,

(b) $\dim H^q(\Omega^p(F))$ is equal to the number of independent harmonic forms of type (p, q) with coefficients in F.

Further the mapping of the global harmonic (p, q) form φ with coefficients in F (represented in each U_α by φ_α) on to the harmonic $(m - p,\ m - q)$ form φ^+ (with representative φ_α^+ in U_α)

with coefficients in $- F = \{f_{\alpha\beta}^{-1}\}$ defined by

$$\varphi_\alpha^+ = \frac{1}{a_\alpha} * \overline{\varphi}_\alpha$$

establishes an isomorphism between the global harmonic (p, q)-forms with coefficients in F and the global harmonic $(m - p, m - q)$-forms with coefficients in $- F$. Hence

$$H^q(\Omega^p(F)) \simeq H^{m-q}(\Omega^{m-p}(- F)). \tag{10.2.1}$$

This is a special case of the *Serre duality theorem*.

10.3. *Line bundles and divisors.*

Any divisor D on a complex manifold M is given as follows. If $\{U_\alpha\}$ is a covering of M the divisor is given in U_α by the zeros and poles of a meromorphic function φ_α, and the divisors in U_α and U_β agree in $U_\alpha \cap U_\beta$ (if the intersection is non-empty) if and only if $\dfrac{\varphi_\alpha}{\varphi_\beta} = f_{\alpha\beta}$ is a holomorphic nowhere-vanishing function in $U_\alpha \cap U_\beta$. It is trivial to verify that $\{f_{\alpha\beta}\}$ defines a bundle, determined in this way by the divisor D. If another divisor E determines a bundle $\{g_{\alpha\beta}\}$ then $D + E$ determines the bundle $\{f_{\alpha\beta} \, g_{\alpha\beta}\}$ which is called the *sum* of the bundles $\{f_{\alpha\beta}\}$ and $\{g_{\alpha\beta}\}$.

The functions φ_α determine a « meromorphic section » of the bundle. If they are holomorphic functions we have a « holomorphic section » and the corresponding divisor D is an integral divisor. Conversely, if any complex line bundle has a meromorphic (holomorphic) section, the section defines a divisor (integral divisor). If two divisors D, E correspond to sections $\{\varphi_\alpha\}$, $\{\psi_\alpha\}$ of the same bundle $\{f_{\alpha\beta}\}$ then

$$\varphi_\alpha = f_{\alpha\beta} \, \varphi_\beta , \quad \psi_\alpha = f_{\alpha\beta} \, \psi_\beta .$$

Hence $\dfrac{\varphi_\alpha}{\psi_\alpha} = \dfrac{\varphi_\beta}{\psi_\beta}$ so that we have a meromorphic function globally defined on M whose divisor is $D - E$. Thus D, E belong to the same divisor class, and conversely two divisors of the same class define the same bundle. Thus the group of holomorphic sections of a bundle defines a complete linear system of integral divisors.

What we have said establishes the relationship between equivalence classes of divisors and a subset of the set of all bundles.

We cannot say that all complex line bundles correspond to equivalence classes of divisors unless we can show that every line bundle has a (meromorphic) section. However for algebraic varieties we have the

THEOREM. *Every complex line bundle has a meromorphic section.* We shall postpone the proof of this theorem till later. Meanwhile, assuming the result, we can give an elegant proof of Lefschetz's theorem that on an m-dimensional algebraic variety a $(2m-2)$-cycle is homologous to a cycle representing a divisor if and only if every $(2m-2)$-form of type $(m, m-2)$ [or $(m-2, m)$] has zero period on it.

More conveniently we consider the dual 2-cocycle, and the theorem is that a 2-cocycle is (cohomologous to) the cocycle of a divisor if and only if it is of type $(1, 1)$.

Let Z be the (constant) sheaf of integers, $\Omega \, (= \Omega^0)$ the sheaf of germs of holomorphic functions. We introduce a multiplicative sheaf F (in which the group operation is commutative mnltiplication) of germs of nowhere-vanishing holomorphic functions. Then

$$0 \to Z \xrightarrow{i} \Omega \xrightarrow{j} F \to 0 \qquad (10.3.1)$$

is exact, where i is the natural injection and j is the homomorphism $\varphi \to e^{2\pi\sqrt{-1}\,\varphi}$. The group $H^1(F)$ is easily seen to be isomorphic with the group of complex line bundles.

The exact sequence of sheaves (10.3.1) gives rise to an exact sequence of cohomology groups of which

$$\xrightarrow{\partial} H^1(Z) \xrightarrow{i} H^1(\Omega) \xrightarrow{j} H^1(F) \xrightarrow{\partial} H^2(Z) \xrightarrow{i} H^2(\Omega) \xrightarrow{j} \qquad (10.3.2)$$

is part. If we follow out the process (c.f. Kodaira-Spencer, Proc. Nat. Acad. Sci., 39 (1953) 868-877) of passing from $H^1(F)$ to $H^2(Z)$

$$\left[\frac{1}{2\pi\sqrt{-1}} (\log f_{\beta\gamma} + \log f_{\gamma\alpha} + \log f_{\alpha\beta}) = Z_{\alpha\beta\gamma} \right]$$

we see that the image of each line bundle is the cocyle dual to a divisor determined by it. Conversely any 2-cocycle, i.e. element of $H^2(Z)$, is the image of a bundle if and only if its image in $H^2(\Omega)$

is zero. But $H^2(\Omega)$ being the group of harmonic $(0,2)$ forms, the image of a cocycle in $H^2(\Omega)$ is the $(0,2)$ part of the cohomologous harmonic form. Thus an element of $H^2(Z)$ is the cocycle corresponding to a divisor only if the $(0,2)$ part of the cohomologous harmonic form is zero: the form being real the $(2,0)$ part is also zero, so the form is necessarily of type $(1,1)$.

10.4 *The canonical bundle.*

A line bundle of special importance on a complex manifold is that corresponding to the canonical class. Let $(z_\alpha^1, \dots, z_\alpha^m)$ be local co-ordinates in U_α. If $U_\alpha \cap U_\beta$ is not empty consider the function

$$f_{\alpha\beta} = \frac{\partial(z_\beta^1, \dots, z_\beta^m)}{\partial(z_\alpha^1, \dots, z_\alpha^m)}:$$ the bundle K determined by $\{f_{\alpha\beta}\}$ is called

the *canonical bundle*. If, as in the case of an algebraic variety, there exists a meromorphic form defined globally and given in U_α by $\varphi_\alpha\, dz_\alpha^1 \cap \dots \cap dz_\alpha^m$, $\{\varphi_\alpha\}$ is a section of the canonical bundle and corresponds to a divisor of the canonical system.

By means of the canonical bundle we can prove the result

$$\Omega^0(F) \simeq \Omega^m(F - K)$$

for any line bundle F. For if an element of $(\Omega^0(F))(U)$ is represented in $U \cap U_\alpha$ by φ_α ($\varphi_\alpha = f_{\alpha\beta}\,\varphi_\beta$ in $U \cap U_\alpha \cap U_\beta$) then $\psi_\alpha = \varphi_\alpha\, dz_\alpha^1 \cap \dots \cap dz_\alpha^m$ is an element of $(\Omega^m(F - K))(U)$. Hence the required isomorphism. This isomorphism, coupled with the Serre duality theorem quoted at the end of § 10.2 gives

$$H^r(\Omega(F)) \simeq H^r(\Omega^m(F - K)) \simeq H^{m-r}(\Omega(K - F)) \qquad (10.4.1)$$

where, as usual, $\Omega = \Omega^0$.

If D is any global divisor associated with the line-bundle F, i.e. D is given by s_α in U_α, where $s_\alpha = f_{\alpha\beta}\, s_\beta$ in $U_\alpha \cap U_\beta$, and if f_α^p is a global section of $\Omega^p(F)$, then f_α^p/s_α is a global meromorphic p-form on M which is a multiple of $- D$. The same argument works with everything restricted to an open set U of F. Thus $\Omega^p(F)$ is isomorphic with the sheaf of germs of meromorphic p-forms which are multiples of $- D$. And $H^0(\Omega^p(F))$ is isomorphic with the group of global meromorphic p-forms which are multiples of $- D$. This provides a motivation for the consideration of the sheaves with coefficients in a bundle.

11. Some Riemann-Roch Theorems.

11.1 *The four-term formula of Kodaira-Spencer.*

We now show how to apply the foregoing results to obtain certain formulae of classical algebraic geometry, including the classical Riemann-Roch Theorem.

We first need to establish two exact sequences. Let F be any complex line bundle over M and S a non singular divisor (not necessarily associated with F) given in U_α, whenever $U_\alpha \cap S \neq \varnothing \cdot$ by the equation $z_\alpha^1 = 0$ (which can always be achieved by a suitable choice of local coordinate system in U_α). Let $s_{\alpha\beta} = z_\alpha^1 / z_\beta^1$ if $U_\alpha \cap U_\beta \cap S \neq \varnothing$: whenever $U_\alpha \cap S = \varnothing$ we replace z_η^1 in $s_{\alpha\beta}$ by 1.

We shall wish to consider homomorphisms between sheaves over M and sheaves over S, and our definitions of sheaf homomorphism apply only to sheaves over the same base space.

However we have already remarked, at the end of § 9.6 that we can extend a sheaf over S trivially to a sheaf over M and that it is irrelevant whether we consider cohomology groups of S with coefficients in the sheaf over S, or whether we consider the cohomology groups of M with coefficients in the extended sheaf.

We also need to extend a pre-sheaf $\mathcal{G}$ over S into $\widetilde{\mathcal{G}}$ over M. This is done by defining $\tilde{G}(U) = G(U \cap S)$. With these conventions homomorphisms of a sheaf or pre sheaf over M into one over S can be regarded as sensible by the expedient, which we shall take for granted, of extending to M where necessary.

Consider now a section φ of $\Omega^p(F)$ over the open set U, represented by φ_α in every non-empty $U_\alpha \cap U$.

Then

$$\varphi_\alpha = \sum_{1 < i_1 < \ldots < i_p} \eta_{i_1 \ldots i_p \, \alpha} \, dz_\alpha^{i_1} \cap \cdots \cap dz_\alpha^{i_p} +$$

$$+ \sum_{1 < i_2 < \ldots < i_p} \eta_{1 i_2 \ldots i_p \, \alpha} \, dz_\alpha^1 \cap dz_\alpha^{i_2} \cap \cdots \cap dz_\alpha^{i_p}$$

Let

$$\varphi_\alpha' = \Big(\sum_{1 < i_1 < \ldots < i_p} \eta_{i_1 \ldots i_p \, \alpha} \, dz_\alpha^{i_1} \cap \cdots \cap dz_\alpha^{i_p} \Big)_s$$

and

$$\varphi_\alpha'' = \Big(\sum_{1 < i_2 < \ldots < i_p} \eta_{1 i_2 \ldots i_p \, \alpha} \, dz_\alpha^{i_2} \cap \cdots \cap dz_\alpha^{i_p} \Big)_s$$

where the subscript S denotes restriction to S.

We then have a homomorphism $\Gamma(U, \Omega^p(F)) \to \Gamma(U \cap S, \Omega_s^p(F_s))$ given by $\varphi^a \to \varphi_a'$. For since $\varphi_a = f_{\alpha\beta}\,\varphi_\beta$ we have $\varphi_a' = (f_{\alpha\beta})_s\,\varphi_\beta'$, so that φ_a' does belong to $\Gamma(U \cap S, \Omega_s^p(F_s))$, and the homomorphism is onto. Thus we shall have an exact sequence of sheaves (where $\Omega''^p(F)$ is the kernel of the homomorphism and a subsheaf of $\Omega^p(F)$)

$$0 \to \Omega''^p(F) \to \Omega^p(F) \to \Omega_s^p(F_s) \to 0, \qquad (11.1.1)$$

and the kernel $\Omega''^p(F)$ is to be determined.

Remembering that $s_{\alpha\beta} = z_\alpha^1/z_\beta^1$ and hence $(s_{\alpha\beta})_s = (\partial z_\alpha^1/\partial z_\beta^1)_s$, the relation $\varphi_\alpha = f_{\alpha\beta}\,\varphi_\beta$ gives

$$\varphi_a'' = (f_{\alpha\beta}\,s_{\beta a})_s\,\varphi_\beta'' + \left(\sum_{k \geq 1} f_{\alpha\beta}\,\frac{\partial z_\beta^k}{\partial z_\alpha^1}\,\eta_{k i_2 \ldots i_p}\,dz_\beta^{i_2} \cap \ldots \cap dz_\beta^{i_p}\right)_s.$$

Hence, if φ is in $\Gamma(U, \Omega''(F))$,

$$\varphi_a'' = (f_{\alpha\beta}\,s_{\alpha\beta}^{-1})_s\,\varphi_\beta''.$$

Hence a mapping

$$\Gamma(U, \Omega''(F)) \to \Gamma(U \cap S, \Omega_s^{p-1}(F - S)_s)$$

which is a homomorphism onto, and the kernel consists of those elements φ of $\Gamma(U, \Omega^p(F))$ which are such that $(z_\alpha^1)^{-1}\,\varphi_\alpha$ is holomorphic (because φ_α must vanish on S). This kernel is thus $\Gamma(U, \Omega^p(F - S))$. Hence we have an exact sequence of sheaves

$$0 \to \Omega^p(F - S) \to \Omega''^p(F) \to \Omega_s^{p-1}(F - S)_s \to 0. \qquad (11.1.2)$$

Now all the sheaves of the form $\Omega^p(F)$ are of finite type. Thus in each of the exact sequences (11.1.1) and (11.1.2) all the sheaves are of finite type, because two of them are, and we can therefore introduce the Euler characteristic χ. The exact sequences then give

$$\chi(M, \Omega^p(F)) = \chi(M, \Omega''^p(F)) + \chi(S, \Omega_s^p(F_s))$$

and

$$\chi(M, \Omega''^p(F)) = \chi(M, \Omega^p(F - S)) + \chi(S, \Omega_s^{p-1}(F - S)_s).$$

Hence we get our basic Riemann-Roch theorem (the four-term formula of Kodaira-Spencer)

$$\chi\,(M,\,\Omega^p\,(F)) = \chi\,(M,\,\Omega^p\,(F-S)) + \tag{11.1.3}$$

$$+ \chi\,(S,\,\Omega_s^p\,(F_s)) + \chi\,(S,\,\Omega_s^{p-1}\,(F-S)_s).$$

This theorem will be applied in various ways : before doing this we comment on some particular points.

(i) If $p=0$, $\Omega_s^{p-1}=0$; if $p=m$, $\Omega_s^p=0$.

Applying (11.1.2) and (11.1.1) we deduce

$$\Omega^0\,(F-S) \simeq \Omega''^0\,(F)\,; \quad \Omega''^m\,(F) = \Omega^m\,(F). \tag{11.1.4}$$

(ii) The formula applies to *any* complex line bundle F over a complex manifold on which there is a non-singular divisor S.

(iii) The process of deducing

$$\chi\,(B) = \chi\,(A) + \chi\,(C)$$

from the exact sequence $0 \to A \to B \to C \to 0$ of sheaves of finite type is only one example of a functorial operation on a class of sheaves. Others can be given, and this is the starting point of Grothendieck's generalisation of the Riemann-Roch theorem.

11.2. *A theorem on ample systems.*

If now our complex manifold M is replaced by an algebraic variety V, we can consider on V the notion of an « ample » system of divisors, i.e. the prime sections of a non-singular model. We have the following

THEOREM. *If S is a non-singular divisor of an ample system $|\,S\,|$ on V then*

$$H^r\,(V,\,\Omega^m\,(S)) = 0 \qquad \text{if } r > 0,$$

m being the complex dimension of V.

Since $\Omega''^m\,(F) = \Omega^m\,(F)$ by (11.1.4) we deduce, by putting $F = S$ in (11.1.2),

$$0 \to \Omega^m \to \Omega^m\,(S) \to \Omega_s^{m-1} \to 0.$$

Hence the exact sequence

$$\to H^{q-1}(S, \Omega_s^{m-1}) \to H^q(V, \Omega^m) \to H^q(V, \Omega^m(S)) \to \tag{11.2.1}$$

But $H^{q-1}(S, \Omega_s^{m-1}) \simeq \mathcal{H}_s^{m-1,q-1}$, the group of harmonic $(m-1, q-1)$-forms on S and $H^q(V, \Omega^m) \simeq \mathcal{H}^{m,q}$, the group of harmonic (m, q) forms on V.

But by duality

$$\mathcal{H}_s^{m-1,q-1} \simeq \mathcal{H}_s^{m-q,0} \; ; \; \mathcal{H}^{m,q} \simeq \mathcal{H}^{m-q,0}$$

and, by a well known theorem there is an isomorphism (monomorphism) of $\mathcal{H}^{m-q,0} \to \mathcal{H}_s^{m-q,0}$ if $q \geq 2$ $(q = 1)$. But it is trivial to show that

$$\begin{array}{ccc} H^{q-1}(S, \Omega_s^{m-1}) & \to & H^q(V, \Omega^m) \\ \downarrow & & \downarrow \\ \mathcal{H}_s^{m-1,q-1} & \to & \mathcal{H}^{m,q} \end{array} \tag{11.2.2}$$

is commutative, the bottom line being the mapping dual to that of $\mathcal{H}^{m-q,0} \to \mathcal{H}_s^{m-q,0}$. Hence we deduce that the top line in the diagram (11.2.2) is an isomorphism if $q \geq 2$ and an epimorphism if $q = 1$. Hence reverting to the sequence (11.2.1) we deduce that $H^q(V, \Omega^m(S)) = 0$ if $q \geq 1$.

COROLLARY. $H^q(M, \Omega^0(S)) = 0$ *if* $q \geq 1$ *and* $S - K$ *is ample.* Because $\Omega^0(S) \simeq \Omega^m(S - K)$ as shown in § 10.4.

11.3. *The sections of line bundles over algebraic varieties.*

As a first application of a Riemann-Roch theorem we now prove that:

On an algebraic variety V_m any line bundle has a meromorphic section, i.e. there is a (1,1) correspondence between line bundles and divisor classes.

In the case $p = 0$ the exact sequence (11.1.1) becomes

$$0 \to \Omega^0(F - S) \to \Omega^0(F) \to \Omega_s^0(F_s) \to 0 \tag{11.3.1}$$

where we may take S to be a prime section of V.

Let us suppose that $m > 1$ and make the inductive hypothesis that the theorem is true in any dimension $m' < m$.

In the sequence (11.3.1) above replace F by $F + rS = F_r$, say. The sequence becomes

$$0 \to \Omega^0 (F_{r-1}) \to \Omega^0 (F_r) \to \Omega_s^0 (F_{r,s}) \to 0, \qquad (11.3.2)$$

where $F_{r,s} = F_s + rS^2$ is, by our inductive hypothesis, a line bundle on S which defines a divisor D. For sufficiently large r, say $r \geq r_0$, $F_s + rS^2 - K \cdot S$ (K being a canonical divisor on V) is ample on S, since it is equal to $F_s + (r - 1) \widetilde{S} - K_s$ (K_s being the canonical divisor and $\widetilde{S}$ a characteristic prime section on S). Hence $H^k (S, \Omega_s^0 (F_{r,s})) = 0$ for $k \geq 1$ if $r \geq r_0$. This involves, from the exact cohomology sequence associated with (11.3.2) that

$$H^s (M, \Omega^0 (F_{r-1})) \simeq H^s (M, \Omega^0 (F_r)) \quad \text{if} \quad s > 1,$$

so that

$$\chi (\Omega^0 (F_{r-1})) - \chi (\Omega^0 (F_r)) = \dim H^0 (\Omega^0 (F_{r-1})) -$$

$$- \dim H^0 (\Omega^0 (F_r)) - \dim H^1 (\Omega^0 (F_{r-1})) + \dim H^1 (\Omega^0 (F_r)).$$

But from the exact sequence (11.3.2) we deduce

$$\chi (\Omega^0 (F_r)) - \chi (\Omega^0 (F_{r-1})) = \chi (\Omega_s^0 (F_{r,s}))$$

giving

$$\dim H^0 (\Omega^0 (F_r)) - \dim H^0 (\Omega^0 (F_{r-1})) =$$

$$\qquad (11.3.3)$$

$$= \dim H^0 (\Omega_s^0 (F_{r,s})) + \dim H^1 (\Omega^0 (F_r)) - \dim H^1 (\Omega^0 (F_{r-1})),$$

if $r \geq r_0$.

Adding these results from $r_0 + 1$ to r we get

$$\dim H^0 (\Omega^0 (F_r)) = \dim H^0 (\Omega^0 (F_{r_0})) + \dim H^1 (\Omega^0 (F_r)) -$$

$$\qquad (11.3.4)$$

$$- \dim H^1 (\Omega^0 (F_{r_0})) + \sum_{k=r_0+1}^{r} \dim H^0 (\Omega_s^0 (F_{k,s})).$$

But $\dim H^0 (\Omega_s^0 (F_{k,s}))$ is positive since it is the dimension of the group of global meromorphic functions on S which are multiples of $- F_{k,s}$, and this system is of positive dimension. Thus $\dim H^0 (\Omega^0 (F_r))$ increases steadily with r and hence for large enough r

$$\dim H^0 (\Omega^0 (F_r)) > 0$$

i.e. there is a holomorphic section of the bundle $F_r = F + rS$ and hence a meromorphic section of F. Thus the theorem is true once we have established it for varieties V of dimension 1. Similar arguments to those used above are immediately effective in that case, the situation being simplified because S is of dimension 0 and the negative term on the right of equation (11.3.4) does not exist for *any r*.

Note.

If M is a Kähler manifold whose fundamental cohomology class is integral, we have an element of $H^2(Z)$ whose image in $H^2(\Omega)$ is zero because it is a (1,1) form. Hence for the exact sequence (10.3.2)

$$\rightarrow H^1(F) \rightarrow H^2(Z) \rightarrow H^2(\Omega) \rightarrow$$

there is an element of $H^1(F)$ which maps onto the fundamental class. An argument similar to the one above, using the positive definite property, shows that this has a section and we can prove the theorem of Kodaira, that Kähler manifolds of restricted type are algebraic. (Kodaira, Proc. Nat. Acad. Sci. 39, (1953) 1273-1278; Hirzebruch, p. 140).

11.4. *Arithmetic genera of algebraic varieties.*

Having proved that on an algebraic variety all bundles are associated with divisors all our bundles will in future be described in the divisor notation.

Consider now $\chi(V, \Omega(D))$ where D is a divisor on the algebraic variety V and

$$\chi(V, \Omega(D)) = \Sigma(-1)^i \dim H^i(V, \Omega(D)).$$

If D is such that $H^r(V, \Omega(D)) = 0$ if $r \geq 1$, which is certainly the case if $D - K$ is ample, we have

$$\chi(V, \Omega(D)) = \dim H^0(V, \Omega(D)) = \dim |D| \ (^1).$$

If the $H^r(V, \Omega(D))$ for $r > 1$ are not necessarily zero we define $\chi(V, \Omega(D))$ to be the *virtual dimension* of $|D|$.

(^{1}) $\dim |D|$ is here the geometrical dimension plus one; i.e. it is the number of independent elements of $|D|$. We find this definition more convenient for our purposes.

For example if V is a curve $(m = 1)$

$$\chi(V, \Omega(D)) = \dim H^0(V, \Omega(D)) - \dim H^1(V, \Omega^0(D)) =$$

$$= \dim |D| - \dim H^0(V, \Omega^0(K - D)) =$$

$$= \dim |D| - \textit{index of speciality of } D.$$

Now there are two classically defined arithmetic genera P_a, p_a in terms of a definition of virtual dimension which we have yet to show is the same as ours.

$P_a + (-1)^m$ is the virtual dimension of $|K|$ and $(-1)^m(p_a + (-1)^m)$ is the virtual dimension of $|0|$, the system of divisors equivalent to zero.

We define the arithmetic genus as $A(V_m) - (-1)^m$ where

$$A(V_m) = \chi(V, \Omega^0(K)).$$

But then

$$A(V_m) = \chi(V, \Omega^0(K)) = \chi(V, \Omega^m) = \qquad\qquad \text{by (10.4.1)}$$

$$= \Sigma(-1)^i h^{m,i} = \Sigma(-1)^i h^{0,m-i} = (-1)^m \chi(V, \Omega^0).$$

But $\chi(V, \Omega^0(K))$ is, with our definition, the virtual dimension of K and $\chi(V, \Omega^0)$ the virtual dimension (in our sense) of the zero class. *Thus, provided we can reconcile our notion of virtual dimension with the classical one, the arithmetic genus we have defined is equal to each of P_a and p_a.*

To establish the identity of the definitions of virtual dimension we must first consider the definition of the arithmetic genus of sub-varieties of V. Let S be a non-singular divisor. Then its arithmetic genus, on our definition is

$$\chi(S, \Omega_s^{m-1}) - (-1)^{m-1}.$$

But by the Riemann-Roch theorem of § 11.1 we have

$$\chi(V, \Omega^m(S)) = \chi(V, \Omega^m) + \chi(S, \Omega_{s.}^{m-1}).$$

Hence

$$\chi(S, \Omega_s^{m-1}) - (-1)^{m-1} = \chi(V, \Omega^m(S)) - \chi(V, \Omega^m) - (-1)^{m-1}.$$

We therefore define

$$A_{V_m}(S) = \chi(V, \Omega^m(S)) - \chi(V, \Omega^m) \qquad (11.4.1)$$

so that the arithmetic genus of S is $A_V(S) - (-1)^{m-1}$.

But $A_V(S)$ is defined even if the divisor S is *not* non-singular: we can therefore *define* the *virtual arithmetic genus* of a divisor S on V to be $A_V(S) - (-1)^{m-1}$, which of course depends on V as well as S, but which is actually the arithmetic genus if S is non-singular.

We can now extend this definition of virtual arithmetic genus to *any* subvariety Γ of dimension $m - r$, whether singular or not, provided only that Γ is a *complete intersection of divisors* on V_m. Indeed if $\Gamma = X_1 \cap \ldots \cap X_r$, where X_i is a divisor, we can choose an ample system $|E|$ and then in succession choose $Y_i (i=1,\ldots,r)$ to be a non-singular member of $|X_i + h_i E|$ and such that $Y_1 \cap \ldots \cap Y_i$ is non-singular, which will always be possible if h_i is large enough, say $h_i > h_i^0$. We can then define the arithmetic genus of the intersection $Y_1 \cap \ldots \cap Y_r$ as a polynomial $A(h_1, \ldots, h_r, E, X_1, \ldots, X_r, V)$. It is trivial to show that $A(0,\ldots,0,E,X_1,\ldots,X_r,V)$ is independent of E and we define it to be the virtual arithmetic genus of Γ. We then define $A_V(\Gamma)$ to be the virtual arithmetic genus plus $(-1)^{m-r}$. It is easily seen that this coincides with our previous definition if $r = 1$.

If now the X's are all taken equal to a single divisor D we can define $A_V(D^i)$ for $i = 1, 2, \ldots$. We define formally $A_V(D^0) = A(V)$.

Next we remark that $\chi(V_m, \Omega^0(D)) = \chi(V_m, \Omega^m(D - K))$ by (10.4.1).

Hence

$$\chi(V_m, \Omega^0(D)) = A(V_m) + A_{V_m}(D - K), \qquad (11.4.2)$$

by definition of $A(V)$ and $A_V(S)$.

If now in the Riemann-Roch Theorem of § 11.2 we put $p = 0$, and write X for S and $X + Y + K$ for F we easily derive with the aid of (11.4.2) the relation

$$A_V(X + Y) = A_V(X) + A_V(Y) + A_X(X \cdot Y). \qquad (11.4.3)$$

Next we obtain the formula

$$\chi(V_m, \Omega^0(D)) = \sum_{i=0}^{m} (-1)^i A_{V_m}(D^{m-i}) \qquad (11.4.4)$$

or

$$(-1)^m \chi(V_m, \Omega^0(D)) = A(V_m) - A_{V_m}(D) + A_{V_m}(D^2) - \ldots .$$

The formula (11.4.4) is, of course equivalent, by (11.4.2), to

$$A(V_m) + A_{V_m}(D - K) = \sum_0^m (-1)^i A_{V_m}(D^{m-i}).$$

We prove the formula (11.4.4) by induction on m. It is clearly true for $m = 1$, and we shall suppose it to be true for values of the dimension up to $m - 1$.

Let E be any ample system and suppose that, for $h \geq h_0$, $|D + hE| = |S|$ is ample.

Then

$$A(V) + A_V(S - K) = A_V + A_V(S) + A_V(-K) + A_s(-K.S) \text{ by (11.4.3)}.$$

But

$$A_V(-K) = \chi(V, \Omega^m(-K)) - \chi(V, \Omega_m) =$$

$$= \chi(V, \Omega^0) - \chi(V, \Omega^m) = ((-1)^m \quad 1) \chi(V, \Omega^m) = \qquad \text{by (10.2.1)},$$

$$= ((-1)^m - 1) A(V_m).$$

And $A_s(-K.S) = A_s(\widetilde{S} - K_s)$ where $\widetilde{S}$ is a characteristic divisor on S

Hence

$$A(V_m) + A_V(S - K) = (-1)^m A(V_m) + A_V(S) + A_s(\widetilde{S} - K_s).$$

But, by the inductive hypothesis,

$$A_s + A_s(\widetilde{S} - K^s) = A_s(\widetilde{S}^{m-1}) - A^s(\widetilde{S}^{m-2}) + \ldots =$$

$$= \sum_0^{m-1} (-1)^i A_s(\widetilde{S}^{m-1-i}) = \sum_0^{m-1} (-1)^i A_V(S^{m-i}).$$

Hence

$$A(V_m) + A_V(S - K) = \sum_0^m (-1)^i A_V(S^{m-i}).$$

Both sides of this are polynomials in h. Putting $h = 0$ we get

$$A(V) + A_V(D - K) = \sum_0^m (-1)^i A_V(D^{m-i})$$

which is the required result.

We have thus proved

$$\chi\,(V_m\,,\,\Omega^0\,(D)) = \sum_0^m\,(-\,1)^i\,A_V\,(D^{m-i}).$$

But this is precisely the relationship obtained by Severi connecting a virtual dimension in his sense and his arithmetic genus. As the virtual dimension in either sense gives the correct dimension for sufficiently ample systems, we can establish the identity of our definition of arithmetic genus with his by induction on m. Having done this we can then use the identity of the two formulae to iden·tify the notions of virtual dimension.

So we have now proved that

(a) $\chi\,(V,\,\Omega\,(D))$ is the classical virtual dimension of $\mid D\mid$ while (b) $H^0\,(V,\,\Omega\,(D))$ is the effective dimension. $\qquad$ (11.4.5)

Thus the virtual and effective dimensions coincide if $\dim\,H^r\,(V,\,\Omega\,(D)) = 0$ for all $r > 1$. We have given sufficient conditions for this in § 11.2 $(D - K$ ample).

We have shown how to calculate $\chi\,(V,\,\Omega\,(D))$ in terms of the $A_V\,(D^i)$ which is the classical way of writing the Riemann-Roch Theorem. Hirzebruch in turn has examined $\chi\,(V,\,\Omega\,(D))$ in terms of topological properties of V, and has expressed it in terms of the intersection numbers of D and the canonical systems of V. The numbers $\dim\,H^r\,(V,\,\Omega^0\,(D))$ can also be expressed in geometrical terms as deficiencies of linear systems (c.f. « A note on the Riemann-Roch Theorem, Journal of the London Math. Soc. 30 (1955), 291-296, especially § 5).

It is also possible using the Riemann-Roch Theorem to get similar results for virtual dimensions of the set of p-forms (we have just dealt with 0-forms) with assigned polar loci.

11.5. *A Riemann-Roch Theorem for p-forms.*

The Riemann-Roch theorem in its classical form is essentially a study of functions on a variety having assigned polar loci. We wish now to consider *forms* with assigned polar loci.

Kodaira has shown that, for sufficiently ample D, $H^q\,(V,\,\Omega^p(D)) = 0$. Hence in this case

$$\chi\,(V,\,\Omega^p\,(D)) = \dim\,H^0\,(V,\,\Omega^p\,(D)) = \text{ dimension of }$$

the (vector) space of p-forms having singularities (of first order) on D. We therefore *define* $\chi\,(V,\,\Omega^p\,(D))$ to be the *virtual dimension* of the space of p-fold analytic forms having D as polar locus, and we follow the same methods as above to find a formula for this. In the case in which $S, S^2, S^3 \ldots$ are non-singular we have, from the Riemann-Roch theorem 11.1.2,

$$\chi(V, \Omega^p(S)) - \chi(S, \Omega_s^p(S^2)) = \chi(V, \Omega^p) + \chi(S, \Omega_s^{p-1}).$$

Hence

$$\chi(S, \Omega_s^p(S^2)) - \chi(S^2, \Omega_{s^2}^p(S^3)) = \chi(S, \Omega_s^p) + \chi(S^2, \Omega_{s^2}^{p-1})$$

$$\vdots$$

$$\chi(S^{r-1}, \Omega_{s^{r-1}}^p(S^r)) - \chi(S^r, \Omega_{s^r}^p(S^{r+1})) = \chi(S^{r-1}, \Omega_{s^{r-1}}^p) + \chi(S^r, \Omega_{s^r}^{p-1}).$$

Adding we get

$$\chi(V, \Omega^p(S)) - \chi(S^r, \Omega_{s^r}^p(S^{r+1})) = \sum_0^{r-1} \chi(S^i, \Omega_{s^i}^p) + \sum_1^r \chi(S^i, \Omega_{s^i}^{p-1}),$$

with the convention that $S^0 = V$.

Taking $r = m - p$ we have

$$\Omega_{s^{m-p}}^p(S^{m-p+1}) = \Omega_{s^{m-p}}^0(-K_{s^{m-p}} + S^{m-p+1}).$$

Hence, with this value of r, $\chi(S^r, \Omega_{s^r}^p(S^{r+1}))$ is the virtual dimension of $S^{m-p+1} - K_{s^{m-p}}$ on S^{m-p}. The terms $\chi(S_i, \Omega_{s^i}^p)$ and $\chi(S^i, \Omega_{s^i}^{p-1})$ are characteristic invariants of S. Hence we are able to express the virtual dimension of the system of p-forms having S as polar singularity in terms of known invariants of S. Since

$$\chi(S^i, \Omega_{s^i}^q) = \sum_t (-1)^t \dim H^t(S^i, \Omega_{s^i}^q) = \sum_t (-1)^t h_{s^i}^{t,q}$$

where $h_{s^i}^{t,q}$ is the number of independent harmonic forms of type (t, q) on S^i, we thus have an example of these numbers appearing in a geometrical formula.

I should like to express my indebtedness to Dr. D. B. Scott, whose help in preparing these lectures for publication has been invaluable.

SCOTT D. B.
1961
Rendiconti di Matematica
(3-4) Vol. 20, pp. 395-402

Correspondences
between algebraic surfaces (*)

by **D. B. SCOTT** (a Londra)

The use of differential forms and their integrals is one of the oldest tricks in the theory of correspondences. It is not our intention to give a review of this aspect of the subject: we are concerned here to comment only on one problem which arises in the theory of correspondences between surfaces.

In Lefschetz's classic paper (5) the base number for correspondences between two curves is established by using the condition for a 2-cycle on the product of the two curves to be algebraic, this condition being that the double integrals of the first kind all have zero period on the cycle.

The extension of this result to correspondences between surfaces was undertaken by Hodge in a pair of classic papers (3 and 4). The extension is incomplete in that the conditions for a 4-cycle on an algebraic fourfold (in this case the product of the two surfaces) to be algebraic are not well-determined. Necessary conditions, in terms of the periods of integrals, are known, but the problem of whether they are also sufficient is, I think, still open, but I know that the problem has long been close to Hodge's heart. But, even if we know the conditions for a correspondence to be algebraic, it seems likely that there might be further conditions for a correspondence to be effective and irreducible. In two forthcoming papers (7, 8) I have been able to determine a condition of this type.

(*) Conferenza tenuta nel ciclo del CIME (Centro Internazionale Matematico Estivo) su *Forme differenziali e loro integrali* ch'ebbe luogo al Saltino di Vallombrosa (Firenze) dal 23 al 31 agosto 1960.

The problem of finding such conditions is implicit in Hodge's work and underlined, as I shall shortly explain, by various theorems on correspondences with valency. This particular problem is clearly *raised* by Hodge's work with differential forms, but I must confess at once that these techiques have so far made no impression on it and the methods I have used are, unlike my problem, only indirectly within the subject matter of this conference unless one takes the broad view that, in view of de Rham's theorems, everything related to the homology and cohomology of algebraic varieties is something to do with differential forms.

Let us now consider a correspondence between two curves C^1 and C^2. On a curve C of genus p we have a base for cycles as follows

$$2\text{-cycles} \qquad C$$

$$1\text{-cycles} \qquad \gamma_i \, (i = 1, 2, \dots, p)$$

$$0\text{-cycles} \qquad x \quad (\text{a point of } C).$$

For the curves C^1 and C^2, of genera p_1 and p_2 respectively, we denote everything by the obvious symbol with index 1 or 2, upper or lower as convenient. E. g. the general 1-cycle on C^1 is $\gamma^1_{i_1}$ $(i_1 = 1, 2, \dots, 2p_1)$. But clearly the upper index is redundant as the information it gives is implied by the lower sub-suffix: we shall accordingly omit it whenever we feel like it.

An (α_1, α_2) correspondence between C^1 and C^2 is represented by a cycle Γ on $C^1 \times C^2$ of dimension 2.

Hence $\Gamma \approx \alpha^1 \, x^1 \times C^2 + \alpha^2 \, C^1 \times x^2 + \xi_{i_1 i_2} \, \gamma_{i_1} \times \gamma_{i_2}$. (Here and henceforth we sum over the range of values of all repeated literal suffixes).

The transforms of the 1-cycles under T and T^{-1} are given by

$$T(\gamma_{i_1}) = \varepsilon_{i_1 i_2} \, \gamma_{i_2}, \qquad T^{-1}(\gamma_{i_2}) = \eta_{i_1 i_2} \, \gamma_{i_1},$$

where each of ξ, ε, η determines, and is determined by, any of the others.

In particular if one of the three matrices vanishes so do the other two, this being essentially the theorem that if T is of valency zero so also is T^{-1} (and conversely).

Consider now a pair of surfaces F^1 and F^2 (not necessarily distinct). On a surface F we have bases (for weak homology: torsion is neglected throughout this lecture) as follows

$$4\text{-cycles} \quad F$$

$$3\text{-cycles} \quad \Gamma_i \, (i = 1, 2, \dots, 2q)$$

$$2\text{-cycles} \quad C_r \,, c_\beta \, (r = 1, \dots, \varrho \ \text{ for agebraic cycles}$$
$$\beta = 1, \dots, \sigma \ \text{ for transcendental cycles})$$

$$1\text{-cycles} \quad \gamma_i \, (i = 1, 2, \dots, 2q)$$

$$0\text{-cycles} \quad x$$

With the same conventions for F^1 and F^2 as we used with the curves C^1 and C^2, a point-point (∞^2) correspondence of indices α^1 and α^2 is given by a cycle Γ satisfying the homology

$$\Gamma \approx \alpha^1 \, x^1 \times F^2 + \alpha^2 \, F^1 \times x^2 + m_{r_1 r_2} \, C_{r_1} \times C_{r_2}$$

$$+ f_{i_1 i_2} \, \gamma_{i_1} \times \Gamma_{i_2} + g_{i_1 i_2} \, \Gamma_{i_1} \times \gamma_{i_2} + l_{\beta_1 \beta_2} \, c_{\beta_1} \times c_{\beta_2} \,.$$

The conditions of Hodge (4) determine the possible values of **f** and **g** and give *necessary* conditions for **l**. The effect of the correspondence on the cycles depends on **f**, **g** and **l** as follows:

$$\textbf{f} \quad \text{controls} \quad T\,(\Gamma) \quad \text{and} \quad T^{-1}\,(\gamma)$$

$$\textbf{g} \quad \text{controls} \quad T\,(\gamma) \quad \text{and} \quad T^{-1}\,(\Gamma)$$

$$\textbf{l} \quad \text{controls} \quad T\,(c) \quad \text{and} \quad T^{-1}\,(c).$$

If we arrange to take the γ's and Γ's so that on each surface

$$(\gamma_i \cdot \Gamma_j) = \delta_{ij} \qquad \text{(the Kronecker delta)}$$

we have the results

$$T\,(\gamma_{i_1}) \approx - \, g_{i_1 i_2} \, \gamma_{i_1} \,, \qquad T^{-1}\,(\Gamma_{i_2}) \approx - \, g_{i_1 i_2} \, \Gamma_{i_1} \,,$$

$$T^{-1}\,(\gamma_{i_2}) \approx f_{i_1 i_2} \, \gamma_{i_1} \,, \qquad T\,(\Gamma_{i_1}) \quad \approx \quad f_{i_1 i_2} \, \Gamma_{i_2} \,.$$

Now the notion of valency zero can be generalised from curves to surfaces in several ways: of course once we have the notion of valency zero the notion of valency v for self-correspondances is defined. (T is of valency v if $T + vI$ is of valency zero, where I is the identical correspondance.)

The difficulty in extending the idea of valency zero is that on a curve there is an inevitable confusion between primals and sets of points, while in higher dimensions the ideas are clearly separate.

One way of looking at a correspondence of valency zero on a curve is to say that the transform of a single point belongs to a linear series of points. The generalisation of this is that the transform of a point on a surface belongs to a series of equivalence: this is valency zero in the sense of Severi.

Another way of looking at things is to say that the transform of any continuous system of primals belongs to a linear system (since on a curve a continuous system consists of sets of a fixed number of points). Taking this idea over to surfaces we get correspondences of valency zero in Albanese's sense. These correspondences are also defined by the property that the transform of any 1-cycle is homologically trivial. Severi's correspondences of valency zero require also that the transform of any transcendental 2-cycle is trivial.

In view of what we have said T is of valency zero in Albanese's sense if $\mathbf{g} = \mathbf{0}$. And T^{-1} is of valency zero if $\mathbf{f} = \mathbf{0}$. Hodge's conditions on $\mathbf{f}$ and $\mathbf{g}$ are quite independent so that we are left with the obvious question whether, if a correspondence is of valency zero in Albanese's sense so also is its inverse, i.e. whether $\mathbf{f} = \mathbf{0}$ implies $\mathbf{g} = \mathbf{0}$ and conversely? (For correspondences of Severi valency the extra condition for both T and T^{-1} is that $\mathbf{l} = \mathbf{0}$ so that there is no further serious problem of reciprocity in this case.)

The answer to this question is certainly *not*, as it is for curves, an unrestricted affirmative. For if this were so it would imply that if a self correspondence T were of valency v then T^{-1} must also be of valency v, and this theorem is known, by examples, to be false, though it had long been erroneously asserted (cf. 6). However Albanese (1) and Todd (10) have both published proofs that the result for correspondences of valency zero holds if T is irreducible, non-singular and non-degenerate. (This implies the corresponding result for correspondences with Severi valency zero).

It is thus shown that if T is irreducible, non-singular and non-degenerate then $\mathbf{f}$ and $\mathbf{g}$ can only vanish together, a condition nowhere implied in Hodge's conditions for T to be algebraic. The question naturally arises, « does the irreducibility of T impose a relation between $\mathbf{f}$ and $\mathbf{g}$ in all cases » ? Such a condition has now been found, but it is established on certain restrictions which I shall summarize as « conditions of respectability ». These require that the branch and double curves of T are reasonable and that the fundamental points are too. Before stating the relation I must first introduce the idea of the a-matrix of a curve C on a surface F. For such a curve the intersection $\Gamma_i\,C$ is a 1-cycle of F, say

$$\Gamma_i \cdot C \approx a_{ij}\,\gamma_j\,.$$

The matrix $\mathbf{a}$ is called the a-matrix of C: it is non-singular if C is a general member of an ample system of curves. We shall find it convenient to denote the a-matrix of a curve C by $\mathbf{a}^C$. The relation between f and g can now be written

$$\mathbf{a}^{K^1}\mathbf{g} + \mathbf{f}\,\mathbf{a}^{K^2} = -\,(\mathbf{a}^{B^1}\mathbf{g} + \mathbf{f}\,\mathbf{a}^{B^2}) \qquad\qquad (A)$$

where $\mathbf{a}^{K^1}$ is the a-matrix of the canonical curve K^1 of F^1, $\mathbf{a}^{K^2}$ that of the canonical curve K^2 of F^2, and $\mathbf{a}^{B^1}$ and $\mathbf{a}^{B^2}$ those of the branch curves.

Whether this result requires the conditions of respectability to which I have referred I do not know: all I can say is that they are at present involved in the proof.

If we have a self-correspondence on a single surface F the relation (A) becomes

$$\mathbf{a}^{K}\mathbf{g} + \mathbf{f}\,\mathbf{a}^{K} = -\,(\mathbf{a}^{B^1}\mathbf{g} + \mathbf{f}\,\mathbf{a}^{B^2}), \qquad\qquad (A')$$

and the conditions for T and T^{-1} tho be of valency v are respectively $\mathbf{g} = v\,\mathbf{1}_{2q}$ and $\mathbf{f} = -\,v\,\mathbf{1}_{2q}\,$.

From this formula we deduce at once that a correspondence and its inverse can have the same non-zero valency only if the branch curves B^1 and B^2 have the same a-matrix. So that in a sense correspondences with equal non-zero valencies in the two directions are exceptional as they require some element of symmetry in the branch curves (which is lacking in the classical counter-examples to the assertion that the valencies are equal). There is a partial converse to this result. If a correspondence is such that its two branch curves have the same a-matrix $\mathbf{a}$ and it has valency v in one direction a *sufficient* condition for it to have the same valency in the other direction is that $\mathbf{a}^{K} + \mathbf{a}$ is non singular. This is certainly the case if $|\,B + K\,|$ is ample (B being the branch curve).

Perhaps the most surprising thing about the formula (A) is the manner in which it was obtained. It is a typical example of a line of work, undertaken for one reason, failing to do what is expected of it and producing interesting results which were not expected. My starting point is the fact (deriving from a theorem about isolated branch points of involutions, cf. Severi (9) p. 298, § 139) that a correspondence between surfaces has in general branch and double *curves,* although a counting of constants leads one to expect only a finite set of points. Severi gives an argument, in discussing perfect and imperfect coincidences, (loc. cit. p. 278) which gets the dimensions right if we consider the correspondence not between the points of the surfaces but between the varieties of tangent directions on them. But to consider the correspondence from this point of view we need to know the relation between the geometry of the surface and that of its (threefold) tangent direction bundle, so that the correspondence can be « lifted » from the surfaces to the bundles. The bundle is of course a fibre space, whose fibre is the complex projective line (the aggregate of tangent directions at a point).

Now the cohomology of this tangent direction bundle is known, and is derived using what are, to a classical algebraic geometer, rather advanced bundle-theoretic techniques (cf. Chern 2). Fortunately it is possible to derive these results more simply by classical methods (cf. the paper (7) entitled « Tangent-direction bundles of algebraic varieties » and forthcoming work by A. W. Ingleton). It is natural to expect that the base for cycles on the bundle can be derived from the base on the surface by performing two operations on it, in a way similar to what is done for the product. One operation is to replace each cycle Γ (taking a rather crude geometrical view) by the aggregate Γ^* of fibres lying over it, this raising real dimensions by two. The other operation, easy enough on the product, is to « lift » Γ into a cycle of the same dimension on the bundle : this part is however a bit tricky as we are apparently involved in the awkward, and often insoluble, problem of cross-sections of a bundle.

We begin with the simple remark that an algebraic curve C on F has a « natural lift » to a curve $C^\dagger$ on the bundle F^*. For at each place of C its branch tangent corresponds to a definite point of the overlying fibre of F^*; the lifted curve $C^\dagger$ thus obtained is, if C has no points with more than one tangent, a section over C.

What then can be done to lift subsets of F which are not curves ? If we take a pencil of curves $|C|$ on F then at every point of F, other than base points or singular points of members of the pencil, we have a unique curve of the pencil through it defining a

« lift » of the point. By considering the lift of a generic point of F we get a lift of the whole of F into a surface $\{F\}_{|C|}$, but this is only a « near section » over F as the « exceptional points » of $|C|$, to which we have already referred, all give rise to the whole of the overlying fibre. For any cycle Γ of F we then have the lift $\{\Gamma\}_{|C|} = \{F\}_{|C|} \cdot \Gamma^*$.

The question immediately arises what has the pencil $|C|$ to do with the lifting process? What happens if we use a different pencil? The simple answer is that the homology class $\{F\}_{|C|} - 2C^*$ is independent of $|C|$. This we call the « invariant lift » $\overline{F}$. We define the invariant lift of a cycle Γ to be $\overline{\Gamma} \approx \overline{F}\, \Gamma^*$.

It is not difficult to show that if Δ runs through a base for F, Δ^* and $\overline{\Delta}$ run through a base for F^*. The intersections of base elements of F^* are all known as soon as we know $\overline{F} \cdot \overline{F}$. (This enables us to calculate $\overline{\Delta}_1 \cdot \overline{\Delta}_2$. The intersections $\Delta_1^* \cdot \overline{\Delta}_2 \approx \overline{\Delta}_1 \cdot \Delta_2^* \approx \overline{\Delta_1 \cdot \Delta_2}$ and $\Delta_1^* \cdot \Delta_2^* = [\Delta_1 \Delta_2]^*$ being straightforward). In fact $\overline{F} \cdot \overline{F} \approx \overline{K} - \chi x^*$, where K is a canonical curve and χ the Euler characteristic. This relation enables us to identify the dual of $- \overline{F}$ with a mysterious cohomology class u of the bundle-theoretic approach. The cohomology ring of F^* is in fact known to be the result of adjoining u to an isomorphic image of the ring of F (cf. 2).

Our problem now is how to lift the cycle Γ on $F^1 \times F^2$ into a cycle Γ^*, say, (of real dimension 6) representing the lifted correspondence T^* between F^{1*} and F^{2*}. We have no time for the details of this (they are set out in 8), but we sketch the answer.

To each element $\Delta_{i_1} \times \Delta_{i_2}$ of Γ corresponds the pair of terms $\Delta_{i_1}^* \times \overline{\Delta}_{i_2} + \overline{\Delta}_{i_1} \times \Delta_{i_2}^*$ of Γ^*. But this is not be whole story. In addition to this Γ^* could conceivably contain terms of the form $\overline{\Delta}_1 \times \overline{\Delta}_2$ or $\Delta_1^* \times \Delta_2^*$ (of course of total dimension 6). In fact the first type of term does not appear (its projection down to $F^1 \times F^2$ would be of too high dimension). But Γ^* does contain 3 terms of the second type. These are

$$x^{1*} \times H^{2*} \qquad \text{and} \qquad H^{1*} \times x^{2*} \qquad \text{and} \qquad h_{i_1 i_2}\, \gamma_{i_1}^* \times \gamma_{i_2}^* .$$

The curves H^1 and H^2 are peculiar in that they do *not* depend merely on the homology class of Γ, but involve also branch and double curves which are only partially deducible from the class of Γ.

Indeed $H^1 \approx D^1 + E^1 - \alpha^2 K^1 \approx B^1 - T^{-1}(K^2)$ where B^1, D^1 and E^1 are respectively the branch, double and total exceptional curve of T on F^1, and K^1 is, as before, the canonical curve. H^2 is given similarly.

The key problem however is the determination of the matrix $\mathbf{h}$. One would hope, and expect, that it depends on $\mathbf{f}$ and $\mathbf{g}$: the essential result, under our hypothesis of respectability, is that we can calculate it in two ways in terms of them. In fact

$$\mathbf{h} = \mathbf{a}^{K^1}\,\mathbf{g} + \mathbf{f}\,\mathbf{a}^{B^2} = -\,\mathbf{f}\,\mathbf{a}^{K^2} - \mathbf{a}^{B^1}\,\mathbf{g}.$$

This gives us the result asserted earlier.

REFERENCES

[This list is not a bibliography: it is merely a list of papers to which specific reference is required in the, text].

1. G. ALBANESE: Ann. Scu. norm. sup. Pisa (2), 3 (1934), 1-29 and 149-32.
2. S. S. CHERN: Amer. J. Math. 75 (1953), 565-97.
3. W. V. D. HODGE: Proc. London Math. Soc. (2), 44 (1938), 216-25.
4. W. V. D. HODGE: Ibid 226-242.
5. S. LEFSCHETZ: Annals of Math. (2) 28 (1927), 342-54.
6. D. B. SCOTT: Acta Pontificia Acad. Sci. 14 (1951), 61-66.
7. D. B. SCOTT: Proc. London Math. Soc., (3) (1961), 57-79.
8. D. B. SCOTT: Ibid. 129-40.
9. F. SEVERI: *Serie, sistemi di equivalenze e corrispondenze algebriche sulle varietà algebriche* (Roma 1942).
10. J. A. TODD: Annals of Math. (2) 36 (1935), 325-35.

DOLBEAULT, P.
1962
Rendiconti di Matematica
(1-2) Vol. 21, pp. 219-239

Sur le groupe de cohomologie entière de dimension deux d'une variété analytique complexe (*)

par **P. DOLBEAULT** (Poitiers, Francia)

INTRODUCTION : Soit X une variété différentiable C^∞, connexe, paracompacte, de dimension n. Allendoerfer et Eells ([2], voir aussi [1]) ont considéré, sur X, des couples de formes différentielles (θ, ω) définis comme suit : θ (resp. ω) est une forme différentielle C^∞ de degré p (resp. $p-1$), $(p > 0)$, définie sur le complémentaire, dans X, d'un polyèdre $C^\infty e(\theta)$ (resp. $e(\omega)$), de dimension $n-p-1$ (resp. $n-p$), avec $e(\theta) \subset e(\omega)$; pour $p=0$, on pose : $\omega = 0$. Les couples possèdent, en outre, la propriété suivante : pour toute chaîne C^∞ à coefficients entiers c qui ne rencontre pas $e(\theta)$ et dont le bord ∂c ne rencontre pas $e(\omega)$, le nombre $R\,[(\theta, \omega), c] =$
$$= \int_c \theta - \int_{\partial c} \omega \text{ est un entier. La relation } R\,[(\theta, \omega), c] = R\,[(\theta', \omega'), c]$$
pour toute chaîne c admissible pour les deux couples (θ, ω) et (θ', ω') est une relation d'équivalence ; on désigne par $[\theta, \omega]$ la classe d'équivalence du couple (θ, ω) ; l'ensemble $\mathcal{C}^*(X, Z)$ des classes de couples $[\theta, \omega]$ est un groupe gradué par le degré de θ et possède la dérivation d définie par : $d\,[\theta, \omega] = [0, \theta]$.

Allendoerfer et Eells [2] montrent qu'il existe un isomorphisme canonique du groupe de cohomologie de $\mathcal{C}^*(X, Z)$ sur le groupe de cohomologie $H^*(X, Z)$ à coefficients entiers de X (lequel s'étend d'ailleurs aux structures d'anneaux).

(*) Il presente lavoro sviluppa un Seminario tenuto dall'A. al corso estivo del C. I. M. E. : « *Forme differenziali e loro integrali* » (Saltino di Vallombrosa Firenze, 23-31 agosto 1960).

Ce théorème est, en particulier, valable pour la structure analytique réelle définie par une variété analytique complexe, mais, alors, se pose le problème des relations entre la structure complexe et la cohomologie entière. Quelques résultats sur le groupe de cohomologie entière de dimension 2 d'une variété analytique complexe sont obtenus dans cet article; le principal est le suivant: Soit V une variété analytique complexe paracompacte; soit $H^{1,1}(V, Z)$ le sous-groupe des éléments de $H^2(V, Z)$ dont les images, dans le groupe de cohomologie complexe sont représentables par des formes différentielles fermées de type $(1,1)$. Alors, si V satisfait à une autre condition (vérifiée, en particulier, par les variétés kählériennes compactes), il existe: 1) un groupe $E^{1,1}(V, Z)$ de classes de couples de formes différentielles (θ, ω) où θ est une $(1,1)$-forme C^∞ fermée sur V et où ω est de degré 1 et possède certaines singularités; 2) un épimorphisme h de $E^{1,1}(V, Z)$ sur $H^{1,1}(V, Z)$ (théorème 10); le noyau de h est aussi déterminé (théorème 11). Les singularités des formes ω sont portées par des ensembles analytiques réels définis, en chaque point par les zéros d'une fonction analytique réelle à valeurs complexes. Par analogie avec les résidus de formes différentielles méromorphes, on associe aux formes ω des êtres généralisant les diviseurs et qu'on appellera pseudo-diviseurs. Les propriétés des pseudo-diviseurs utilisées ici sont groupées au n⁰ 1; elles sont établies dans un autre article [6] en utilisant, en particulier, des résultats de H. Cartan [4].

La codimension (réelle) des singularités des formes ω est ≥ 1, de sorte que la condition imposée à la dimension des singularités de ω dans [2] n'est pas toujours remplie; cela complique un peu la définition des couples (θ, ω).

Les résultats sont précisés dans le cas des variétés algébriques projectives sans singularité (théorème 12) et des variétés de Stein (théorèmes 14 et 16), les formes ω considérées étant semi-méromorphes ou méromorphes.

1. Préliminaires: germes de fonctions méromorphes de variables réelles; pseudo-diviseurs.

Soit V une variété analytique complexe, paracompacte, de dimension complexe $m \geq 2$; la variété V possède une structure analytique réelle (C^ω) sous-jacente à sa structure analytique complexe. Soit $\mathcal{O}_r$ le faisceau des germes de fonctions C^ω à valeurs complexes sur V; c'est un faisceau d'anneaux d'intégrité factoriels (voir [3], exposé 11); on désignera par N_r le faisceau des groupes multiplicatifs des corps de fractions des anneaux de $\mathcal{A}_r$ et on l'appellera le faisceau des *germes de fonctions méromorphes de variables réelles à valeurs complexes*. Soit f un élément de N_r; l'anneau $\mathcal{A}_r$ étant factoriel, on a: $f = \alpha \prod_k \varrho_k$ où $\alpha \in \mathcal{A}_r$ et ne s'annule pas, où $\varrho_k \in \mathcal{A}_r$ et est irréductible et où r_k est un entier; pour tout $f \in N_r$, on convient de désigner par ϱ l'élément de $\mathcal{A}_r$ égal à $\prod_k \varrho_k$; cet élément ainsi associé à f est déterminé au produit près par un facteur inversible dans $\mathcal{A}_r$. De même si un élément de N_r est désigné par f_l, où l appartient à un ensemble d'indices, on conviendra de désigner par ϱ_l l'élément ϱ associé à f_l comme ci-dessus. Soit $\mathcal{F}^*$ le sous-faisceau de $\mathcal{A}_r$ (donc de N_r) formé de germes à valeurs non nulles; le faisceau $\mathcal{C}^*$ des groupes multiplicatifs des germes de fonctions holomorphes à valeurs non nulles est un sous-faisceau de $\mathcal{F}^*$.

Par analogie avec la définition des germes de diviseurs sur une variété analytique complexe, on appellera germe de pseudo-diviseur sur V en x tout élément de $(N_r/\mathcal{F}^*)_x$ et $N_r/\mathcal{F}^*$ sera appelé le *faisceau des germes de pseudo-diviseurs de V*.

On appellera *pseudo-diviseur de V* tout élément du groupe additif $H^0(V, N_r/\mathcal{F}^*)$ et *pseudo-diviseur spécial* (en abrégé p. d. s.) *de V* tout élément de l'image de l'homomorphisme:
$H^0(V, N_r/\mathcal{C}^*) \to H^0(V, N_r/\mathcal{F}^*)$ induit par l'épimorphisme canonique: $N_r/\mathcal{C}^* \to N_r/\mathcal{F}^*$. On démontre (voir [6]):

LEMME 1. *Le groupe des diviseurs de V est un sous-groupe du groupe des p. d. s. de V.*

Des suites exactes: $0 \to \mathcal{F}^* \to N_r \to N_r/\mathcal{F}^* \to 0$ et

$$0 \to Z \to \mathcal{A}_r \xrightarrow{e} \mathcal{F}^* \to 0$$

où, dans la seconde, Z désigne le faisceau constant des entiers rationnels sur V et e l'épimorphisme: $\varphi \to \exp(2\pi i\varphi)$ résulte le diagramme:

$$H^0(V, N_r/\mathcal{F}^*) \to H^1(V, \mathcal{F}^*) \to H^2(V, Z).$$

L'image d'un pseudo-diviseur W dans $H^2(V, Z)$ est appelée *la classe de cohomologie $\gamma(W)$ de W*; l'image de $\gamma(W)$ dans $H^2(V, C)$ par l'homomorphisme induit par l'inclusion $Z \subset C$ est appelée *la*

classe de cohomologie complexe de W. Soit W_x le germe de pseudo-diviseur défini par W en $x \in V$; on appellera *support* $\mathcal{W}$ *de* W, l'ensemble des points $x \in V$ où $W_x \neq 0$. C'est la réunion d'ensembles analytiques réels de dimension $\leq 2m - 1$. Le pseudo-diviseur W étant donné, on montre [6] qu'il existe un ensemble analytique réel S, de dimension $\leq 2m - 3$ en chacun de ses points, tel que les conditions suivantes soient réalisées. Sur la variété paracompacte $V' = V - S$ qu'on dira *associée à* W, on considère le pseudo-diviseur W^* induit par W et on désigne par $\mathcal{K}$ les points du support de W^* où la dimension est $2m - 2$. L'ensemble analytique $\mathcal{K}$ est la réunion, localement finie, de sous-variétés analytiques réelles X_i connexes, de dimension $2m - 2$, canoniquement orientées ; de plus, la donnée de W permet d'affecter, à chacune d'elles, un entier α_i ; les entiers α_i définissent un élément $\alpha' \in H^0(\mathcal{K}, \mathbf{Z})$, d'où un élément $\alpha \in {}^*H_{2m-2}(\mathcal{K}, \mathbf{Z})$[1]. Soit β l'image de α dans ${}^*H_{2m-2}(V', \mathbf{Z})$ dans l'homomorphisme induit par l'inclusion $\mathcal{K} \subset V'$ et soit $\beta' \in H^2(V', \mathbf{Z})$ l'élément correspondant à β dans la dualité des variétés ; par définition, β' est la classe *caractéristique de* W. Enfin, on montre [6] :
a) qu'il existe un recouvrement r de V' suffisamment fin pour que, dans chaque ouvert u_l de r, le pseudo-diviseur W soit défini par une fonction méromorphe de variables réelles f_l et b) que, pour tout simplexe singulier σ, de dimension 2, contenu dans un ouvert de r, le nombre : $a_\sigma = (1/2\pi i) \lim\limits_{\substack{\varepsilon \to 0 \\ |\varrho_l| \geq \varepsilon}} \int\limits_\sigma (df_l/f_l)$ est un entier égal au coefficient d'enlacement de σ et de la chaîne singulière $\sum\limits_i \alpha_i X_i$. Alors, la classe caractéristique β' de W est la classe de cohomologie du cocycle qui associe, à chaque 2-simplexe σ, l'entier a_σ. On démontre [6] :

LEMME 2. *Soit* W *un pseudo-diviseur de* V *et soit* V' *la sous-variété de* V *associée à* W ; *alors l'homomorphisme :* $H^2(V, \mathbf{Z}) \to H^2(V', \mathbf{Z})$ *induit par l'inclusion* $V' \subset V$ *est injectif.*

LEMME 3. *Soit* W *un pseudo-diviseur de* V *et soit* V' *la sous-variété de* V *associée à* W ; *alors, la classe caractéristique* $\beta' \in H^2(V', \mathbf{Z})$ *de* W *est l'image, par l'homomorphisme induit par l'inclusion* $V' \subset V$ *d'un élément unique* $\gamma \in H^2(V, \mathbf{Z})$ *qui est la classe de cohomologie de* W.

---

(1) On désigne par ${}^*H_p(\mathcal{E}, \mathbf{Z})$ le p-ième groupe d'homologie singulière des chaînes localement finies dans l'espace topologique $\mathcal{E}$.

Considérons l'homomorphisme : $H^2(V, Z) \to H^2(V, C)$ induit par l'injection canonique : $Z \to C$ et désignons par $H^{1,1}(V, Z)$ le sous-groupe de $H^2(V, Z)$ formé des éléments dont les images, dans $H^2(V, C)$ sont définissables par des formes différentielles fermées de type $(1, 1)$. Alors, on démontre [6] :

LEMME 4.

a) *Pour qu'un élément de $H^2(V, Z)$ soit la classe de cohomologie d'un pseudo-diviseur spécial, il faut et il suffit qu'il appartienne à $H^{1,1}(V, Z)$.*

b) *Si un pseudo-diviseur W a une classe de cohomologie nulle, c'est un p. d. s. et c'est le pseudo-diviseur d'une fonction C^∞ à valeurs complexes (i. e. : l'image, dans $H^0(V, \mathcal{A}_r/\mathcal{C}^*)$ d'un élément de $H^0(V, \mathcal{A}_r)$).*

LEMME 4′. (*Lefschetz-Hodge* [7]). *Si V est une variété algébrique projective, sans singularité, définie sur le corps des complexes, pour qu'un élément a de $H^2(V, Z)$ soit la classe de cohomologie d'un diviseur, il faut et il suffit que $a \in H^{1,1}(V, Z)$.*

LEMME 4″. (*Serre* [8]). *Si V est une variété de Stein, tout élément de $H^2(V, Z)$ est la classe de cohomologie d'un diviseur. Si un diviseur a une classe de cohomologie nulle, c'est le diviseur d'une fonction méromorphe.*

2. Formes différentielles méromorphes de variables réelles.

Sur la variété analytique réelle V_r sous-jacente à V, désignons par M_r^1 (resp. m_r^1) le faisceau des germes de formes différentielles de variables réelles méromorphes (resp. méromorphes fermées) de degré 1, à valeurs complexes. Désignons par μ_r^1 le sous-faisceau de groupes de m_r^1 constitué des germes de la forme : $(1/2\pi i)(df/f)$ où $f \in N_r$; on voit que le faisceau μ_r^1 est engendré par les germes de la forme $(1/2\pi i)(df/f)$ où $f \in \mathcal{A}_r$.

REMARQUE. Si $\alpha = (1/2\pi i)(df/f) \in (\mu_r^1)_x$, on a : $f \in N_r$ et $f = \alpha \prod_k \varrho_k{}^{r_k}$ où $\alpha \in (\mathcal{A}_r)_x$ et ne s'annule pas, où $\varrho_k \in (\mathcal{A}_r)_x$ et est irréductible et où r_k est un entier, parce que l'anneau $(\mathcal{A}_r)_x$ est factoriel.

PROPOSITION 5. *Si le germe de 1-forme différentielle $(1/2\pi i)(df/f) \in$*
$\in (\mu_r^1)_x$ où $f \in \mathcal{O}_r$, est de type $(1,0)$ ou de type $(0,1)$, alors, le germe
d'ensemble Γ défini par $f = 0$ est un germe d'ensemble analytique
complexe principal.

DÉMONSTRATION. Si (df/f) est de type $(1,0)$, on a : $d''f = 0$,
donc f est un germe de fonction holomorphe et Γ est un germe
d'ensemble analytique complexe principal ; si (df/f) est de type
$(0,1)$, on a : $d'\bar{f} = 0$ donc $d''\bar{f} = 0$, alors f est un germe de fonction holomorphe ; comme Γ est définissable par $\bar{f} = 0$, ce germe
d'ensemble est analytique complexe principal, ce qui achève la
démonstration.

CONSÉQUENCE. Si Γ n'est pas un germe d'ensemble analytique
complexe principal, (df/f) est la somme de deux germes non nuls
de types $(1, 0)$ et $(0, 1)$.

3. Le faisceau $\mathcal{O}^{1,0}$.

DÉFINITION. Soit $\mathcal{O}^{1,0}$ un sous-faisceau du faisceau des germes
de formes différentielles C^∞, de type $(1, 0)$ sur V, possédant les
propriétés suivantes :

    1) le faisceau des germes de 1-formes holomorphes fermées
E^1 est le sous-faisceau de $\mathcal{O}^{1,0}$ constitué par les germes de formes
d-fermées ;

    2) il existe un sous-faisceau $\mathcal{E}$ du faisceau $\mathcal{O}^2$ des germes
de 2-formes différentielles C^∞, d-fermées, tel que l'application de
$\mathcal{O}^{1,0}/E^1$ dans $\mathcal{O}^2$ définie par d soit un isomorphisme de $\mathcal{O}^{1,0}/E^1$ sur $\mathcal{E}$.

    Autrement dit : on a la suite exacte :

$$(1) \qquad\qquad 0 \to E^1 \to \mathcal{O}^{1,0} \to \mathcal{E} \to 0,$$

où la seconde flèche désigne l'inclusion et la troisième l'homomorphisme d.

EXEMPLES :

    a) $\mathcal{O}^{1,0}$ et $\mathcal{E}$ sont, respectivement, le faisceau des germes de
1-formes holomorphes Ω^1 et le faisceau des germes de 2-formes
holomorphes fermées E^2 ; l'exactitude de la suite (1) résulte du
lemme de Poincaré.

b) $\mathcal{A}^{1,0}$ et $\mathcal{E}$ sont, respectivement, le faisceau des germes de $(1, 0)$-formes d'-fermées et le faisceau $E^{1,1}$ des germes de formes de type $(1,1)$, d-fermés. Etablissons l'exactitude de la suite (1) dans ce cas : d est un homomorphisme de $\mathcal{A}^{1,0}$ dans $E^{1,1}$ dont le noyau est le faisceau des germes de formes de type $(1,0)$ d-fermées, i. e. : E^1 ; montrons que cet homomorphisme est surjectif : soit $\theta^{1,1} \in E^{1,1}$; puisque θ est d' et d''-fermé, on sait qu'il existe un germe de fonction φ tel que : $\theta^{1,1} = d''d'\varphi$ ([5, corollaire 1.3 du lemme de Grothendieck] ou [9, IV.4]) ; soit $\varPi^{1,0} = d'\varphi$, alors : $\theta^{1,1} = d''\varPi^{1,0}$ avec $d'\varPi^{1,0} = 0$, donc $\varPi^{1,0} \in \mathcal{A}^{1,0}$ et $\theta^{1,1} = d\varPi^{1,0}$, c. q. f. d.

Soit μ^1 le sous-faisceau de μ_r^1 engendré par les éléments $(1/2\,\pi\,i)$ (df/f) où $f \in \Omega^0$, faisceau des germes de fonctions holomorphes sur V. Le faisceau E^1 est un sous-faisceau de μ^1, en effet : si $\omega \in E^1$, il existe, d'après le lemme de Poincaré, un germe $\varphi \in \Omega^0$ tel que $\hat{\omega} = d\varphi$; soit $\psi = \exp 2\pi\,i\varphi$, alors $\omega = (1/2\,\pi i)\,(d\psi/\psi) \in \mu^1$.

Soit $\mathcal{S}^1$ le faisceau des germes de formes différentielles à valeurs complexes qui sont des quotients de germes de 1-formes C^∞ par des éléments de $\mathcal{A}_r$ non nuls ; les faisceaux $\mathcal{A}^{1,0}$ et μ_r^1 sont des sous-faisceaux de $\mathcal{S}^1$; soit $\mathcal{M}_r^1$ (resp. $\mathcal{M}^1$) le sous-faisceau de $\mathcal{S}^1$ égal à : $\mathcal{A}^{1,0} + \mu_r^1$ (resp. $\mathcal{A}^{1,0} + \mu^1$).

4. Lemmes.

LEMME 6. *Le faisceau* $\mathcal{M}_r^1/E^1$ *(resp.* $\mathcal{M}^1/E^1$*) est canoniquement isomorphe à la somme directe* $\mathcal{A}^{1,0}/E^1 \oplus \mu_r^1/E^1$ *(resp.* $\mathcal{A}^{1,0}/E^1 \oplus \mu^1/E^1$*).*

DÉMONSTRATION. Par définition de $\mathcal{M}_r^1$, on a : $\mathcal{M}_r^1/E^1 = \mathcal{A}^{1,0}/E^1 + \mu_r^1/E^1$; il suffit de montrer que si $\alpha \in \mathcal{A}^{1,0}/E^1 \cap \mu_r^1/E^1$, on a : $\alpha = 0$. Si $\alpha \in \mathcal{A}^{1,0}/E^1$, il est représenté par un germe $\alpha' \in \mathcal{A}^{1,0}$, donc C^∞ et de type $(1,0)$; si $\alpha \in \mu_r^1/E^1$, il est représenté par un germe $\alpha'' \in \mu_r^1$, donc d-fermé ; en outre $\alpha' - \alpha'' \in E^1$, donc α' est d-fermé ; comme α' est de type $(1,0)$, il appartient à E^1, donc : $\alpha = 0$. (même démonstration quand μ_r^1 est remplacé par μ^1).

Considérons les homomorphismes suivants :

$v^* : H^q(V, \mathcal{E}) \to H^q(V, \mathcal{A}^{1,0}/E^1)$, isomorphisme induit par l'isomorphisme

$$v : \mathcal{E} \to \mathcal{A}^{1,0}/E^1 ;$$

$u_1 : H^q(V, \mathcal{A}^{1,0}/E^1) \to H^{q+1}(V, E^1)$ défini par la suite exacte :

$$0 \to E^1 \to \mathcal{A}^{1,0} \to \mathcal{A}^{1,0}/E^1 \to 0 ;$$

$d : H^q(V, \mathcal{M}_r^1) \to H^q(V, \mathcal{E})$ défini par l'épimorphisme :

$$d : \mathcal{M}_r^1 \to \mathcal{E}$$

$u_2 : H^q(V, \mu_r^1/E^1) \to H^{q+1}(V, E^1)$ défini par la suite exacte :

$$0 \to E^1 \to \mu_r^1 \to \mu_r^1/E^1 \to 0 \;;$$

$i_3^* : H^q(V, \mathcal{M}_r^1/E^1) \to H^q(V, \mu_r^1/E^1)$ induit par la projection :

$$i_3 : \mathcal{M}_r^1/E^1 \to \mu_r^1/E^1,$$

qui est canonique d'après le lemme 4 ;

$$u_3 \text{ et } u_4 : H^q(V, \mathcal{M}_r^1) \xrightarrow{u_3} H^q(V, \mathcal{M}_r^1/E^1) \xrightarrow{u_4} H^{q+1}(V, E^1),$$

définis par la suite exacte :

$$0 \to E^1 \to \mathcal{M}_r^1 \to \mathcal{M}_r^1/E^1 \to 0.$$

On désignera par les mêmes notations les homomorphismes obtenus après substitution de μ^1 à μ_r^1.

LEMME 7. *Soient* $\theta \in H^q(V, \mathcal{E})$ *et* $\delta \in H^q(V, \mu_r^1/E^1)$ *(resp.* $H^q(V, \mu^1/E^1)$*)* *tels que :* $u_1 v^*(\theta) = u_2(\delta)$; *alors, il existe* $\omega \in H^q(V, \mathcal{M}_r^1)$ *(resp.* $H^q(V, \mathcal{M}^1)$*) tel que :* $\theta = d\omega$ *et que* $i_3^* u_3 \omega = -\delta$.

DÉMONSTRATION. Considérons les homomorphismes suivants :

$$i_1^* : H^q(V, \mathcal{A}^{1,0}/E^1) \to H^q(V, \mathcal{M}_r^1/E^1) \;;$$

$$i_2^* : H^q(V, \mu_r^1/E^1) \to H^q(V, \mathcal{M}_r^1/E^1),$$

définis, respectivement, par les injections $i_1 : \mathcal{A}^{1,0}/E^1 \to \mathcal{M}_r^1/E^1$ et $\mu_r^1/E^1 \to \mathcal{M}_r^1/E^1$;

$$w : H^q(V, \mathcal{M}_r^1/E^1) \to H^q(V, \mathcal{E})$$

défini par les épimorphismes : $\mathcal{M}_r^1/E^1 \xrightarrow{i_4} \mathcal{A}^{1,0}/E^1 \xrightarrow{v^{-1}} \mathcal{E}$, canoniques d'après le Lemme 6 et la définition de $\mathcal{E}$ respectivement.

On a le diagramme suivant :

$$
\begin{array}{ccccc}
H^q(V,\mathcal{E}) & \overset{v^*}{\to} & H^q(V,\mathcal{A}^{1,0}/E^1) & & u_1 \\[4pt]
d\uparrow & & i_1^*\downarrow \qquad (2) & & \searrow \\[4pt]
H^q(V,\mathcal{M}_r^1) & \overset{u_3}{\to} & H^q(V,\mathcal{M}_r^1/E^1) & \overset{u_4}{\longrightarrow} & H^{q+1}(V,E^1). \\[4pt]
& & i_2^*\uparrow \qquad (3) & \overset{u_2}{} & \nearrow \\[4pt]
& & H^q(V,\mu_r^1/E^1) & \nearrow &
\end{array}
$$

Les triangles (2) et (3) sont commutatifs, à cause de la commutativité du diagramme :

$$
\begin{array}{ccccccccc}
0 & \to & E^1 & \to & \mathcal{A}^{1,0} & \to & \mathcal{A}^{1,0}/E^1 & \to & 0 \\[2pt]
& & \downarrow & & \downarrow & & \downarrow & & \\[2pt]
0 & \to & E^1 & \to & \mathcal{M}_r^1 & \to & \mathcal{M}_r^1/E^1 & \to & 0 \\[2pt]
& & \uparrow & & \uparrow & & \uparrow & & \\[2pt]
0 & \to & E^1 & \to & \mu_r^1 & \to & \mu_r^1/E^1 & \to & 0
\end{array}
$$

dans lequel les flèches verticales désignent les injections canoniques.

Par hypothèse : $u_1 v^*(\theta) - u_2(\delta) = 0$, donc : $u_4(i_1^* v^*(\theta) - i_2^*(\delta)) = 0$; alors, il existe $\omega \in H^q(V,\mathcal{M}_r^1)$ tel que :

$$
(4) \qquad\qquad u_3(\omega) = i_1^* v^*(\theta) - i_2^*(\delta).
$$

Considérons le diagramme :

$$
\mathcal{E} \overset{v}{\to} \mathcal{A}^{1,0}/E^1 \overset{i_1}{\to} \mathcal{M}_r^1/E^1 \overset{i_4}{\to} \mathcal{A}^{1,0}/E^1 \overset{v^{-1}}{\to} \mathcal{E}.
$$

Le composé : $(v^{-1} \circ i_4) \circ i_1 \circ v$ est l'identité ; il en résulte que le composé :

$$
H^q(V,\mathcal{E}) \overset{v^*}{\to} H^q(V,\mathcal{A}^{1,0}/E^1) \overset{i_1^*}{\to} H^q(V,\mathcal{M}_r^1/E^1) \overset{w}{\to} H^q(V,\mathcal{E})
$$

est l'identité, donc :

$$
(5) \qquad\qquad \theta = w\, i_1^* v^*(\theta).
$$

La suite :

$$
0 \to \mu_r^1/E^1 \overset{i_2}{\to} \mathcal{M}_r^1/E^1 \overset{i_4}{\to} \mathcal{A}^{1,0}/E^1 \to 0,
$$

exacte d'après le Lemme 6, définit la suite exacte de cohomologie :

$$H^q(V, \mu_r^1/E^1) \xrightarrow{i_2^*} H^q(V, \mathcal{M}_r^1/E^1) \xrightarrow{i_4^*} H^q(V, \mathcal{A}^{1,0}/E^1),$$

d'où :

$$i_4^* i_2^*(\delta) = 0 \; ; \; \text{comme} : w = (v^*)^{-1} i_4^*, \; \text{cela entraîne} :$$

$$(6) \qquad\qquad\qquad w\, i_2^*(\delta) = 0.$$

Les relations (4), (5), (6) entraînent :

$$wu_3(\omega) = w(i_1^* v^*(\theta) - i_2^*(\delta)) = \theta.$$

L'image de μ_r^1 par d étant nulle, on a : $d = wu_3$, donc : $d\omega = \theta$. De plus : $i_3^* u_3(\omega) = - i_3^* i_2^*(\delta) = - \delta$, c. q. f. d.

Même démonstration quand μ^1 est substitué à μ_r^1.

Considérons le diagramme commutatif suivant :

$$
\begin{array}{ccccccccc}
0 & \to & E^1 & \to & \mu_r^1 & \to & \mu_r^1/E^1 & \to & 0 \\
& & j \uparrow & & j_1 \uparrow & & j_2 \uparrow & & \\
0 & \to & \mathcal{C}^* & \to & N_r & \to & N_r/\mathcal{C}^* & \to & 0
\end{array}
$$

où les flèches verticales désignent les homomorphismes qui associent, au germe de fonction φ, le germe de forme différentielle $(1/2\,\pi\,i)$ $(d\varphi/\varphi)$; on voit que les homomorphismes j et j_1 sont surjectifs et j_2 bijectif.

Considérons le diagramme commutatif :

$$
\begin{array}{ccccccccc}
0 & \to & C & \to & \Omega^0 & \to & E^1 & \to & 0 \\
& & & & \uparrow & & j \uparrow & & \\
0 & \to & Z & \to & \Omega^0 & \to & \mathcal{C}^* & \to & 0
\end{array}
$$

où la première flèche verticale désigne l'injection et la seconde l'identité :

De ces deux diagrammes, résulte le diagramme de cohomologie suivant :

$$
\begin{array}{ccccc}
H^q(V, \mu_r^1/E^1) & \to & H^{q+1}(V, E^1) & \xrightarrow{u_5} & H^{q+2}(V, C) \\
u_6 \uparrow & & \uparrow & & \uparrow \\
H^q(V, N_r/\mathcal{C}^*) & \to & H^{q+1}(V, \mathcal{C}^*) & \to & H^{q+2}(V, Z),
\end{array}
$$

où u_6 est un isomorphisme.

Tous les raisonnement ci-dessus sont valables lorsque les faisceaux N_r et μ_r^1 sont remplacés par leurs sous-faisceaux respectifs $N\,(^2)$ et μ^1.

DÉFINITION. L'image c d'un élément $w \in H^q(V, N_r/\mathcal{C}^*)$ dans $H^{q+2}(V, C)$ est dite: *classe de cohomologie complexe de w*; on voit que, si $q = 0$, la classe c est la classe de cohomologie complexe du p. d. s. défini par $\dot{w}$.

DÉFINITION. On appelle *q-résidu d'un élément* $\omega \in H^q(V, \mathcal{M}_r^1)$, l'image, dans $H^q(N_r/\mathcal{F}^*)$, de ω, par l'homomorphisme $u_7\,u_6^{-1}\,i_3^*\,u_3\,$, où u_7 est l'homomorphisme $H^q(V, N_r/\mathcal{C}^*) \to H^q(V, N_r/\mathcal{F}^*)$. Dans le cas: $q = 0$, on voit que le 0-résidu de ω est un p. d. s.

LEMME 8. *Soit V une variété analytique complexe, paracompacte, telle que l'homomorphisme:* $H^{q+1}(V, \Omega^0) \to H^{q+1}(V, E^1)$ *induit par d soit nul. Soit $\theta \in H^q(V, \mathcal{C})$ et soit w un élément de $H^q(V, N_r/\mathcal{C}^*)$ (resp. $H^q(V, N/\mathcal{C}^*)$) dont la classe de cohomologie complexe est l'image de θ dans $H^{q+2}(V, C)$, alors, il existe un élément $\omega \in H^q(V, \mathcal{M}_r^1)$ (resp. $H^q(V, \mathcal{M}^1)$) tel que:*

    1) $d\omega = \theta$;

    2) *le q-résidu de ω soit* $-W$, *où W est l'image canonique de w dans* $H^q(V, N_r/\mathcal{F}^*)$.

DÉMONSTRATION. Soit $\delta = u_6(w)$; par hypothèse: u_5 est injectif, donc θ et δ ont même image dans $H^{q+1}(V, E^1)$; d'après le Lemme 7, il existe $\omega \in H^q(V, \mathcal{M}_r^1)$ (resp. $\omega \in H^q(V, \mathcal{M}^1)$) tel que $d\omega = \theta$ et que $i_3^*\,u_3\,\omega = -\delta$; donc $u_6^{-1}\,i_3^*\,u_3\,\omega = -w$, ce qui, d'après la définition du q-résidu, démontre le Lemme.

5. Z-couples.

Soit (θ, ω) un couple de formes différentielles où $\theta \in H^0(V, \mathcal{C})$ et $\omega \in H^0(V, \mathcal{M}_r^1)$. Toute chaîne singulière C^∞, localement finie, c, à coefficients entiers, possédant les propriétés suivantes, sera dite *admissible pour le couple (θ, ω)*:

    1) le bord ∂c de c ne rencontre le support du 0-résidu $\mathcal{W}$ de ω qu'en des points où la dimension est $2m - 1$ et au voisinage desquels $\mathcal{W}$ est une variété de dimension $2m - 1$; en un tel point ∂c coupe $\mathcal{W}$ transversalement.

$(^2)$ Note de bas de page n⁰ 2.

2) la chaîne c ne rencontre l'ensemble des points du support du 0-résidu de ω où la dimension est $2m - 2$ qu'en des points isolés.

Toutes les chaînes c considérées désormais seront supposées admissibles.

On considère l'expression $\int'_{\partial c} \omega$ ayant la signification suivante : décomposons c en somme de simplexes singuliers σ_j admissibles et suffisamment petits pour que chacun d'eux soit contenu dans un ouvert u_j d'un recouvrement (u_j) de V dans lequel : $\omega = \alpha_j + \beta_j$ où $\beta_j \in$ $\in H^0(u_j, \mathcal{A}^{1,0})$ et $\alpha_j = (1/2\,\pi\,i)\,(df_j/f_j)$ avec $f_j \in H^0(V, \mathcal{M}_r^1)$; alors, par définition, on a :

$$\int'_{\partial c} \omega = \sum_j \lim_{\varepsilon \to 0} \int_{\partial \sigma_j \,|\varrho_j| \geq \varepsilon} \omega \; ;$$

cette expression est indépendante de la subdivision de c, en vertu des Préliminaires (n° 1).

DÉFINITION. Le couple (θ, ω) est appelé un **Z-couple** si :

$$R\,[(\theta, \omega),\, c] = \int_c \theta - \int'_{\partial c} \omega \in \mathbf{Z}$$

pour toute chaîne admissible c.

Soit $x \in V$ un point n'appartenant pas au support $\mathcal{W}$ du 0-résidu de ω ; alors, quand le simplexe σ tend vers le point x, l'expression $\int_\sigma \theta - \int_{\partial \sigma} \omega$ tend vers 0 ; or $R\,[(\theta, \omega), \sigma] \in \mathbf{Z}$, donc : $\int_\sigma \theta - \int_{\partial \sigma} \omega = 0$ pour les simplexes σ contenus dans un voisinage suffisamment petit de x ; il résulte de cela, d'après la formule de Stokes, que : $\theta = d\omega$ au voisinage de x.

Dans l'ensemble des **Z**-couples, on considère la relation $\mathcal{R}$ suivante (cf. [2]) :

$$(\theta, \omega)\; \mathcal{R}\; (\theta', \omega')$$

équivant à : $R\,[(\theta, \omega), c] = R\,[(\theta', \omega'), c]$ pour toute 2-chaîne c admissible pour les deux couples.

LEMME 9. *La relation $\mathcal{R}$ est une relation d'équivalence.*

DÉMONSTRATION. Il est clair que $\mathcal{R}$ est réflexive et symétrique. Pour montrer que $\mathcal{R}$ est transitive, on va établir, d'abord, la propriété suivante : si σ_0 est un simplexe admissible et si $\sigma_t\,(0 \leq t \leq 1)$ est une déformation C^∞ de σ_0 admissible pour le couple (θ, ω), alors :

$$R\,[(\theta, \omega), \sigma_0] = R\,[(\theta, \omega), \sigma_1].$$

Soit Db la chaîne décrite par la chaîne b au cours d'une déformation de b, on a : $\sigma_1 - \sigma_0 = D\partial\sigma_0 + \partial D\sigma_0$, alors :

$$R\,[(\theta, \omega), \sigma_1 - \sigma_0] = R\,[(\theta, \omega), D\,\partial\sigma_0] + R\,[(\theta, \omega), \partial D\sigma_0].$$

Mais : $\partial\partial\,D\sigma_0 = 0$ et $\displaystyle\int_{\partial D\sigma_0}\theta = 0$, d'après la formule de Stokes, donc :

$R\,[(\theta, \omega), \partial D\sigma_0] = 0$. Supposons la déformation suffisamment petite pour que σ_t reste dans un ouvert u_j considéré ci-dessus ; alors :

$$\int_{D\partial\sigma_0}\theta = \lim_{\varepsilon\to 0}\int_{D\partial\sigma_0\,|\varrho_j|\geq\varepsilon}\theta.$$

De plus, d'après la formule de Stokes :

$$\int_{D\partial\sigma_0\,|\varrho_j|\geq\varepsilon}\theta = \int_{\partial D\partial\sigma_0\,|\varrho_j|\geq\varepsilon}\omega + \int_{D\partial\sigma_0\,|\varrho_j|=\varepsilon}\omega\,;$$

donc :

$$R\,[(\theta, \omega), D\,\partial\sigma_0] = \lim_{\varepsilon\to 0}\int_{D\partial\sigma_0\,|\varrho_j|=\varepsilon}\omega\,;$$

mais :

$$\omega = (1/2\,\pi i)\,(df_j/f_j) + \beta_j\,.$$

Désignons par $\mathcal{W}$ le support du 0-résidu de ω. Si f_j s'annule en un point de $D\partial\sigma_0$, c'est qu'en ce point la dimension de $\mathcal{W}$ est $2m - 1$, donc (voir [6], n° 2), pourvu que $D\sigma_0$ soit suffisamment petit, il existe, dans un voisinage de $D\sigma_0$, une fonction $\xi\,C^\omega$ à valeurs réelles et une fonction g C^ω ($g \neq 0$ sur $D\partial\sigma_0$) telles que : $(d\varrho_j/\varrho_j) = (dg/g) + (d\xi/\xi)$; de plus :

$$\lim_{\varepsilon \to 0} \int_{D\partial\sigma_0 \, |\varrho_j| = \varepsilon} ((1/2 \, \pi i) \, (dg/g) + \beta) = \upsilon,$$

donc :

$$\lim_{\varepsilon \to 0} \int_{D\partial\sigma_0 \, |\varrho_j| = \varepsilon} \omega = \lim_{\varepsilon \to 0} \int_{D\partial\sigma_0 \, |\varrho_j| = \varepsilon} (1/2 \, \pi i) \, (d\xi/\xi).$$

Soient x_k^t ($k = 1, \ldots, p$) les points d'intersection de $\mathcal{W}$ et de $\partial\sigma_t$; le simplexe σ_t étant admissible, le nombre p est indépendant de $t \in [0, 1]$. Désignons par y_{2k-1}^t et y_{2k}^t les points d'intersection de $\partial\sigma_t$ et de $| \varrho_j | = \varepsilon$ qu'on rencontre immédiatement avant et immédiatement après x_k^t quand on parcourt $\partial\sigma_t$ dans le sens conforme à son orientation et par g_h^t le nombre $g(y_h^t)$ ($h = 1, \ldots, 2n$). Alors :

$$\int_{D\partial\sigma_0 \, |\varrho_j| = \varepsilon} (d\xi/\xi) = - \sum_{k=1}^{p} [\mathrm{Log}\,(\varepsilon/|\,g_{2k-1}^1\,|) - \mathrm{Log}\,(\varepsilon/|\,g_{2k-1}^0\,|)] +$$

$$+ \sum_{k=1}^{p} [\mathrm{Log}\,(\varepsilon/|\,g_{2k}^1\,|) - \mathrm{Log}\,(\varepsilon/|\,g_{2k}^0\,|)] =$$

$$= \sum_{k=1}^{p} \left[\mathrm{Log}\, \left| \frac{g_{2k-1}^1}{g_{2k}^1} \right| - \mathrm{Log}\, \left| \frac{g_{2k-1}^0}{g_{2k}^0} \right| \right]$$

qui tend vers 0 quand ε tend vers 0. Donc : $\lim_{\varepsilon \to 0} \int_{D\partial\sigma_0 \, |\varrho_j| = \varepsilon} \omega = 0$, d'où

$$R\,[(\theta, \omega), \, \sigma_0] = R\,[(\theta, \omega), \, \sigma_1].$$

Montrons que $\mathcal{R}$ est transitive. Soient (θ_i, ω_i) ($i = 1, 2, 3$) trois couples tels que $(\theta_1, \omega_1)\, \mathcal{R}\,(\theta_2, \omega_2)$ et $(\theta_2, \omega_2)\, \mathcal{R}\,(\theta_3, \omega_3)$ et soit c une chaîne admissible pour les deux couples (θ_1, ω_1) et (θ_3, ω_3). On sait qu'il existe une déformation c' de c, arbitrairement voisine de c admissible pour (θ_1, ω_1) et (θ_3, ω_3) qui est aussi admissible pour (θ_2, ω_2). Alors, d'après le résultat démontré ci-dessus :

$$R\,[(\theta_1, \omega_1), \, c] = R\,[(\theta_1, \omega_1), \, c'] = R\,[(\theta_2, \omega_2), \, c'] =$$

$$= R\,[(\theta_3, \omega_3), \, c'] = R\,[(\theta_3, \omega_3), \, c],$$

soit :

$$(\theta_1, \omega_1) \; \mathcal{R} \; (\theta_3, \omega_3),$$

ce qui achève la démonstration du Lemme.

On désignera par $[\theta, \omega]$ la classe d'équivalence du couple (θ, ω).

Par définition, la somme des couples (θ_1, ω_1) et (θ_2, ω_2) est le couple $(\theta_1 + \theta_2, \omega_1 + \omega_2)$; la relation $\mathcal{R}$ étant compatible avec l'addition, on en déduit la définition de la somme de deux classes d'équivalence de couples et on vérifie que l'ensemble $\mathcal{E}(V, Z)$ des classes d'équivalence de Z-couples sur V muni de l'addition est un groupe abélien. On désignera $\mathcal{E}(V, Z)$ par $E^{1,1}(V, Z)$ si $\mathcal{E} = E^{1,1}$.

THÉORÈME 10. *Soit V une variété analytique complexe, paracompacte, telle que l'homomorphisme: $H^1(V, \Omega^0) \rightarrow H^1(V, E^1)$ induit par d soit nul. Alors, il existe un épimorphisme canonique h de $E^{1,1}(V, Z)$ sur $H^{1,1}(V, Z)$.*

Ce théorème est, en particulier, valable *si V est kählérienne compacte*, d'après la Proposition 1.13 de [5].

DÉMONSTRATION DU THÉORÈME. Construisons l'homomorphisme h. Soit $[\theta, \omega] \in E^{1,1}(V, Z)$ et soient (θ_1, ω_1) et (θ_2, ω_2) deux couples appartenant à la classe $[\theta, \omega]$. Désignons par W_1 et W_2 les deux 0-résidus des formes ω_1 et ω_2, par V_1, V_2 les variétés associées aux p. d. s. W_1 et W_2 respectivement et par V'' la variété associée à $W_1 + W_2$. D'après le Lemme 2, les inclusions induisent les cinq monomorphismes canoniques tels que le diagramme suivant soit commutatif :

$$
\begin{array}{ccc}
 & \nearrow H^2(V_1, Z) \searrow & \\
H^2(V, Z) & \rightarrow & H^2(V'', Z) \\
 & \searrow H^2(V_2, Z) \nearrow &
\end{array}
$$

Par définition, on a : $R[(\theta_1, \omega_1), c] = R[(\theta_2, \omega_2), c] \in Z$ pour toute chaîne c admissible pour les deux couples ; il en résulte que W_1 et W_2 ont des classes caractéristiques dont les images, dans $H^2(V'', Z)$ coïncident, donc, d'après le Lemme 3, ont des classes de cohomologie qui coïncident.

A $[\theta, \omega]$, on associe la classe de cohomologie s du p. d. s. qui est le 0-résidu de ω_1 pour un couple $(\theta_1, \omega_1) \in [\theta, \omega]$; d'après ce qui précède, s ne dépend que de la donnée de $[\theta, \omega]$; de plus, d'après le Lemme 4, l'élément s appartient à $H^{1,1}(V, Z)$. Enfin, il résulte de la définition de l'addition dans $E^{1,1}(V, \mathbf{Z})$ que l'application qui envoie, comme ci-dessus, $[\theta, \omega]$ sur s est un homomorphisme défini canoniquement et que l'on désigne par h.

Montrons que h est surjectif. Soit $s \in H^{1,1}(V, \mathbf{Z})$; d'après le Lemme 4, il existe un p. d. s. W dont la classe de cohomologie est s; soit $\theta \in H^0(V, E^{1,1})$ une forme différentielle fermée dont la classe de cohomologie complexe est l'image de s dans $H^2(V, \mathbf{C})$; alors, d'après le Lemme 8, il existe $\dot\omega \in H_0(V, \mathcal{M}_r^1)$ telle que $d\omega = \theta$ et que le 0-résidu de $\dot\omega$ soit $- W$. Montrons que (θ, ω) est un $\mathbf{Z}$-couple.

Pour cela, il suffit d'établir que $R[(\theta, \omega), \sigma] = \displaystyle\int_\sigma \theta - \int_{\delta\sigma}' \dot\omega$ est un

entier pour tout 2 simplexe σ admissible et suffisamment petit. Supposons σ contenu dans un ouvert U de V suffisamment petit pour qu'il existe une fonction $C^\infty \varphi$, sur U, et des formes α et β telles que: $\theta = d'' d'\varphi$; $\alpha \in H^0(U, \mu_r^1)$; $\beta \in H^0(U, \mathcal{O}^{1,0})$ et $\omega = \alpha + \beta$. On a: $dd'\varphi = \theta = d\omega = d\beta$, donc: $d(d'\varphi - \beta) = 0$, d'où: $d'\varphi - \beta = d\gamma$ où $\gamma \in H^0(U, \mathcal{O}^{1,0})$. Alors: $R[(\theta, \omega), \sigma] = \displaystyle\int_\sigma d(d'\varphi) - \int_{\delta\sigma}' \alpha + \beta =$

$\displaystyle\int_{\delta\sigma}' (d'\varphi - \beta) - \alpha = \int_{\delta\sigma} d\gamma - \int_{\delta\sigma}' \alpha = - \int_{\delta\sigma}' \alpha$ qui est un entier d'après

le n° 1. Le couple (θ, ω) est donc un $\mathbf{Z}$-couple et, d'après sa construction, l'image de sa classe d'équivalence par h est s; il en résulte que h est un épimorphisme, ce qui achève la démonstration du théorème.

Déterminons le noyau de l'épimorphisme h. Pour que $[\theta, \omega]$ appartienne au noyau de h, il faut et il suffit que le résidu $- W$ de ω ait une classe de cohomologie nulle ce qui équivaut aux deux conditions : 1) la classe de cohomologie de θ est nulle, donc il existe une 1-forme ψ telle que : $\theta = d\psi$; 2) d'après le lemme 4, W est le pseudo-diviseur d'une fonction $\varphi_1 \in H^0(V, \mathcal{O}_r)$; alors: $\dot\omega - \psi + (1/2\pi i)d\log\varphi_1 = (1/2\pi i)d\log\varphi_2$ où $\varphi_2 \in H^0(V, \mathcal{F}^*)$, donc : $(\theta, \omega) = (d\psi, \psi - (1/2\pi i)d\log\varphi_1 + (1/2\pi i)d\log\varphi_2)$. Mais, pour toute chaîne c admissible pour (θ, ω), on a : $R[(\theta, \omega), c] = \displaystyle\int_c d\psi - (1/2\pi i)\int_{\delta c}(2\pi i\psi - d\log\varphi_1 + d\log\varphi_2) =$

$= (1/2\pi i)\displaystyle\int_{\delta c} d\log\varphi_1$ d'après la formule de Stokes, donc : $[\theta, \omega] =$

$= [0, -(1/2\pi i)d\log\varphi_1]$.

Il résulte de cela:

THÉORÈME 11. *Soit V une variété analytique complexe paracompacte telle que l'homomorphisme : $H^1(V, \Omega^0) \to H^1(V, E^1)$ induit par d soit nul, alors le noyau de h est le sous-groupe $B^{1,1}(V, \mathbf{Z})$ de $E^{1,1}(V, \mathbf{Z})$ formé des classes de couples $[0, -(1/2\pi i) d \log \varphi_1]$ où $\varphi_1 \in H^0(V, \mathcal{O}_r)$ et le groupe quotient $E^{1,1}(V, \mathbf{Z})/B^{1,1}(V, \mathbf{Z})$ est canoniquement isomorphe au groupe $H^{1,1}(V, \mathbf{Z})$.*

6. Z-couples : cas des variétés algébriques projectives.

Soit V une variété algébrique projective sans singularité définie sur le corps des complexes : elle est munie canoniquement d'une structure de variété kählérienne compacte. On considérera seulement les Z-couples (θ, ω) dans lesquels $\theta \in H^0(V, E^{1,1})$ et $\omega \in H^0(V, \mathcal{M}^1)$; alors le 0-résidu de ω est un diviseur, son support a la dimension $2m-2$ en chacun de ses points et, pour toute chaîne c admissible pour (θ, ω), on a :

$$R[(\theta, \omega), c] = \int_c \theta - \int_{\partial c} \omega \in \mathbf{Z}.$$

Désignons par $\mathcal{C}^{1,1}(V, \mathbf{Z})$ le groupe des classes d'équivalence de Z-couples (θ, ω) ci-dessus ; $\mathcal{C}^{1,1}(V, \mathbf{Z})$ est canoniquement isomorphe à un sous-groupe de $E^{1,1}(V, \mathbf{Z})$ avec lequel on l'identifiera ; en remplaçant, dans la démonstration du Thérème 10, le Lemme 4 par le Lemme 4′, on obtient : la restriction h' de h à $\mathcal{C}^{1,1}(V, \mathbf{Z})$ est un épimorphisme de $\mathcal{C}^{1,1}(V, \mathbf{Z})$ sur $H^{1,1}(V, \mathbf{Z})$.

Le noyau $\mathcal{B}^{1,1}(V, \mathbf{Z})$ de h' est constitué des classes de Z-couples de la forme $[0, -(1/2\pi i) d \log \varphi_1]$ où φ_1 est une fonction C^ω à valeurs complexes dont le pseudo-diviseur est défini par un diviseur (unique d'après le Lemme 1), de classe de cohomologie nulle.

On déduit de cela :

THÉORÈME 12. *Si V est une variété algébrique projective sans singularité définie sur le corps des complexes, il existe un isomorphisme canonique dè $\mathcal{C}^{1,1}(V, \mathbf{Z})/\mathcal{B}^{1,1}(V, \mathbf{Z})$ sur $H^{1,1}(V, \mathbf{Z})$.*

7. Z-couples ; couples analytiques : cas des variétés de Stein.

Désignons par $E^2(V, \mathbf{Z})$ le groupe des classes de Z-couples pour lesquels $\mathcal{C}$ est le faisceau E^2 des germes de 2-formes holomorphes fermées et $\mathcal{O}^{1,0}$ le faisceau Ω^1 des germes de 1-formes holomorphes. L'ensemble $\mathcal{C}^2(V, \mathbf{Z})$ formé des classes de $\mathbf{Z}$-couples $[\theta, \omega]$ du type ci-dessus pour lesquels $\omega \in \mathcal{M}^1$ est canoniquement isomorphe à un sous-groupe de $E^2(V, \mathbf{Z})$ avec lequel on l'identifiera.

PROPOSITION 13 : *Soit V une variété de Stein, alors il existe un épimorphisme canonique h'' de $E^2(V, \mathbf{Z})$ sur $H^2(V, \mathbf{Z})$.*

DÉMONSTRATION : Elle se déduit de celle du Théorème 10 par substitution du Lemme $4''$ au Lemme 4, les faisceaux $E^{1,1}$, $A^{1,0}$ et μ_r^1 étant remplacés par E^2, Ω^1 et μ^1 respectivement et compte tenu des résultats suivants : $H^1(V, \Omega^0)$ est nul sur une variété de Stein (voir par exemple [3], exposé 19, théorème B) de sorte que l'hypothèse du Lemme 8 est satisfaite ; de plus toute classe de cohomologie de dimension 2 est définissable, à l'aide du théorème de de Rham par un élément de $H^0(V, E^2)$ ([8], théorème 1). On constate comme dans la démonstration du Théorème 11 et en utilisant le Lemme $4''$ que le noyau $\mathcal{B}^2(V, \mathbf{Z})$ de h'' est constitué des classes de $\mathbf{Z}$ couples de la forme $[0, (1/2\,\pi i)\,d \log \varphi_1]$ où φ_1 est une fonction méromorphe sur X ; d'où :

THÉORÈME 14. *Soit V une variété de Stein, alors il existe un isomorphisme canonique de $\mathcal{C}^2(V, \mathbf{Z})/\mathcal{B}^2(V, \mathbf{Z})$ sur $H^2(V, \mathbf{Z})$.*

Soit m'^1 le sous-faisceau du faisceau m^1 des germes de 1-formes méromorphes fermées défini ainsi : pour tout ouvert U de V, pour toute section $\overline{\omega}$ de m'^1 au-dessus de U et pour tout 2-simplexe singulier C^∞ admissible σ à support dans U, le nombre $\displaystyle\int_{\partial\sigma} \overline{\omega}$ est un entier. Désignons par M^0 le faisceau des germes de fonctions méromorphes.

LEMME 15. *Le faisceau m'^1 est la somme des faisceaux μ^1 et dM^0.*

DÉMONSTRATION : Soit x un point de V, soit $\overline{\omega}_x \in m_x'^1$, montrons que $\overline{\omega}_x \in \mu^1 + dM^0$. Soit $\overline{\omega}$ une section de m'^1 sur un voisinage U de x qui définit $\overline{\omega}_x$ en x ; si U est suffisamment petit, on a aussi :

$$\overline{\omega} = \sum_k A_k \int_{\partial\sigma} (d\varrho_k/\varrho_k) + d\psi$$

où ϱ_k est une fonction holomorphe sur U définissant un germe de Ω_x^0 irréductible, où A_k est une constante et où ψ est une fonction méromorphe sur U dont l'ensemble polaire est contenu dans l'ensemble d'équation $\prod_k \varrho_k = 0$ ([5]. Proposition 3. 6). Alors, pour tout simplexe singulier $C^\infty \sigma$ admissible contenu dans U, le nombre :

$$\int_\partial \overline{\omega} = \sum_k A_k \int_{\partial\sigma} (d\varrho_k/\varrho_k) + \int_{\partial\sigma} d\psi$$

est un entier par définition de m'^1; mais σ étant admissible, ψ est holomorphe sur $\partial\sigma$, donc : $\int_{\partial\sigma} d\psi = \int_{\partial\partial\sigma} \psi = 0$ d'après la formule de Stokes; donc : $\int_{\partial\sigma} \overline{\omega} = 2\pi i \sum_k n_k A_k$ où chaque n_k est un entier; on voit qu'on peut choisir σ pour que $n_k = 0$ si $k \neq h$ et $n_h = 1$, donc $2\pi i A_h$ est un entier pour tout h ce qui montre que $\sum_k A_k (d\varrho_k/\varrho_k)$ définit, en x un germe de μ_x^1; de plus ψ définit en x un élément de M_x^0, c. q. f. d.

Réciproquement, il est clair que tout élément de $\mu^1 + dM^0$ appartient à m'^1, ce qui achève la démonstration du Lemme.

DÉFINITION : On appelle *couple analytique* l'ensemble $(\theta, \dot\omega)$ d'une 2-forme holomorphe fermée θ sur V et d'une 1-forme méromorphe ω sur V telles que : pour toute 2-chaîne singulière $C^\infty c$, à coefficients entiers dont le bord ne rencontre pas l'ensemble polaire de ω, le nombre :

$$R \lfloor(\theta, \omega), c\rfloor = \int_c \theta - \int_{\partial c} \omega$$

soit un entier.

Comme pour les **Z**-couples, on voit, qu'en dehors de l'ensemble polaire de ω, on a : $d\omega = \theta$. En tout point $x \in V$, il existe un germe $\varphi \in \Omega^1$ tel que $\theta = d\varphi$; alors, d'après la définition ci-dessus et celle du faisceau m'^1 on a : $\omega - \varphi \in m'^1$, donc $\omega \in \Omega^1 + m'^1$; réciproquement, tout couple (θ, ω) tel que $\theta \in H^0 (V, E^2)$ et $\omega \in H^0 (V, \Omega^1 + m'^1)$ est un couple analytique.

Dans l'ensemble des couples analytiques, on définit, comme pour les **Z**-couples et de la même façon, une relation d'équivalence

$\mathcal{R}$. L'ensemble quotient par $\mathcal{R}$ sera désigné par $\mathcal{C}_a^2(V, \mathbf{Z})$; il est muni d'une addition qui en fait un groupe commutatif. A tout élément $[\theta, \omega] \in \mathcal{C}_a^2(V, \mathbf{Z})$, on associe la classe de cohomologie du résidu de ω (voir [5], chapitre III, § B, n° 3); cela définit un homomorphisme k de $\mathcal{C}_a^2(V, \mathbf{Z})$ dans $H^2(V, \mathbf{Z})$ qui est surjectif d'après la Proposition 13 lorsque V est une variété de Stein.

Déterminons le noyau $\mathcal{B}_a^2(V, \mathbf{Z})$ dans le cas où V est une variété de Stein. Soit $[0, \omega] \in \mathcal{B}_a^2(V, \mathbf{Z})$ et soit W le résidu de ω; d'après le Lemme 4″, il existe une fonction méromorphe φ_1 telle que le résidu de $(1/2\,\pi\,i)\,(d\varphi_1/\varphi_1)$ soit W; alors le résidu de $\omega_1 = {} = \omega - (1/2\,\pi\,i)\,(d\varphi_1/\varphi_1)$ est nul, donc, d'après le Lemme 15, cette forme définit, en chaque point $x \in V$, un germe égal à $d\Psi_x$ où Ψ_x est un germe de fonction méromorphe en x; la forme ω_1, définie sur V, est donc localement exacte, alors V étant une variété de Stein, ω_1 est la différentielle d'une fonction méromorphe u ([5], p. 228), donc : $\omega = (1/2\pi\,i)\,(d\varphi_1/\varphi_1) + du$. Il résulte de cela :

THÉORÈME 16. *Soit V une variété de Stein, alors le noyau de l'épimorphisme k est le sous-groupe $\mathcal{B}_a^2(V, \mathbf{Z})$ de $\mathcal{C}_a^2(V, \mathbf{Z})$ formé des classes de couples $[0, (1/2\pi\,i)\,(d\varphi_1/\varphi_1) + du]$ où φ_1 et u sont des fonctions méromorphes sur V et le groupe-quotient $\mathcal{C}_a^2(V, \mathbf{Z})/\mathcal{B}_a^2(V, \mathbf{Z})$ est canoniquement isomorphe au groupe $H^2(V, \mathbf{Z})$* [3].

---

[3] Le théorème 16 a été énoncé, sans démonstration, avec une définition incomplète de $\mathcal{B}_a^2(V, \mathbf{Z})$, dans une communication (Atti del sesto Congr. dell'Un. mat. ital., Napoli, 1959, p. 406).

BIBLIOGRAPHIE

[1] C. B. ALLENDOERFER - *Global geometry of imbedded manifolds*, Centro intern. Mat. Estivo (1958 Sestrière) - Roma, Istituto di Matematica dell' Università, 1958, (multigr.).

[2] C. B. ALLENDOERFER and J. EELLS Jr. - *On the cohomology of smooth manifolds*, Comm. Math. Helvet., 32 (1958), 165-179.

[3] H. CARTAN - *Séminaire sur les fonctions de plusieurs variables complexes*, Paris 1951-52 (multigr.).

[4] H. CARTAN - *Espaces fibrés analytiques réels*, conférence faite à la Faculté des Sciences de Poitiers, déc. 1959.

[5] P. DOLBEAULT - *Formes différentielles et cohomologie sur une variété analytique complexe*, Ann. of Math. 64 (1956), 83-130 et 65 (1957), 282-330.

[6] P. DOLBEAULT - *Une généralisation de la notion de diviseur*, Atti del Convegno internazionale di Geometria algebrica, Torino (1961), 125-150.

[7] K. KODAIRA and D. C. SPENCER - *Divisor class groups on algebraic varieties*, Proc. Nat. Acad. Sci. U. S. A., 39 (1954), 872-877.

[8] J. P. SERRE - *Quelques problèmes globaux relatifs aux variétés de Stein*, Colloque sur les fonctions de plusieurs variables, Bruxelles 1953, 57-68.

[9] A. WEIL - *Introduction à l'étude des variétés kählériennes*, A. S. I. 1267, Hermann, Paris 1958.

[*Entrato in Redazione il 24 gennaio 1962*]

ERICH KÄHLER
1962
Rendiconti di Matematica
(3-4) Vol. 21, pp. 425-523.

Der innere Differentialkalkül [*]

Dem Andenken
Wilhelm Blaschkes
gewidmet

von **ERICH KÄHLER** (in Berlin)

Wenn eine Metrik vorliegt, wie es in der Physik der Fall ist und in der Funktionentheorie sich als fruchtbare Voraussetzung erwiesen hat, gewinnt der äussere Differentialkalkül ein rechnerisch nahezu ebenso einfaches Spiegelbild, den inneren Differentialkalkül.

Was ich darüber bei einem Lehrgang des Centro Internazionale Matematico Estivo im September 1960 in Vallombrosa vorgetragen hatte, findet in der vorliegenden Abhandlung ausführliche und reifere Darstellung. Die grosse Verzögerung dieser Veröffentlichung erklärt sich aus der erfreulichen Tatsache, dass jeder Versuch einer Ausarbeitung jener Vorträge neue Vereinfachungen ergab mit dem Erfolg, dass insbesondere meine in den Abhandlungen der Berliner Akademie veröffentlichte Untersuchung der Dirac-Gleichung nunmehr als überholt anzusehen ist.

Da der innere Differentialkalkül seine Bewährungsprobe in der Quanten- und Relativitätstheorie zu bestehen hat, muss er dem Physiker zugänglich sein, weshalb es mir zweckmässig schien, auch über den äusseren Differentialkalkül mehr zu sagen, als zur Vorbereitung des inneren Kalküls notwendig gewesen wäre.

Gern hätte ich, wenn mehr Zeit geblieben wäre ein viertes Kapitel der funktionentheoretischen Seite des inneren Kalküls gewidmet, was nunmehr einer anderen Arbeit vorbehalten bleiben muss.

---

[*] Corso di otto lezioni svolto nel Ciclo del CIME (Centro Internazionale Matematico Estivo) su *Forme Differenziali e loro integrali*, tenuto al Saltino di Vallombrosa (Firenze) dal 23 al 31 agosto 1960.

Ein Inhaltsverzeichnis ersetze den fälligen einleitenden Bericht über die Untersuchung, und eine Formelsammlung am Ende der Abhandlung erleichtere die Anwendung des neuen Kalküls.

Herrn SEGRE habe ich nicht nur für sein freundschaftliches Interesse an meiner Arbeit, sondern auch für die Geduld zu danken, mit der er die vorliegende Niederschrift immer wieder gefordert hat. Es tut mir wohl, nun doch noch zurecht zu kommen, um mit dieser Arbeit für die schönen, anregenden Tage von Vallombrosa, die mir insbesondere durch Herrn BOMPIANIS freundliches Eingehen auf meine Versuche unvergesslich bleiben werden, meinen Dank zu sagen.

INHALT

I. · DIFFERENTIALE UND DIFFERENTIALTENSOREN

II. · DER INNERE DIFFERENTIALKALKÜL

III. · DIRAC-GLEICHUNGEN

I. - DIFFERENTIALE UND DIFFERENTIALTENSOREN

1. Äussere Multiplikation

Die komplexen Funktionen $f(x^1, x^2, \ldots, x^m)$, die in einem Gebiete G des n-dimensionalen Raumes, des topologischen Produkts von n Geraden, unendlich oft differenzierbar sind, bilden einen Ring A_0, aus dem durch Erweiterung mit m Zeichen

$$dx^1, dx^2, \ldots, dx^m$$

der durch folgende Eigenschaften gekennzeichnete Ring A entsteht:

1) A wird von A_0 und $dx^1, dx^2, \ldots, dx^m$ erzeugt,

2) In A gelten die Beziehungen

$$dx^i \cdot 1 = dx^i, \qquad dx^i \cdot a = a \cdot dx^i$$

für alle $a \in A_0$ und $i = 1, 2, \ldots, m$;

$$dx^i \cdot dx^k + dx^k \cdot dx^i = 0 \qquad (i, k = 1, 2, \ldots, m)$$

3) Aus

$$a + \sum_{p=1}^{m} \sum_{i_1 < \ldots < i_p} a_{i_1 \ldots i_p} \cdot dx^{i_1} \cdot dx^{i_2} \ldots dx^{i_p} = 0, \qquad (a, a_{i_1 \ldots i_p} \in A_0)$$

folgt stets $a = 0$, $a_{i_1 \ldots i_p} = 0$.

Ein solcher Ring existiert, und er ist durch diese drei Eigenschaften bis auf Isomorphismen, die A_0 elementweise festlassen, eindeutig bestimmt. Seine Multiplikation wird mit $\wedge$ statt mit $\cdot$ bezeichnet und *äussere Multiplikation* genannt. Wenn einer der beiden Faktoren zu A_0 gehört, also Funktion ist, sei auch das sonst übliche Multiplikationszeichen $\cdot$ zugelassen. Aus Gründen, die erst nach Einführung der äusseren Differentiation verständlich werden, nennen wir die Elemente von A *Differentiale*.

Die in 2) genannten Relationen gestatten, jedes Differential u in der Gestalt zuschreiben:

$$(1.1) \qquad u = a + \sum_{p=1}^{m} \frac{1}{p!} \sum_{i_1 \ldots i_p} a_{i_1 \ldots i_p} \cdot dx^{i_1} \wedge dx^{i_2} \wedge \ldots \wedge dx^{i_p}$$

mit Koeffizienten a, $a_{i_1 \ldots i_p} \in A_0$, die in Bezug auf ihre Indizes schiefsymmetrisch sind. Die Bedingung 3) garantiert, dass diese Koeffizienten durch das Differential u eindeutig bestimmt sind.

Ein Differential u heisst *homogen* vom Grade p, wenn in der Darstellung (1.1) nur Summanden wirklich (d.h. mit von 0 verschiedenen Koeffizienten) vorkommen, die aus Produkten von p Faktoren dx gebildet sind. Die Elemente von A_0 sind danach als homogene Differentiale 0-ten Grades zu bezeichnen. Der Anteil

$$u_p = \frac{1}{p!} \sum_{i_1 \ldots i_\rho} a_{i_1 \ldots i_p} \cdot dx^{i_1} \wedge dx^{i_2} \wedge \ldots \wedge dx^{i_p}$$

von

$$u = u_0 + u_1 + u_2 + \ldots + u_m$$

heisse der *Bestandteil p-ten Grades* des Differentials u.

Die durch die Wirkungen

$$\eta u = u_0 - u_1 + u_2 - u_3 + u_4 - u_5 + \ldots = \sum_p (-1)^p \cdot u_p$$

$$\zeta u = u_0 + u_1 - u_2 - u_3 + u_4 + u_5 - \ldots = \sum_p (-1)^{\binom{p}{2}} \cdot u_p$$

beschriebenen Operatoren η und ζ haben die Eigenschaften

$$(1.2) \qquad \begin{aligned} \eta(u + v) &= \eta u + \eta v, & \eta(u \wedge v) &= \eta u \wedge \eta v, \\ \zeta(u + v) &= \zeta u + \zeta v, & \zeta(u \wedge v) &= \zeta v \wedge \zeta u, \end{aligned}$$

die η als Automorphismus, ζ als Anti-Automorphismus des Ringes A kennzeichnen. Sie sind miteinander vertauschbar, und ihre Quadrate sind 1, der alle Differentiale ungeändert lassende Operator.

2. Invarianz der äusseren Multjplikation

Differenzierbarkeit bedeute künftig, wenn nicht ausdrücklich anderes vermerkt ist, Existenz und Stetigkeit aller Ableitungen.

Eine Abbildung

$$\sigma: \qquad \sigma x^i = x^i \, (y^1, y^2, \dots, y^n) \, (= x^i \, (y)) \qquad (i = 1, 2, \dots, m)$$

eines Gebietes H des n-dimensionalen Raumes mit den Koordinaten y auf das Gebiet G des m-dimensionalen Raumes mit den Koordinaten x, die *differenzierbar* ist in dem Sinne, dass die Funktionen $x^i \, (y)$ differenzierbar sind, bewirkt einen Homomorphismus

$$\sigma: \qquad A \to B$$

des Differentialringes A in den Differentialring B, der über dem Ringe B_0 der in H differenzierbaren Funktionen von den Zeichen

$$dy^1, \, dy^2, \dots, \, dy^n$$

in ähnlicher Weise erzeugt wird, wie A über A_0 von den dx^i.

Jener Homomorphismus σ entsteht dadurch, dass zunächst jeder Funktion $f \in A$ die durch

$$(\sigma f) \, (y^1, y^2, \dots, y^n) = f \, (x^1 \, (y), \, x^2 \, (y), \dots, \, x^m \, (y))$$

beschriebene Funktion $\sigma f \in B_0$ und dem Differential dx^i das Element

$$(2.1) \qquad \sigma \, (dx^i) = \sum_k \frac{\partial x^i}{\partial y^k} \cdot dy^k$$

von B zugeordnet und mittels der Forderung, dass ein Homomorphismus entstehe, σu für alle weiteren $u \in A$ bestimmt wird. Das Bild σu des in (1.1) beschriebenen Elements u von A ist danach gleich

$$\sigma u = \sigma a + \sum_{p=1}^{n} \frac{1}{p!} \sum_{\substack{i_1 \dots i_p \\ k_1 \dots k_p}} \sigma a_{i_1 \dots i_p} \frac{\partial x^{i_1}}{\partial y^{k_1}} \frac{\partial x^{i_2}}{\partial y^{k_2}} \dots \frac{\partial x^{i_p}}{\partial y^{k_p}} \cdot dy^{k_1} \wedge dy^{k_2} \wedge \dots \wedge dy^{k_p}$$

$$= b + \sum_p \frac{1}{p!} \sum_{k_1 \dots k_p} b_{k_1 \dots k_p} \cdot dy^{k_1} \wedge dy^{k_2} \wedge \dots \wedge dy^{k_p}$$

mit

$$(2.2) \qquad b = \sigma a, \qquad b_{k_1 \ldots k_p} = \sum_{i_1 \ldots i_p} \sigma a_{i_1 \ldots i_p} \frac{\partial x^{i_1}}{\partial y^{k_1}} \cdot \frac{\partial x^{i_2}}{\partial y^{k_2}} \cdots \frac{\partial x^{i_p}}{\partial y^{k_p}}$$

zu setzen, und die hieraus folgenden Gleichungen

$$\sigma(u + v) = \sigma u + \sigma v, \qquad \sigma(u \wedge v) = \sigma u \wedge \sigma v \qquad (u, v \in A)$$

zeigen, dass auf diese Weise in der Tat ein Ringhomomorphismus gewonnen ist.

3. Äussere Differentiation

In dem Unterringe A_0 ist der Übergang von einer Funktion f A_0 zu ihrem totalen Differential

$$df = \sum_{k=1}^{m} \frac{\partial f}{\partial x^k} \cdot dx^k$$

ein linearer Operator d, der durch die Festsetzung, dass für das in (1.1) gegebene Differential u

$$(3.1) \qquad du = da + \sum_{p=1}^{m} \frac{1}{p!} \sum_{i_1 i_2 \ldots i_p} da_{i_1 \ldots i_p} \wedge dx^{i_1} \wedge dx^{i_2} \wedge \ldots \wedge dx^{i_p}$$

sei, zu einem in dem ganzen Differentialringe A wirkenden linearen Operator d, der *äusseren Differentiation*, wird.

Neben der Linearität

$$d(u + v) = du + dv \qquad (u, v \in A)$$

hat sie die Eigenschaft

$$(3.2) \qquad d(u \wedge v) = du \wedge v + \eta u \wedge dv \qquad (u, v \in A),$$

für deren Beweis es genügt, u, v als Monome

$$u = a \cdot dx^{i_1} \wedge \ldots \wedge dx^{i_p}, \qquad v = b \cdot dx^{k_1} \wedge \ldots \wedge dx^{k_q} \qquad (a, b \in A_0)$$

vorauszusetzen. Nach (3.1) ist dann

$$du = da \wedge dx^{i_1} \wedge .. \wedge dx^{i_p} , \quad dv = db \wedge dx^{k_1} \wedge .. \vee dx^{k_q}$$

und

$$d\,(u \wedge v) = d\,(a \cdot b) \wedge dx^{i_1} \wedge .. \wedge dx^{i_p} \wedge dx^{k_1} \wedge .. \wedge dx^{k_q} ,$$

wenn $i_1 , ... , i_p , k_1 , ... , k_q$ $p + q$ verschiedene Indizes sind, während sonst $d\,(u \wedge v)$ wie $u \wedge v$ und jeder Summand der rechten Seite von (3.2) gleich 0 ist. Im Falle verschiedener Indizes i, k zeigt die Umformung

$$d\,(u \wedge v) = (b \cdot da + a \cdot db) \wedge dx^{i_1} \wedge .. \wedge dx^{i_p} \wedge dx^{k_1} \wedge .. \wedge dx^{k_q} =$$

$$= da \wedge dx^{i_1} \wedge ... \wedge dx^{i_p} \wedge b \cdot dx^{k_1} \wedge ... \wedge dx^{k_q} +$$

$$+ (-1)^p a \cdot dx^{i_1} \wedge .. \wedge dx^{i_p} \wedge db \wedge dx^{k_1} \wedge .. \wedge dx^{k_q}$$

die Gültigkeit von (3.2).

Für $u = a \,\epsilon\, A_0$ ist

$$d\,(da) = d\left(\sum_i \frac{\partial a}{\partial x^i} \cdot dx^i \right) = \sum_{i,k} \frac{\partial^2 a}{\partial x^k\, \partial x^i} \cdot dx^k \wedge dx^i = 0$$

und darum für ein beliebiges Monom $u = a \cdot v$ mit $a \,\epsilon\, A_0$, $v = dx^{i_1} \wedge .. \wedge dx^{i_p}$ zufolge der Regel (3.2) und $dv = 0$:

$$d\,(du) = d\,(da \wedge v) = d\,(da) \wedge v - da \wedge dv = 0.$$

Aus der Linearität des Operators d folgt danach die Gültigkeit der Gleichung

$$(3.3) \qquad\qquad\qquad d\,(du) = 0$$

für alle Differentiale $u \,\epsilon\, A$.

Das Zeichen d ist schon in den erzeugenden Symbolen dx^i von A verwendet worden. Da auch die äussere Differentiation von x^i gerade dx^i ergibt, kann aus jener Bezeichnungsweise kein Missverständnis entstehen.

Nunmehr bedeute σ wieder wie im vorigen Abschnitt den von einer Substitution σ: $\sigma x^i = x^i\,(y)$ bewirkten Homomorphismus des Ringes A in den Ring B. Die äussere Differentiation d erweist sich dann als invariant im Sinne der Gültigkeit der Gleichung

$$(3.4) \qquad\qquad d\sigma u = \sigma du \qquad \text{für alle } u \,\epsilon\, A.$$

Für ein $u = a \in A_0$ folgt dies aus (2) und der bereits bewiesenen Invarianz der äusseren Multiplikation mit nachstehender Rechnung:

$$d\,(\sigma a) = d\,(a\,(x^1\,(y)), \ldots, x^m\,(y))) = \sum_k \frac{\partial a\,(x\,(y))}{\partial y^k} \cdot dy^k =$$

$$= \sum_{i,k} \sigma\,(a_{x^i}) \cdot \frac{\partial x^i}{\partial y^k} \cdot dy^k = \sum_i \sigma\,(a_{x^i}) \cdot \sigma\,(dx^i) = \sigma\,(\sum_i a_{x^i} \cdot dx^i)$$

Andererseits ist für ein Monom v der Art $v = dx^{i_1} \wedge \ldots \wedge dx^{i_p}$ das σ-Bild σv wegen der Invarianz der äusseren Multiplikation äusseres Produkt der Bilder $\sigma\,dx^i$, die nach (2.1) die Gestalt $d\,(x^i\,(y)) = d\,(\sigma x^i)$ haben, weshalb zufolge von (3.2) die Differentiation von σv 0 ergibt; denn jeder Faktor $d\,(\sigma x^i)$ wird nach (3.3) durch Differentiation annulliert. Liegt nun ein beliebiges Monom $u = a \cdot v$ vor, wo $a \in A_0$ und v von der eben betrachteten Gestalt ist, so folgt nach dem bisher Bewiesenen: $d\,(\sigma u) = d\,(\sigma a \wedge \sigma v) = d\,(\sigma a) \wedge \sigma v = \sigma\,(da) \wedge \sigma v =$ $= \sigma\,(da \wedge v) = \sigma\,du$, wenn von der Regel (3.2) Gebrauch gemacht wird. Aus der Linearität der Operatoren folgt nunmehr sofort die allgemeine Gültigkeit von (3.4).

4. Differentiation nach Basisdifferentialen

In leicht verständlicher Vereinfachung werde die Darstellung (1.1) eines beliebigen Elements u des Differentialringes A auch so geschrieben:

$$(4.1) \qquad u = \sum_{p=0}^{m} \frac{1}{p!} \cdot a_{i_1 \ldots i_p} \cdot dx^{i_1} \wedge \ldots \wedge dx^{i_p}$$

Wegen der Einzigkeit einer solchen Darstellung bei schiefsymmetrischen Koeffiziententensoren $a_{i_1 \ldots i_p}$ wird durch die Festsetzung, dass

$$(4.2) \qquad e_k u = \sum_{p=0}^{m-1} \frac{1}{p!} \cdot a_{k i_1 \ldots i_p} \cdot dx^{i_1} \wedge \ldots \wedge dx^{i_p}$$

sei, ein linearer Operator e_k in A erklärt, der eine Differentiation des äusseren Polynoms (4.1) nach dem Argument dx^k bedeutet, soweit bei nicht-kommutativer Multiplikation überhaupt davon die Rede sein kann.

Wenn die Koordinaten nicht durchnumeriert sind, empfiehlt sich die Schreibweise

$$(4.3) \qquad e_x \text{ statt } e_i, \quad \text{wenn } x = x^i \text{ ist.}$$

Die Aussage, dass ein Differential u das Basisdifferential dx^k nicht enthalte, soll immer so verstanden werden: alle in der Darstellung (4.1) auftretenden Koeffizienten $a_{i_1 \ldots i_p}$, bei denen ein Index den Wert k hat, sind 0. Dies vorausgeschickt, kann die Berechnung von $e_k u$ auch folgendermassen beschrieben werden.

Ist u in $u = dx^k \wedge u' + u''$ zerlegt, wo u' und u'' das Differential dx^k nicht enthalten, so sind u' und u'' durch u eindeutig bestimmt und u' ist $= e_k u$.

Insbesondere ist diese Bemerkung nützlich beim Beweise der für beliebige Differentiale u, v gültigen Produktregel

$$(4.4) \qquad e_k (u \wedge v) = e_k u \wedge v + \eta u \wedge e_k v,$$

die genau der Differentiationsregel (3.2) entspricht.

Sind u, v in $u = dx^k \wedge u' + u''$, $v = dx^k \wedge v' + v''$ zerlegt, wo dx^k in keinem der Differentiale u', v', u'', v'' vorkomme, so folgt mittels der allgemeinen Beziehung

$$(4.5) \qquad u \wedge dx^i = dx^i \wedge \eta u \qquad\qquad (u \, \epsilon \, A),$$

dass $u \wedge v = dx^k \wedge (u' \wedge v'' + \eta u'' \wedge v') + u'' \wedge v''$ und darum

$$e_k (u \wedge v) = u' \wedge v'' + \eta u'' \wedge v'$$

ist. Nach Eintragen von $u' = e_k u$, $v' = e_k v$, $v'' = v - dx^k \wedge e_k v$, $\eta u'' = \eta u + dx^k \wedge \eta e_k u$ wird die rechte Seite bis auf den Summanden

$$- e_k u \wedge dx^k \wedge e_k v + dx^k \wedge \eta e_k u \wedge e_k v,$$

der nach (4.5) gleich 0 ist, zu $e_k u \wedge v + \eta u \wedge e_k v$.

Anwendung von e_l auf (4.2) ergibt

$$e_l e_k u = \sum_{p=0}^{m-2} \frac{1}{p!} \cdot a_{kl i_1 \ldots i_p} \cdot dx^{i_1} \wedge \ldots \wedge dx^{i_p},$$

woraus die Beziehung

$$(4.6) \qquad e_i e_k + e_k e_i = 0$$

folgt.

Da e_k den Grad eines homogenen Differentials um 1 vermindert, ist für homogene Differentiale $e_k \eta u = -\eta e_k u$, $e_k \zeta u = \eta \zeta e_k u$ und daher allgemein

$$(4.7) \qquad e_i \eta + \eta e_i = 0, \qquad e_i \zeta = \eta \zeta e_i.$$

Während die Operatoren η, ζ bei Substitutionen σ im Sinne

$$\eta \sigma u = \sigma \eta u, \qquad \zeta \sigma u = \sigma \zeta u$$

invariant sind wie die äussere Differentiation d gemäss (3.4), sind die Operatoren $e_k = e_{x^k}$ *kovariant* im Sinne der Kettenregel

$$(4.8) \qquad e_{y^l} \sigma u = \sum_{k=1}^{m} \frac{\partial x^k}{\partial y^l} \cdot \sigma e_{x^k} u.$$

Denn mit der in (2.2) verwendeten Bezeichnung wird

$$e_{y^l} \sigma u = \sum_{p=0}^{n-1} \frac{1}{p!} \cdot b_{l k_1 .. k_p} \cdot dy^{k_1} \wedge .. \wedge dy^{k_p},$$

während

$$\sigma e_{x^k} u = \sum_{p=0}^{m-1} \frac{1}{p!} \cdot \sigma a_{k i_1 .. i_p} \cdot \frac{\partial x^{i_1}}{\partial y^{k_1}} .. \frac{\partial x^{i_p}}{\partial y^{k_p}} \cdot dy^{k_1} \wedge .. \wedge dy^{k_p}$$

ist, wobei nach (2.2)

$$b_{l k_1 .. k_p} = \sum_{k, i_1 .. i_p} \sigma a_{k i_1 .. i_p} \frac{\partial x^k}{\partial y^l} \cdot \frac{\partial x^{i_1}}{\partial y^{k_1}} .. \frac{\partial x^{i_p}}{\partial y^{k_p}}$$

zu setzen ist.

Der Operator

$$(4.9) \qquad\qquad g = dx^i \wedge e_i \qquad\qquad \text{(Summation über } i)$$

hat auf homogene Differentiale die Wirkung, sie einfach mit ihrem Grade zu multiplizieren, weshalb für beliebige Differentiale u, v

$$(4.10) \qquad g(u \wedge v) = gu \wedge v + u \wedge gv$$

gilt. Er ist natürlich invariant im Sinne von $\sigma gu = g \sigma u$, mit η, ζ vertauschbar, und es gilt

$$(4.11) \qquad dg - gd = -d, \qquad e_i g - g e_i = e_i.$$

5. Differentialtensoren

Ein *kovarianter Differentialtensor* über dem Ringe A_0 der im Gebiete G differenzierbaren Funktionen $f(x^1, x^2, \ldots, x^m)$ ist eine Gesamtheit

$$u = \{ u_{x^i x^k \ldots x^l} : i, k, \ldots, l = 1, 2, \ldots, m \}$$

von Differentialen $u_{x^i x^k \ldots x^l} \in A$, die in solcher Weise auf das Koordinatensystem bezogen ist, dass sie bei einer Substitution

$$\sigma : \qquad \sigma x^i = x^i (y^1, y^2, \ldots, y^n) \qquad (i = 1, 2, \ldots, m)$$

in die Gesamtheit σu der Differentiale

$$(5.1) \qquad (\sigma u)_{y^r y^s \ldots y^t} = \sum_{i,k,\ldots,l} \frac{\partial x^i}{\partial y^r} \frac{\partial x^k}{\partial y^s} \ldots \frac{\partial x^l}{\partial y^t} \sigma (u_{x^i x^k \ldots x^l}) \in B$$

$$(r, s, \ldots, t = 1, 2, \ldots, n)$$

übergeht.

Die Differentiale $u_{x^i x^k \ldots x^l}$ heissen die *Komponenten* des Tensors u. Abgekürzt können sie auch mit $u_{ik \ldots l}$ bezeichnet werden.

Beliebige Differentialtensoren

$$u = \{ u_{x^{i_1} x^{i_2} \ldots x^{i_\lambda}} \}, \qquad v = \{ v_{x^{i_1} x^{i_2} \ldots x^{i_\mu}} \}$$

bestimmen einen Differentialtensor

$$u \wedge v$$

mit den Komponenten

$$(u \wedge v)_{i_1 \ldots i_\lambda i_{\lambda+1} \ldots i_{\lambda+\mu}} = u_{i_1 \ldots i_\lambda} \wedge v_{i_{\lambda+1} \ldots i_{\lambda+\mu}}$$

Diese *äussere Multiplikation* von Differentialtensoren ist assoziativ und invariant in dem Sinne

$$\sigma (u \wedge v) = \sigma u \wedge \sigma v.$$

Die Addition von Tensoren u, v ist nur bei gleicher Stufe $\lambda = \mu$ der Summanden möglich. Sie bedeutet die Herstellung des

Tensors $u + v$ mit den **Komponenten**

$$(u + v)_{i_1 .. i_\lambda} = u_{i_1 .. i_\lambda} + v_{i_1 .. i_\lambda}$$

und ist invariant:

$$\sigma (u + v) = \sigma u + \sigma v.$$

Wird die Wirkung der Operatoren η, ζ auf einen Differentialtensor u der Wirkung von η, bezw. ζ auf die Komponenten von u gleichgesetzt:

$$(\eta u)_{i_1 .. i_\lambda} = \eta u_{i_1 .. i_\lambda} , \qquad (\zeta u)_{i_1 .. i_\lambda} = \zeta u_{i_1 .. i_\lambda} ,$$

so sind η und ζ invariant:

$$\sigma \eta u = \eta \sigma u, \qquad \sigma \zeta u = \zeta \sigma u.$$

Die Operatoren e_k können jetzt zu einem Operator e zusammengefasst werden, dessen Wirkung auf kovariante Differentialtensoren $u = \{u_{i_1 .. i_\lambda}\}$ durch

$$(eu)_{i i_1 .. i_\lambda} = e_i u_{i_1 .. i_\lambda}$$

erklärt ist. Dieser Operator e ist invariant:

$$\sigma e u = e \sigma u .$$

Invarianz bedeutete in den bisher betrachteten Fällen Vertauschbarkeit mit beliebigen Substitutionen der in § 2 genannten Art. Wird nur Invarianz gegenüber Substitutionen gefordert, die als Abbildungen von H auf G eineindeutig sind und eine in H differenzierbare Umkehrung

$$\sigma^{-1} : \qquad \sigma^{-1} y^i = y^i (x^1, x^2, ... , x^m) \qquad (i = 1, 2, ... , n)$$

haben, was $m = n$ und

$$\left| \frac{\partial x^i}{\partial y^k} \right| \neq 0 \qquad \text{(überall in } H)$$

zur Folge hat, so kann der Begriff des Differentialtensors durch Zulassung der *Kontravarianz* erweitert werden.

Ein *Differentialtensor* (über A_0) *vom Typus*

$$\begin{pmatrix} k_1 \ k_2 \ \dots \ k_\mu \\ i_1 \ i_2 \ \dots \ i_\lambda \end{pmatrix}$$

ist eine Gesamtheit

$$u = \left\{ u^{x^{k_1} x^{k_2} \dots x^{k_\mu}}_{x^{i_1} x^{i_2} \dots x^{i_\lambda}} : i_1, i_2, \dots, i_\lambda, k_1, \dots, k_\mu = 1, 2, \dots, m \right\}$$

von Differentialen

$$(5.2) \qquad u^{x^{k_1} x^{k_2} \dots x^{k_\mu}}_{x^{i_1} x^{i_2} \dots x^{i_\lambda}} \in A,$$

die bei einer umkehrbar eindeutigen differenzierbaren Substitution in die Gesamtheit u der Differentiale

$$(\sigma u)^{y^{s_1} y^{s_2} \dots y^{s_\mu}}_{y^{r_1} y^{r_2} \dots y^{r_\lambda}} = \sum_{\substack{i_1 \dots i_\lambda \\ k_1 \dots k_\mu}} \frac{\partial x^{i_1}}{\partial y^{r_1}} \cdots \frac{\partial x^{i_\lambda}}{\partial y^{r_\lambda}} \sigma\left(\frac{\partial y^{s_1}}{\partial x^{k_1}}\right) \cdots \sigma\left(\frac{\partial y^{s_\mu}}{\partial x^{k_\mu}}\right) \sigma u^{x^{k_1} x^{k_2} \dots x^{k_\mu}}_{x^{i_1} x^{i_2} \dots x^{i_\lambda}}$$

übergeht.

Für die Komponentem (5.2) ist die vereinfachte Schreibweise

$$u^{k_1 k_2 \dots k_\mu}_{i_1 i_2 \dots i_\lambda}$$

üblich.

Schreibt man nach dem Muster (4.1) diese Komponenten aus:

$$(5.3) \qquad u^{k_1 \dots k_\mu}_{i_1 \dots i_\lambda} = \sum_{p=0}^{m} \frac{1}{p!} \cdot a^{k_1 \dots k_\mu}_{i_1 \dots i_\lambda \, l_1 \dots l_p} \cdot dx^{l_1} \wedge \dots \wedge dx^{l_p},$$

und setzt auch

$$(\sigma u)^{s_1 \dots s_\mu}_{r_1 \dots r_\lambda} = \sum_{p=0}^{m} \frac{1}{p!} \cdot b^{s_1 \dots s_\mu}_{r_1 \dots r_\lambda \, t_1 \dots t_p} \cdot dy^{t_1} \wedge \dots \wedge dy^{t_p},$$

so wird

$$b^{s_1 \dots s_\mu}_{r_1 \dots r_\lambda \, t_1 \dots t_p} = \sum_{i,k,l} a^{k_1 \dots k_\mu}_{i_1 \dots i_\lambda \, l_1 \dots l_p} \frac{\partial x^{i_1}}{\partial y^{r_1}} \cdots \frac{\partial x^{i_\lambda}}{\partial y^{r_\lambda}} \frac{\partial x^{l_1}}{\partial y^{t_1}} \cdots \frac{\partial x^{l_p}}{\partial y^{t_p}} \sigma\left(\frac{\partial y^{s_1}}{\partial x^{k_1}} \cdots \frac{\partial y^{s_\mu}}{\partial x^{k_\mu}}\right),$$

woraus zu erkennen ist, dass ein Differentialtensor durch $m + 1$ skalare Tensoren

$$(5.4) \qquad a_{i_1 .. i_\lambda}^{k_1 .. k_\mu}{}_{l_1 .. l_p} \qquad (p = 0, 1, 2, ... , m),$$

die bezüglich der letzten p unteren Indizes schiefsymmetrisch sind, beschrieben werden kann.

Ein Differentialtensor heisse homogen, und zwar vom Grade p, wenn seine Komponenten homogene Differentiale p-ten Grades sind.

Äussere Multiplikation, Addition, die Operatoren η, ζ, e, g sind mit naheliegenden, durch das Hinzutreten der oberen Indizes beding-ten Änderungen im grösseren Bereiche $T(A)$ der Differentialtenso-ren beliebigen Typus so zu erklären, wie es vorhin im Bereiche der kovarianten Differentialtensoren geschehen ist. Diese Operationen sind dann invariant im Sinne der Vertauschbarkeit mit beliebigen umkehrbar eindeutigen differenzierbaren Substitutionen σ.

Als Beispiel sei nur die Wirkung von e auf den Differential-tensor (5.3) ausführlich angegeben:

$$(5.5) \qquad (eu)_{hi_1 .. i_\lambda}^{k_1 .. k_\mu} = e_h u_{i_1 .. i_\lambda}^{k_1 .. k_\mu} = \sum_{p=0}^{m-1} \frac{1}{p!} \cdot a_{i_1 .. i_\lambda}^{k_1 .. k_\mu}{}_{hl_1 .. l_p} \cdot dx^{l_1} \wedge .. \wedge dx^{l_p}$$

6. Äussere Differentiation von Differentialtensoren

Wenn ein metrischer Fundamentaltensor g_{ik} mit der Eigenschaft

$$(6.1) \qquad g_{ik} \in A_0, \qquad |g_{ik}| \neq 0 \qquad \text{(überall in } G)$$

vorliegt, so kann eine *kovariante Differentiation*

$$d_h (= d_x h)$$

erklärt werden, die aus einem Differentialtensor u mit den Kompo-nenten (5.3) einen Tensor mit den Komponenten

$$(6.2) \qquad d_h u_{i_1 .. i_\lambda}^{k_1 .. k_\mu} = \sum_{p=0}^{m} \frac{1}{p!} \cdot d_h a_{i_1 .. i_\lambda}^{k_1 .. k_\mu}{}_{l_1 .. l_p} \cdot dx^{l_1} \wedge .. \wedge dx^{l_p}$$

macht, wobei

$$d_h a^{k_1 \ldots k_\mu}_{i_1 \ldots i_\lambda \, l_1 \ldots l_p} = \frac{\partial}{\partial x^h} a^{k_1 \ldots k_\mu}_{i_1 \ldots i_\lambda \, l_1 \ldots l_p} +$$

$$(6.3) \qquad + \Gamma^{k_1}_{hr} \cdot a^{r \ldots k_\mu}_{i_1 \ldots i_\lambda \, l_1 \ldots l_p} + \ldots + \Gamma^{k_\mu}_{hr} \cdot a^{k_1 \ldots r}_{i_1 \ldots i_\lambda \, l_1 \ldots l_p}$$

$$- \Gamma^{r}_{hi_1} \cdot a^{k_1 \ldots k_\mu}_{r \ldots i_\lambda \, l_1 \ldots l_p} - \ldots - \Gamma^{r}_{hi_\lambda} \cdot a^{k_1 \ldots k_\mu}_{i_1 \ldots r \, l_1 \ldots l_p}$$

$$- \Gamma^{r}_{hl_1} \cdot a^{k_1 \ldots k_\mu}_{i_1 \ldots i_\lambda \, r \ldots l_p} - \ldots - \Gamma^{r}_{hl_p} \cdot a^{k_1 \ldots k_\mu}_{i_1 \ldots i_\lambda \, l_1 \ldots r}$$

die bekannte kovariante Ableitung nach x^h des Tensors (5.4) bedeute.

Mittels der von E. CARTAN wiederholt verwendeten Differentiale

$$(6.4) \qquad\qquad \omega^k_i = \Gamma^k_{ij} \cdot dx^j,$$

die nicht die Komponenten eines Differentialtensors sind, können die von den Gliedern der letzten Zeile in (6.3) herrührenden Anteile in (6.2) zu $\; - \omega^r_h \wedge e_r u^{k_1 \ldots k_\mu}_{i_1 \ldots i_\lambda} \;$ zusammengefasst werden. Erklärt man überdies

$$\frac{\partial}{\partial x^h}$$

als einen in $T(A)$ wirkenden Operator durch die Festsetzung, dass seine Wirkung auf den Differentialtensor u mit den Komponenten (5.3) das System der Differentiale

$$(6.5) \qquad \frac{\partial}{\partial x^h} u^{k_1 \ldots k_\mu}_{i_1 \ldots i_\lambda} = \sum_{p=0}^{m} \frac{1}{p!} \cdot \frac{\partial}{\partial x^h} a^{k_1 \ldots k_\mu}_{i_1 \ldots i_\lambda \, l_1 \ldots l_p} \cdot dx^{l_1} \wedge \ldots \wedge dx^{l_p}$$

sei, das im allgemeinen kein Differentialtensor ist, so kann statt (6.2) einfacher

$$d_h u^{k_1 \ldots k_\mu}_{i_1 \ldots i_\lambda} = \frac{\partial}{\partial x^h} u^{k_1 \ldots k_\mu}_{i_1 \ldots i_\lambda} - \omega^r_h \wedge e_r u^{k_1 \ldots k_\mu}_{i_1 \ldots i_\lambda} +$$

$$(6.6) \qquad + \Gamma^{k_1}_{hr} \cdot u^{r \ldots k_\mu}_{i_1 \ldots i_\lambda} + \ldots + \Gamma^{k_\mu}_{hr} \cdot u^{k_1 \ldots r}_{i_1 \ldots i_\lambda}$$

$$- \Gamma^{r}_{hi_1} \cdot u^{k_1 \ldots k_\mu}_{r \ldots i_\lambda} - \ldots - \Gamma^{r}_{hi_\lambda} \cdot u^{k_1 \ldots k_\mu}_{i_1 \ldots r}$$

geschrieben werden.

Als wichtiger Sonderfall dieser Formel sei

$$(6.7) \qquad d_h u = \frac{\partial u}{\partial x^h} - \omega_h^r \wedge e_r u ,$$

die *kovariante Differentiation eines skalaren Differentials* u hervorgehoben.

Wird der Übergang von einem Differentialtensor $u = \{ u_{i_1 \, .. \, i_\lambda}^{k_1 \, .. \, k_\mu} \}$ zu dem Tensor mit den Komponenten (6.2) als Anwendung eines Operators D auf u gedeutet:

$$(6.8) \qquad (Du)_{h i_1 \, .. \, i_\lambda}^{k_1 \, .. \, k_\mu} = d_h u_{i_1 \, .. \, i_\lambda}^{k_1 \, .. \, k_\mu} ,$$

so ist die kovariante Differentiation im Sinne der Vertauschbarkeit

$$\sigma \, Du = D\sigma u \qquad\qquad (u \in T(A))$$

mit allen eineindeutigen differenzierbaren Substitutionen σ invariant (und nicht kovariant).

Es sei daran erinnert, dass auch jede « *Verjüngung* » eines Tensors $u = \{ u_{i_1 \, .. \, i_\lambda}^{k_1 \, .. \, k_\mu} \}$, etwa die Bildung von $Vu = \{ \sum\limits_h u_{h i_2 \, . \, i_\lambda}^{h k_2 \, . \, k_\mu} \}$, eine im Sinne des Bestehens der Gleichung

$$\sigma V u = V \sigma u$$

invariante Operation ist.

Nach diesen Bemerkungen ist klar, dass der Übergang von einem Differentialtensor $u = \{ u_{i_1 \, .. \, i_\lambda}^{k_1 \, .. \, k_\mu} \}$ zu der Gesamtheit du der Differentiale

$$(6.9) \qquad (du)_{i_1 \, .. \, i_\lambda}^{k_1 \, .. \, k_\mu} = dx^h \wedge d_h u_{i_1 \, .. \, i_\lambda}^{k_1 \, .. \, k_\mu} \qquad \text{(Summation über } h)$$

ein im Sinne

$$\sigma du = d\sigma u$$

invarianter Operator d ist; denn er bedeutet die äussere Multiplikation $dx \wedge Du$ eines Differentialtensors $dx = \{ dx^i \}$ vom Typus $(^i)$ mit Du und nachfolgende Verjüngung in Bezug auf den Index von dx (und einen Index von Du), also die Ausführung von lauter mit σ vertauschbaren Operationen.

Die Bezeichnung d für diesen Operator und seine Benennung als *äussere Differentiation* der Differentialtensoren rechtfertigen sich durch die Bemerkung, dass im Falle eines skalaren Differentials u die Summe $dx^h \wedge d_h u$ wegen (6.7) und der Symmetrie $\Gamma_{ij}^k = \Gamma_{ji}^k$ der Christoffelsymbole, die

$$(6.10) \qquad dx^h \wedge \omega_h^k = 0$$

zur Folge hat, mit $dx^h \wedge \dfrac{\partial u}{\partial x^h}$ und darum mit dem in (3.1) definierten du übereinstimmt.

Unter Beachtung von (6.4) und (6.10) gewinnt man aus (6.9) und (6.6) folgenden Ausdruck für die Komponenten von du:

$$
\begin{aligned}
(du)_{i_1 \dots i_\lambda}^{k_1 \dots k_\mu} &= d\left(u_{i_1 \dots i_\lambda}^{k_1 \dots k_\mu}\right)\\[2mm]
&\quad + \omega_r^{k_1} \wedge u_{i_1 \dots i_\lambda}^{r \dots k_\mu} + \dots + \omega_r^{k_\mu} \wedge u_{i_1 \dots i_\lambda}^{k_1 \dots r}\\[2mm]
&\quad - \omega_{i_1}^{r} \wedge u_{r \dots i_\lambda}^{k_1 \dots k_\mu} - \dots - \omega_{i_\lambda}^{r} \wedge u_{i_1 \dots r}^{k_1 \dots k_\mu}.
\end{aligned}
$$

$$(6.11)$$

Der erste Summand auf der rechten Seite dieser Gleichung ist das nach der Regel (3.1) zu berechnende äussere Differential der Komponente $u_{i_1 \dots i_\lambda}^{k_1 \dots k_\mu}$ des Differentialtensors u, das durch seine Beklammerung deutlich unterschieden wird von der mit gleichen Indizes versehenen Komponente des äusseren Differentials des Differentialtensors u.

7. Krümmungsdifferentiale

Um das (nicht-tensorielle) Verhalten der *Cartanschen Differentiale*

$$(7.1) \qquad \omega_k^i = \Gamma_{kl}^i \cdot dx^l$$

bei Koordinatenwechsel zu beschreiben, empfiehlt es sich, die Matrizen

$$G = (g_{ik}), \qquad \omega = (\omega_k^i), \qquad dx = (dx^i)$$

zu bilden, in denen i Zeilen- und k Spaltenindex seien.

Die Matrix ω kann dann gekennzeichnet werden als die einzige, aus homogenen Differentialen ersten Grades gebildete Matrix, die den Gleichungen

$$(7.2) \qquad dG = G \cdot \omega + {}^t\omega \cdot G, \qquad \omega \wedge dx = 0$$

genügt.

Links oben stehendes t bedeute dabei Transponieren, und Anwendung von d auf eine Matrix, deren Glieder Differentiale sind, bedeute äusseres Differenzieren der Matrixglieder. Beim Differenzieren eines äusseren Produkts $A \wedge B$ von Matrizen ist die aus (3.2) folgende Regel $d(A \wedge B) = dA \wedge B + \eta A \wedge dB$ zu beachten.

Anwendung einer eineindeutigen differenzierbaren Substitution

$$(7.3) \qquad \sigma: \qquad \sigma x^i = x^i(y^1, y^2, \ldots, y^m) \qquad (i = 1, 2, \ldots, m)$$

auf alle Glieder einer Matrix werde durch Vorausetzen von σ vor das Zeichen der Matrix angedeutet, wie z. B. in den Gleichungen

$$(7.4) \qquad d(\sigma x) = \sigma dx = A \, dy, \quad \text{wo } A = \left(\frac{\partial x^i}{\partial y^k}\right), \quad dy = (dy^i).$$

Für die im y-Koordinatensystem entsprechend zu G und ω gebildeten Matrizen $\overline{G}$ und $\overline{\omega}$ gilt

$$(7.5) \qquad \overline{G} = {}^tA \, (\sigma G) \, A$$

$$(7.6) \qquad d\overline{G} = \overline{G} \cdot \overline{\omega} + {}^t\overline{\omega} \cdot \overline{G}, \qquad \overline{\omega} \wedge dy = 0,$$

wobei wiederum $\overline{\omega}$ durch diese Gleichungen bestimmt ist. Verwendet man die aus (7.2) folgende Beziehung

$$d(\sigma G) = (\sigma G)(\sigma \omega) + {}^t(\sigma \omega)(\sigma G)$$

sowie (7.5) bei der Berechnung von

$$d\overline{G} = {}^t(dA)(\sigma G) \cdot A + {}^tA \cdot d(\sigma G) \cdot A + {}^tA \cdot (\sigma G) \cdot dA,$$

so entsteht

$$d\overline{G} = {}^t(dA) \, {}^tA^{-1}\overline{G} + \overline{G} \cdot A^{-1} \cdot (\sigma \omega) \cdot A +$$
$$(7.7) \qquad + {}^tA \, {}^t(\sigma \omega) \cdot {}^tA^{-1} \cdot \overline{G} + \overline{G} \cdot A^{-1} \cdot dA =$$
$$= \overline{G}(A^{-1} \cdot dA + A^{-1} \cdot (\sigma \omega) \cdot A) + {}^t(A^{-1} \cdot dA + A^{-1} \cdot (\sigma \omega) \cdot A) \cdot \overline{G}.$$

Andererseits gilt auch

$$(7.8) \qquad (A^{-1} \cdot dA + A^{-1} \cdot (\sigma\omega) \cdot A) \wedge dy = 0,$$

weil zufolge von $(\sigma\omega) \wedge (\sigma dx) = 0$ und $A^{-1} \cdot dA \cdot A^{-1} = - d(A^{-1})$

$$A^{-1} \cdot dA \cdot A^{-1} \wedge (\sigma dx) + A^{-1}(\sigma\omega) \wedge (\sigma dx) = - d(A^{-1}) \wedge (\sigma dx) =$$

$$= - d(A^{-1} \wedge (\sigma dx)) = - d(dy) = 0$$

ist. Da nach (7.7) und (7.8) die Matrix $A^{-1} \cdot dA + A^{-1} \cdot (\sigma\omega) \cdot A$ die für $\overline{\omega}$ kennzeichnenden Gleichungen (7.2) erfüllt, muss

$$(7.9) \qquad \overline{\omega} = A^{-1} \cdot dA + A^{-1} \cdot (\sigma\omega) \cdot A$$

sein.

Bildet man nun die Matrix

$$(7.10) \qquad \Omega = d\omega + \omega \wedge \omega$$

und entsprechend im y-Koordinatensystem

$$\overline{\Omega} = d\overline{\omega} + \overline{\omega} \wedge \overline{\omega},$$

so zeigt (7.9), dass

$$\overline{\Omega} = - A^{-1} \cdot dA \cdot A^{-1} \wedge dA - A^{-1} \cdot dA \cdot A^{-1} \wedge (\sigma\omega) \cdot A +$$

$$+ A^{-1}(d\sigma\omega) \cdot A - A^{-1} \cdot (\sigma\omega) \wedge dA$$

$$+ (A^{-1} \cdot dA + A^{-1}(\sigma\omega) \cdot A) \wedge (A^{-1} \cdot dA + A^{-1}(\sigma\omega) \cdot A)$$

$$= A^{-1}(d(\sigma\omega) + (\sigma\omega) \wedge (\sigma\omega)) \cdot A = A^{-1}(\sigma\Omega) \cdot A$$

ist. Wegen

$$(7.11) \qquad A^{-1} = \left(\sigma \frac{\partial y^i}{\partial x^k} \right)$$

bedeutet dieses Ergebnis

$$\overline{\Omega} = A^{-1} \cdot (\sigma\Omega) \cdot A,$$

dass die Elemente

$$(7.12) \qquad d\omega_k^i + \omega_r^i \wedge \omega_k^r = \Omega_k^i$$

der Matrix Ω sich wie die Komponenten eines Differentialtensors vom Typus $\begin{pmatrix} i \\ k \end{pmatrix}$ verhalten:

$$\overline{\Omega}^r{}_s = \sigma\left(\frac{\partial y^r}{\partial x^k}\right) \cdot \sigma\Omega^k{}_i \cdot \frac{\partial x^i}{\partial y^s}$$

Dieser Tensor werde wie die Matrix seiner Komponenten mit Ω bezeichnet, wenn dadurch keine Missverständnisse zu befürchten sind.

Die *Krümmungsdifferentiale* $\Omega^i{}_k$ genügen den Gleichungen

$$(7.13) \qquad\qquad \Omega^i{}_k \wedge dx^k = 0 \, ;$$

denn die aus der zweiten der Gleichungen (7.2) durch äussere Differentiation folgende Beziehung $0 = d(\omega \wedge dx) = d\omega \wedge dx$ sagt nach (7.10) und (7.2)

$$(7.14) \qquad\qquad \Omega \wedge dx = 0$$

und damit (7.13) aus.

Eine weitere Relation zwischen Krümmungsdifferentialen, nämlich

$$(7.15) \qquad\qquad {}^t\Omega \cdot G + G \cdot \Omega = 0,$$

die mit

$$\Omega_{ik} = g_{il}\,\Omega^l{}_k$$

auch so geschrieben werden kann:

$$(7.16) \qquad\qquad \Omega_{ik} + \Omega_{ki} = 0,$$

folgt durch äussere Differentiation der ersten Gleichung (7.2):
Aus

$$0 = dG \wedge \omega + G \cdot d\omega + {}^t(d\omega) \cdot G - {}^t\omega \wedge dG$$

ergibt sich mittels (7.2) zunächst

$$0 = G\omega \wedge \omega + {}^t\omega \wedge G\omega + G \cdot d\omega + {}^t(d\omega) \cdot G - {}^t\omega \wedge G\omega - {}^t\omega \wedge {}^t\omega \cdot G$$

und damit die Gleichung (7.16), wenn man die Folgerung ${}^t\omega \wedge {}^t\omega = = - {}^t(\omega \wedge \omega)$ der allgemeinen Regel

$$(7.17) \qquad\qquad {}^t(B \wedge C) = (-1)^{p \cdot q} \cdot {}^tC \wedge {}^tB$$

für das Transponieren von Differentialmatrizen B vom Grade p, C vom Grade q beachtet. (Eine Differentialmatrix hat den Grad p, wenn alle ihre Elemente homogene Differentiale p-ten Grades sind.)

Die Möglichkeit, Tensorindizes herauf- order herunterzuziehen, nehmen wir, wie üblich, zum Anlass, die $\lambda + \mu$ Indizes eines Tensors vom Typus $\begin{pmatrix} k_1 \,.\, k_\mu \\ i_1 \,.\, i_\lambda \end{pmatrix}$ in $\lambda + \mu$ Vertikalen unterzubringen, was erlaubt, mit einem und demselben Zeichen $2^{\lambda+\mu}$ Tensoren zu bezeichnen. So gibt z. B. der Krümmungsdifferentialtensor Ω zu drei weiteren, ebenfalls mit Ω zu bezeichnenden Tensoren Anlass, deren Komponenten die *Krümmungsdifferentiale*

$$\Omega_{ik} = g_{il}\, \Omega^l{}_k \,, \text{ bezw. } \Omega_i{}^k = g^{kl}\, \Omega_{il}\,, \Omega^{ik} = g^{ij} \cdot g^{kl}\, \Omega_{jl}$$

sind.

In der Form

$$(7.18) \qquad \Omega_{ij} = \frac{1}{2}\, R_{ijkl} \cdot dx^k \wedge dx^l \text{ mit } R_{ijkl} + R_{ijlk} = 0$$

ausgeschrieben, liefern die Krümmungsdifferentiale die Komponenten R_{ijkl} des *Riemannschen Krümmungstensors*.

Zu den Matrizenrelationen (7.14), (7.15) gesellen sich noch die sogen. *Bianchi-Identitäten*, die der einen Matrix-Gleichung

$$(7.19) \qquad d\,(\Omega) = \Omega \wedge \omega - \omega \wedge \Omega$$

äquivalent sind. Diese ergibt sich durch äussere Differentiation von (7.10), indem aus $d\Omega = d\omega \wedge \omega - \omega \wedge d\omega$ die Matrix $d\omega$ mittels (7.10) eliminiert wird.

Für die einzelnen Matrixelemente $\Omega^i{}_k$ von Ω sagt (7.19) das Bestehen der Gleichung

$$d\,(\Omega^i{}_k) = \Omega^i{}_r \wedge \omega^r_k - \omega^i_r \wedge \Omega^r{}_k$$

aus, die, in der Form

$$d(\Omega^i{}_k) + \omega^i_r \wedge \Omega^r{}_k - \omega^r_k \wedge \Omega^i{}_r = 0$$

geschrieben, nach (6.11) das Verschwinden des Differentialtensors $d\Omega$ bedeutet:

$$(7.20) \qquad d\Omega = 0 \quad (\text{ist gleichbedeutend mit (7.19)}).$$

8. Relationen zwischen kovarianten Ableitungen

Unter dem « *Wert* » eines Differentials (1.1) in einem Punkte P verstehen wir das Differential

$$u\,(P) = a\,(P) + \sum_{p=1}^{m} \frac{1}{p\,!} \sum_{i_1\ldots i_p} a_{i_1\ldots i_p}(P) \cdot dx^{i_1} \wedge \ldots \wedge dx^{i_p},$$

dessen Koeffizienten die Werte $a\,(P)$, $a_{i_1\ldots i_p}(P)$ sind, die die Koeffizienten a, $a_{i_1\ldots i_p}$ von u im Punkte P annehmen.

Der Wert eines Tensors $\{u_{i_1\ldots i_\lambda}^{k_1\ldots k_\mu}\}$ in P ist das System der Differentiale $u_{i_1\ldots i_\lambda}^{k_1\ldots k_\mu}(P)$:

Sind die Werte zweier Differentialtensoren u, v in allen Punkten des Gebietes G einander gleich, so ist $u = v$.

Es sei daran erinnert, dass in einer Umgebung eines beliebigen Punktes P die Koordinaten so gewählt werden können, dass

$$(8.1) \qquad\qquad g_{ik}\,(P) = \pm\,\delta_{ik}\,, \qquad \frac{\partial g_{ik}}{\partial x^l}\,(P) = 0$$

gilt, wobei die Anzahl der negativen Vorzeichen der $g_{ii}\,(P)$ gleich dem Trägheitsindex der quadratischen Form $g_{ik} \cdot dx^i \cdot dx^k$ ist. Die Riemannschen Normalkoordinaten erfüllen die Forderung (8.1).

Um die Gleichheit zweier Differentialtensoren u und v zu beweisen, genügt es, $u(P) = v(P)$ für alle $P \in G$ zu beweisen, und dazu wiederum empfiehlt es sich, Normalkoordinaten in P einzuführen, weil wie bei gewöhlichen Tensoren aus der Gleichheit $u\,(P) = v\,(P)$ in einem Koordinatensystem die entsprechende Aussage in jedem anderen Koordinatensystem folgt. Normalkoordinaten in P haben den Vorteil, dass

$$(d_h\,u_{i_1\ldots i_\lambda}^{k_1\ldots k_\mu})\,(P) = \left(\frac{\partial}{\partial x^h}\,u_{i_1\ldots i_\lambda}^{k_1\ldots k_\mu}\right)(P)$$

ist.

Auf solche Weise wird z. B. die Regel

$$(8.2) \qquad\qquad d_h\,(u \wedge v) = d_h u \wedge v + u \wedge d_h\,v$$

für das kovariante Differenzieren eines äusseren Tensorprodukts, die, ausgeschrieben,

$$(8.3) \qquad d_h\,(u_{i_1\ldots}^{k_1\ldots} \wedge v_{l_1\ldots}^{m_1\ldots}) = d_h\,u_{i_1\ldots}^{k_1\ldots} \wedge v_{l_1\ldots}^{m_1\ldots} + u_{i_1\ldots}^{k_1\ldots} \wedge d_h\,v_{l_1\ldots}^{m_1\ldots}$$

besagt, evident, weil sie für Normalkoordinaten in P im Punkte P als Produktregel für partielles Differenzieren unmittelbar einleuchtet.

Beim Beweise der Ricci-Identitäten durch Verwendung von Normalkoordinaten ist wegen der zweimaligen Differentiation Vorsicht geboten. Zunächst folgt aus (6.6)

$$d_l\, d_h\, u_{i_1 \ldots i_\lambda}^{k_1 \ldots k_\mu} = \frac{\partial^2}{\partial x^l\, \partial x^h}\, u_{i_1 \ldots i_\lambda}^{k_1 \ldots k_\mu} - \frac{\partial}{\partial x^l}\, \omega_h^r \wedge e_r\, u_{i_1 \ldots i_\lambda}^{k_1 \ldots k_\mu}$$

$$+ \frac{\partial \Gamma_{rh}^{k_1}}{\partial x^l} \cdot u_{i_1 \ldots i_\lambda}^{r \ldots k_\mu} + \ldots + \frac{\partial \Gamma_{rh}^{k_\mu}}{\partial x^l} \cdot u_{i_1 \ldots i_\lambda}^{k_1 \ldots r}$$

$$- \frac{\partial \Gamma_{i_1 h}^{r}}{\partial x^l} \cdot u_{r \ldots i_\lambda}^{k_1 \ldots k_\mu} - \ldots - \frac{\partial \Gamma_{i_\lambda h}^{r}}{\partial x^l} \cdot u_{i_1 \ldots r}^{k_1 \ldots k_\mu} \quad (\text{in } P)$$

und damit

$$(d_l\, d_h - d_h\, d_l)\, u_{i_1 \ldots i_\lambda}^{k_1 \ldots k_\mu} = -\left(\frac{\partial \Gamma_{jh}^{r}}{\partial x^l} - \frac{\partial \Gamma_{jl}^{r}}{\partial x^h}\right) \cdot dx^j \wedge e_r\, u_{i_1 \ldots i_\lambda}^{k_1 \ldots k_\mu} +$$

$$+ \left(\frac{\partial \Gamma_{rh}^{k_1}}{\partial x^l} - \frac{\partial \Gamma_{rl}^{k_1}}{\partial x^h}\right) \cdot u_{i_1 \ldots i_\lambda}^{r \ldots k_\mu} + \ldots$$

$$- \left(\frac{\partial \Gamma_{i_1 h}^{r}}{\partial x^l} - \frac{\partial \Gamma_{i_1 l}^{r}}{\hat{\partial} x^h}\right) \cdot u_{r \ldots i_\lambda}^{k_1 \ldots k_\mu} - \ldots \quad (\text{in } P);$$

und da nach (7.18) und (7.10)

$$\frac{1}{2} \cdot R_{r l h}^{k} \cdot dx^l \wedge dx^h = \Omega_r^k = d\omega_r^k + \omega_s^k \wedge \omega_r^s = \frac{\partial \Gamma_{rh}^{k}}{\partial x^l} \cdot dx^l \wedge dx^h \quad (\text{in } P),$$

also

$$\frac{\partial \Gamma_{rh}^{k}}{\partial x^l} - \frac{\partial \Gamma_{rl}^{k}}{\partial x^h} = R_{r l h}^{k} = R_{l h}{}^{k}{}_{r} \quad (\text{in } P)$$

ist, ergibt sich

$$(d_l\, d_h - d_h\, d_l)\, u_{i_1 \ldots i_\lambda}^{k_1 \ldots k_\mu} = - R_{l h}{}^{r}{}_{j} \cdot dx^j \wedge e_r\, u_{i_1 \ldots i_\lambda}^{k_1 \ldots k_\mu}$$

$$+ R_{l h}{}^{k_1}{}_{r} \cdot u_{i_1 \ldots i_\lambda}^{r \ldots k_\mu} + \ldots$$

$$- R_{l h}{}^{r}{}_{i_1} \cdot u_{r \ldots i_\lambda}^{k_1 \ldots k_\mu} - \ldots \quad (\text{in } P),$$

woraus (mit etwas anderen Bezeichnungen) die *Ricci-Identitäten*

$$(d_i\, d_k - d_k\, d_i)\, u^{k_1\,..\,k_\mu}_{i_1\,..\,i_\lambda} = - R_{ik}{}^{r}_{\ \ j} \cdot dx^j \wedge e_r\, u^{k_1\,..\,k_\mu}_{i_1..\,i_\lambda}$$

$$(8.4) \qquad\qquad + R_{ik}{}^{k_1}_{\ \ r} \cdot u^{r\,..\,k_\mu}_{i_1\,..\,i_\lambda} + ... + R_{ik}{}^{k_\mu}_{\ \ r} \cdot u^{k_1\,..\,r}_{i_1\,..\,i_\lambda}$$

$$- R_{ik}{}^{r}_{\ \ i_1} \cdot u^{k_1\,..\,k_\mu}_{r\,..\,i_\lambda} - ... - R_{ik}{}^{r}_{\ \ i_\lambda} \cdot u^{k_1\,..\,k_\mu}_{i_1\,..\,r}$$

hervorgehen.

Nunmehr kann das Quadrat dd des Operators d berechnet werden :

$$(ddu)^{k_1\,..\,k_\mu}_{i_1\,..\,i_\lambda} = dx^i \wedge d_i\,(dx^k \wedge d_k\, u^{k_1\,..\,k_\mu}_{i_1\,..\,i_\lambda}) =$$

$$= dx^i \wedge d_i\, dx^k \wedge d_k\, u^{k_1\,..}_{i_1\,..} + dx^i \wedge dx^k \wedge d_i\, d_k\, u^{k_1\,..}_{i_1\,..} =$$

$$= \frac{1}{2} \cdot dx^i \wedge dx^k \wedge (d_i\, d_k - d_k\, d_i)\, u^{k_1\,..\,k_\mu}_{i_1\,..\,i_\lambda} =$$

$$= \Omega^{k_1}_{\ \ r} \wedge u^{r\,..\,k_\mu}_{i_1\,..\,i_\lambda} + ... + \Omega^{k_\mu}_{\ \ r} \wedge u^{k_1\,..\,r}_{i_1\,..\,i_\lambda}$$

$$- \Omega^{r}_{\ \ i_1} \wedge u^{k_1\,..\,k_\mu}_{r\,..\,i_\lambda} - ... - \Omega^{r}_{\ \ i_\lambda} \wedge u^{k_1\,..\,k_\mu}_{i_1\,..\,r}$$

$$- \Omega^{r}_{\ \ j} \wedge dx^j \wedge e_r\, u^{k_1\,..\,k_\mu}_{i_1\,..\,i_\lambda},$$

wobei der letzte Summand nach (7.13) verschwindet. Es ist also

$$(ddu)^{k_1\,..\,k_\mu}_{i_1\,..\,i_\lambda} = \Omega^{k_1}_{\ \ r} \wedge u^{r\,..\,k_\mu}_{i_1\,..\,i_\lambda} + ... + \Omega^{k_\mu}_{\ \ r} \wedge u^{k_1\,..\,r}_{i_1\,..\,i_\lambda}$$

$$(8.5) \qquad\qquad - \Omega^{r}_{\ \ i_1} \wedge u^{k_1\,..\,k_\mu}_{r\,..\,i_\lambda} - ... - \Omega^{r}_{\ \ i_\lambda} \wedge u^{k_1\,..\,k_\mu}_{i_1\,..\,r}$$

Im Falle einen skalaren Differentials u ist, wie schon früher festgestellt, $ddu = 0$, und die Gleichung (8.4) nimmt die Gestalt

$$(8.6) \qquad (d_i\, d_k - d_k\, d_i)\, u = - R_{ik}{}^{r}_{\ \ j} \cdot dx^j \wedge e_r\, u = - e^r\, \Omega_{ik} \wedge e_r\, u$$

an, wobei e^r den Operator $g^{rs} \cdot e_s$ bedeutet.

II. · DER INNERE DIFFERENTIALKALKÜL

9. Innere Multiplikation

Während äussere Multiplikation und Differentiation von Differentialen substitutionsinvariant im weitesten Sinne und von jeder Metrik unabhängig sind, ist der jetzt zu entwickelnde innere Differentialkalkül erst erklärbar, wenn eine Metrik gegeben ist. Die folgenden Betrachtungen setzen voraus, dass eine den Bedingungen (6.1) genügende Metrik g_{ik} gegeben sei.

Das *innere Produkt*

$$u \vee v$$

zweier Differentiale $u, v \in A$ ist die Summe

$$(9.1) \qquad u \vee v = \sum_{n=0}^{m} (-1)^{\binom{n}{2}} \frac{\eta^n}{n!} (e_{i_1} .. e_{i_n} u) \wedge e^{i_1} .. e^{i_n} v.$$

Gerechtfertigt wird diese Definition durch die offenbare Gültigkeit des Distributivgesetzes und den jetzt folgenden Beweis des Assoziativgesetzes

$$(9.2) \qquad (u \vee v) \vee w = u \vee (v \vee w).$$

Dabei genügt es offenbar, die Gültigkeit dieser Gleichung für die Werte von u, v, w in irgend einem Punkte P nachzuweisen, wobei zugleich $g_{ik}(P) = \pm \delta_{ik}$ angenommen werden kann, und vorauszusetzen, dass $u(P)$, $v(P)$, $w(P)$ Monome der Gestalt $dx^i \wedge dx^k \wedge ... \wedge dx^l$ seien.

Bei diesen Monomen kann überdies die Reihenfolge der Faktoren dx noch nach Bedarf verändert werden, da Formel (9.1) zeigt, dass $u' \vee v' = \varrho \cdot \sigma \cdot u \vee v$ ist, wenn $u' = \varrho \cdot u, v' = \sigma \cdot v$ (mit $\varrho, \sigma = \pm 1$) aus u, v durch Permutation der Faktoren dx hervorgehen.

Für die weitere Rechnung bemerken wir zunächst, dass für zwei Monome $u = w_r \wedge u_p$, $v = w_r \wedge v_q$, die einen gemeinsamen Faktor w_r vom Grade r und zwei zueinander teilerfremde Faktoren u_p, v_q von den Graden p, q haben,

$$(9.3) \qquad u \vee v = (-1)^{\binom{r}{2}+rp} u_p \wedge v_q \qquad (\text{in } P)$$

ist. Dies folgt aus (9.1), wenn man beachtet, dass wegen

$$e_{i_1} \ldots e_{i_n}\, u \wedge e^{i_1} \ldots e^{i_n}\, v = e_{i_1} \ldots e_{i_n}\, u \wedge e_{i_1} \ldots e_{i_n}\, v \qquad (\text{in } P)$$

die Glieder mit $n < r$ verschwinden, weil mindestens ein dx zweimal in dem äusseren Produkt auftritt, während die Glieder mit $n > r$ gleich 0 sind, weil dort wenigstens einer der Operatoren e auf einen der beiden äusseren Faktoren annullierend wirkt. Für $n = r$ sind nur die $n!$ Summanden, für die $i_1, \ldots, i_n$ gerade die Indizes der in w_r vorkommenden dx sind, von 0 verschieden, und diese ergeben

$$u \vee v = (-1)^{\binom{r}{2}} \eta^r\, u_p \wedge v_q \qquad (\text{in } P),$$

was mit (9.3) übereinstimmt.

Nunmehr seien die in (9.2) vorkommenden Monome u, v, w in

$$u = e \wedge f \wedge h \wedge a = (-1)^{\varepsilon \cdot (\varphi + \eta)} (f \wedge h) \wedge (e \wedge a)$$

$$v = e \wedge f \wedge g \wedge b = (-1)^{\varphi \cdot \gamma} (e \wedge g) \wedge (f \wedge b)$$

$$w = e \wedge g \wedge h \wedge c = (-1)^{\varepsilon \cdot (\gamma + \eta)} (g \wedge h) \wedge (e \wedge c)$$

zerlegt, wobei e das Produkt der u, v, w gemeinsamen, f das Produkt der nur u, v gemeinsamen, g das Produkt der nur v, w gemeinsamen, h das Produkt der nur u, w gemeinsamen dx bezeichnen. Unter $\alpha, \beta, \varepsilon, \varphi, \gamma, \eta$ sind die Grade von a, b, e, f, g, h zu verstehen.

Nach der Regel (9.3) gilt dann in P:

$$u \vee v = (-1)^{\binom{\varepsilon+\varphi}{2}+(\varepsilon+\varphi)(\eta+\alpha)}\, h \wedge a \wedge g \wedge b = (-1)^{\binom{\varepsilon+\varphi}{2}+(\varepsilon+\varphi+\gamma)\cdot(\eta+\alpha)}$$
$$\cdot\, g \wedge h \wedge a \wedge b,$$

$$(u \vee v) \vee w = (-1)^{\binom{\varepsilon+\varphi}{2}+(\varepsilon+\varphi+\gamma)(\eta+\alpha)+\varepsilon\cdot(\gamma+\eta)+\binom{\gamma+\eta}{2}+(\gamma+\eta)\cdot(\alpha+\beta)}\, \cdot\, a \wedge b \wedge e \wedge c,$$

$$v \vee w = (-1)^{\varphi\gamma+\binom{\varepsilon+\gamma}{2}+(\varepsilon+\gamma)(\varphi+\beta)}\, f \wedge b \wedge h \wedge c = (-1)^{\varphi\gamma+\binom{\varepsilon+\gamma}{2}+(\varepsilon+\gamma)(\varphi+\beta)+\eta\beta}$$
$$\cdot\, f \wedge h \wedge b \wedge c,$$

$$u \vee (v \vee w) = (-1)^{\varphi\gamma+\binom{\varepsilon+\gamma}{2}+(\varepsilon+\gamma)(\varphi+\beta)+\eta\beta+\varepsilon(\varphi+\eta)+\binom{\varphi+\eta}{2}+(\varphi+\eta)\cdot(\varepsilon+\alpha)}$$
$$\cdot\, e \wedge a \wedge b \wedge c,$$

woraus die Richtigkeit von (9.2) hervorgeht.

Wie sich innere und äussere Multiplikation unterscheiden, zeigen deutlich die Sonderfälle

$$(9.4) \qquad dx^i \vee dx^k = dx^i \wedge dx^k + g^{ik}, \qquad u \vee dx^k = u \wedge dx^k + \eta e^k u$$

der Formel (9.1), die zur Verwandlung von inneren Produkten in äussere bereits ausreichen würden.

Die Berechnung von inneren Produkten wird wesentlich erleichtert durch folgende Bemerkung:

Sind in einem Punkte P alle $g_{ij}(P)$ mit $i \neq j$ gleich 0, so ist

$$(9.5) \qquad dx^k \vee dx^l \vee \ldots \vee dx^p = dx^k \wedge dx^l \wedge \ldots \wedge dx^p \qquad (\text{in } P),$$

sobald $k, l, \ldots p$ voneinander verschieden sind.

Dies folgt mittels (9.4) durch Induktion nach der Anzahl der Faktoren. Ist (9.5) schon bestätigt und dx^q noch nicht Faktor der linken Seite u von (9.5), so ist in P $g_{qq} \cdot e^q u = e_q u = 0$ und daher nach (9.4) $u \vee dx^q = u \wedge dx^q$ in P, w. z. b. w.

Im Gegensatz zur äusseren Multiplikation, bei der die einfache Vertauschungsformel

$$(9.6) \qquad u \wedge v = \eta^h v \wedge u \qquad (\text{wenn } u \text{ homogen vom Grade } h)$$

gilt, ist die innere Multiplikation in verwickelter Weise nicht-kommutativ, wie das folgende Gegenstück zu obiger Beziehung zeigt:

$$(9.7) \qquad u \vee v = \sum_{n=0}^{m} (-1)^{\binom{n}{2}} \frac{2^n}{n!} e_{i_1} .. e_{i_n} \eta^{h+n} v \vee e^{i_1} .. e^{i_n} u$$
$$(\text{wenn } u \text{ homogen vom Grade } h)$$

Zum Beweise genügt es, auch v als homogen, etwa vom Grade l, vorauszusetzen. Nach (9.1) ist dann $e_{i_1} .. e_{i_n} \eta^{h+n} v \vee e^{i_1} .. e^{i_n} u$ gleich

$$(-1)^{(h+n)l} \sum_{r} (-1)^{\binom{r}{2}+(l-n-r)r} \frac{1}{r!} e_{j_1} .. e_{j_r} e_{i_1} .. e_{i_n} v \wedge e^{j_1} .. e^{j_r} e^{i_1} .. e^{i_n} u$$

und darum die rechte Seite von (9.7) gleich

$$\sum_{n,r} (-1)^{\binom{n}{2}+\binom{r}{2}+hl+nl+(l-n-r)r} \frac{2^n}{n! \cdot r!} e_{i_1} .. e_{i_{n+r}} v \wedge e^{i_1} .. e^{i_{n+r}} u =$$

$$= \sum_{n,r} (-1)^{\binom{n+r}{2}} \cdot \binom{n+r}{n} \cdot (-2)^n \cdot \frac{(-1)^{(n+r)h}}{(n+r)!} e_{i_1} .. e_{i_{n+r}} u \wedge e^{i_1} .. e^{i_{n+r}} v =$$

$$= \sum_s (-1)^s \sum_{n+r=s} (-1)^{\binom{n+r}{2}} \cdot \binom{n+r}{n} \cdot (-2)^n \cdot \frac{\eta^{n+r}}{(n+r)!} \, e_{i_1} .. \, e_{i_s} \, u \wedge e^{i_1} .. \, e^{i_s} \, v = u \vee v$$

wie zu beweisen war.

Als häufig aufretender Sonderfall der eben bewiesenen Beziehung sei genannt:

$$(9.8) \qquad\qquad dx^i \vee v = \eta v \vee dx^i + 2e^i v$$

10. Der innere Differentialring

Der Ring A der Differentiale ist auf eine zweite Weise Ring vermöge der inneren Multiplikation. Um zu beweisen, dass er auch als *innerer Differentialring*, d. h. bei dieser zweiten Auffassung, über dem Ringe A_0 von den Elementen dx^1, dx^2, ..., dx^m erzeugt wird, bemerken wir zunächst,

dass für homogene Differentiale 1. Grades u_i die Differenz

$$(10.1) \qquad\qquad u_1 \vee u_2 \vee .. \vee u_p - u_1 \wedge u_2 \wedge .. \wedge u_p$$

vom Grade $p - 2$ ist, wenn sie nicht 0 ist.

Diese für $p = 1$ offenbare Aussage beweist sich durch Induktion nach p mittels der Folgerung

$$u_1 \vee u_2 \vee .. \vee u_p = u_1 \wedge (u_2 \vee .. \vee u_p) + e_i u_1 \wedge e^i (u_2 \vee .. \vee u_p)$$

von (9.1).

Durch Induktion nach dem *Grad eines Differentials* u, d. h. nach dem Grade p der höchsten, in seiner Darstellung

$$(4.1) \qquad\qquad u = \sum_{n=0}^{p} \frac{1}{n!} \cdot a_{i_1 .. i_n} \cdot dx^{i_1} \wedge .. \wedge dx^{i_n}$$

(mit schiefsymmetrischen $a_{i_1 .. i_n}$)

wirklich vorkommenden äusseren Monome folgt nunmehr, dass u auch als *inneres Polynom*

$$u = \Sigma \, \frac{1}{n!} \cdot b_{i_1 \ldots i_n} \cdot dx^{i_1} \vee \ldots \vee dx^{i_n}$$

(mit schiefsymmetrischen $b_{i_1 \ldots i_n} \in A_0$)

geschrieben werden kann, wobei insbesondere

$$b_{i_1 \ldots i_p} = a_{i_1 \ldots i_p}$$

sind.

In der Tat ist nach der Bemerkung (10.1)

$$u - \frac{1}{p!} \cdot a_{i_1 \ldots i_p} \cdot dx^{i_1} \vee \ldots \vee dx^{i_p}$$

ein Differential von Grade $< p$, wenn es nicht 0 ist, was für $p = 0$ jedenfalls zutrifft.

Der durch die Gleichung (9.1) beschriebene Zusammenhang zwischen innerer und äusserer Multiplikation gestattet, mittels der Relationen (4.7) die Wirkung der Operatoren η, ζ auf $u \vee v$ zu berechnen und das Ergebnis wieder als inneres Produkt zu deuten. Auf diese Weise ergibt sich:

$$\eta\,(u \vee v) = \underset{n}{\Sigma}\,(-1)^{\binom{n}{2}} \frac{\eta^{n+1}}{n!}\, e_{i_1} \ldots e_{i_n}\, u \wedge \eta e^{i_1} \ldots e^{i_n}\, v =$$

$$= \underset{n}{\Sigma}\,(-1)^{\binom{n}{2}} \frac{\eta^{n}}{n!}\, e_{i_1} \ldots e_{i_n}\, \eta u \wedge e^{i_1} \ldots e^{i_n}\, \eta v = \eta u \vee \eta v,$$

$$\zeta\,(u \vee v) = \underset{n}{\Sigma}\,(-1)^{\binom{n}{2}}\, \zeta e^{i_1} \ldots e^{i_n}\, v \wedge \zeta \frac{\eta^{n}}{n!}\, e_{i_1} \ldots e_{i_n}\, u =$$

$$= \underset{n}{\Sigma}\,(-1)^{\binom{n}{2}}\, \eta e_{i_1}\, \eta e_{i_2} \ldots \eta e_{i_n}\, \zeta v \wedge \frac{\eta^{n}}{n!}\, \eta e^{i_1}\, \eta e^{i_2} \ldots \eta e^{i_n}\, \zeta u =$$

$$= \underset{n}{\Sigma}\,(-1)^{\binom{n}{2}} \frac{\eta^{n}}{n!}\, e_{i_1} \ldots e_{i_n}\, \zeta v \wedge e^{i_1} \ldots e^{i_n}\, \zeta u = \zeta v \vee \zeta u,$$

also

$$(10.2) \qquad \eta\,(u \vee v) = \eta u \vee \eta v, \qquad \zeta\,(u \vee v) = \zeta v \vee \zeta u.$$

Damit ist gezeigt, dass η auch für den inneren Differentialring Automorphismus ist, während sich ζ wieder als Anti-Automorphismus erweist.

Es gilt auch eine zu (4.4) analoge Produktregel

$$(10.3) \qquad e_k\,(u \vee v) = e_k\,u \vee v + \eta u \vee e_k\,v,$$

die mit folgender Rechnung bestätigt wird:

$$e_k\,(u \vee v) = \sum_n (-1)^{\binom{n}{2}}\,e_k\,\frac{\eta^n}{n!}\,e_{i_1} \dots e_{i_n}\,u \wedge e^{i_1} \dots e^{i_n}\,v\ +$$

$$+ \sum_n (-1)^{\binom{n}{2}}\,\frac{\eta^{n+1}}{n!}\,e_{i_1} \dots e_{i_n}\,u \wedge e_k\,e^{i_1} \dots e^{i_n}\,v\ =$$

$$= \sum_n (-1)^{\binom{n}{2}}\,\frac{\eta^n}{n!}\,e_{i_1} \dots e_{i_n}\,e_k\,u \wedge e^{i_1} \dots e^{i_n}\,v\ +$$

$$+ \sum_n (-1)^{\binom{n}{2}}\,\frac{\eta^n}{n!}\,e_{i_1} \dots e_{i_n}\,\eta u \wedge e^{i_1} \dots e^{i_n}\,e_k\,v = e_k\,u \vee v + \eta u \vee e_k\,v.$$

Innere Multiplikation $u \vee v$ *von Differentialtensoren* $u,\ v$ ist in derselben Weise auf das innere Multiplizieren der Komponenten von u und v zurückzuführen, wie bei der äusseren Multiplikation $u \wedge v$ die Komponenten dieses Produkts durch äussere Multiplikation der Komponenten von u und v erhalten werden. Die Gleichungen (10.2) und (10.3) behalten dann auch als Tensorgleichungen einen Sinn.

Auch die Beziehung

$$(8.2) \qquad d_h\,(u \wedge v) = d_h u \wedge v + u \wedge d_h v$$

hat ein Gegenstück

$$(10.4) \qquad d_h\,(u \vee v) = d_h u \vee v + u \vee d_h v,$$

das ausgeschrieben für Differentialtensoren

$$(10.5) \qquad u = \{\,u_i^{k\,\dots}_{\ \dots}\,\}, \qquad v = \{\,v_l^{m\,\dots}_{\ \dots}\,\}$$

folgendes besagt:

$$(10.6) \qquad d_h\,(u_i^{k\,\dots}_{\ \dots} \vee v_l^{m\,\dots}_{\ \dots}) = d_h u_i^{k\,\dots}_{\ \dots} \vee v_l^{m\,\dots}_{\ \dots} + u_i^{k\,\dots}_{\ \dots} \vee d_h v_l^{m\,\dots}_{\ \dots}.$$

Zum Abschluss dieser Betrachtungen sei noch bemerkt, dass in dem häufig begegnenden Falle, dass die Matrix (g_{ik}) Diagonalgestalt hat, der übergang von der Darstellung

$$u = \sum_{n=0}^{p} \frac{1}{n!} \cdot a_{i_1 .. i_n} \cdot dx^{i_1} \wedge ... \wedge dx^{i_n}$$

(mit schiefsymmetrischen $a_{i_1 .. i_n}$)

eines Differentials als äusseres Polynom zu seiner Darstellung als inneres Polynom nach der Bemerkung (9.5) einfach in der Ersetzung des Zeichens $\wedge$ durch $\vee$ besteht:

$$u = \sum_{n=0}^{p} \frac{1}{n!} \cdot a_{i_1 .. i_n} \cdot dx^{i_1} \vee ... \vee dx^{i_n} .$$

11. Innere Differentiation

Die Definition

$$(6.9) \qquad (du)_{i_1 .. i_\lambda}^{k_1 .. k_\mu} = dx^h \wedge d_h u_{i_1 .. i_\lambda}^{k_1 .. k_\mu}$$

der äusseren Differentiation eines Differentialtensors legt nahe, in dieser Gleichung die äussere Multiplikation durch die innere zu ersetzen und mit

$$(11.1) \qquad (\delta u)_{i_1 .. i_\lambda}^{k_1 .. k_\mu} = dx^h \vee d_h u_{i_1 .. i_\lambda}^{k_1 .. k_\mu}$$

eine *innere Differentiation* δ als Übergang von dem Differentialtensor u zu einem Differentialtensor δu zu erklären.

Da nach (9.1)

$$dx^h \vee d_h u_{i_1 .. i_\lambda}^{k_1 .. k_\mu} = dx^h \wedge d_h u_{i_1 .. i_\lambda}^{k_1 .. k_\mu} + e^h d_h u_{i_1 .. i_\lambda}^{k_1 .. k_\mu}$$

ist, gilt

$$(11.2) \qquad \delta u = du + d^* u,$$

wo d^* der durch

$$(11.3) \qquad (d^* u)_{i_1 .. i_\lambda}^{k_1 .. k_\mu} = e^h d_h u_{i_1 .. i_\lambda}^{k_1 .. k_\mu}$$

definierte Operator ist.

Während die äussere Differentiation ein *homogener Operator* ist in dem Sinne, dass sie ein homogenes Differential wieder in ein homogenes Differential verwandelt, ist die innere Differentiation als Summe eines den Grad um 1 vermehrenden Operators d und eines den Grad um 1 vermindernden Operators d^* ein *inhomogener Operator*.

Der aus (8.2) folgenden einfachen Regel

$$(11.4) \qquad d\,(u \wedge v) = du \wedge v + \eta u \wedge dv$$

für das äussere Differenzieren eines äusseren Produkts von Differentialtensoren u, v, der Verallgemeinerung der in (3.2) nur für den Fall skalarer u, v bewiesenen Formel, entspricht die Regel

$$(11.5) \qquad \delta\,(u \vee v) = \delta u \vee v + \eta u \vee \delta v + 2e^h u \vee d_h v$$

für das innere Differenzieren eines inneren Produkts, in welcher unter

$$e^h u \vee d_h v$$

der Differentialtensor mit den Komponenten

$$(11.6) \qquad e^h u_{i\,\dots}^{k\,\dots} \vee d_h v_{l\,\dots}^{m\,\dots} = (e^h u \vee d_h v)_{i\,\dots\,l\,\dots}^{k\,\dots\,m\,\dots}$$

zu verstehen ist, wenn u und v die in (10.5) genannten Komponenten haben.

Die Gleichung (11.5) folgt aus (10.6) durch innere Linksmultiplikation mit dx^h und nachfolgende Summation nach h, wenn nach (9.8) $dx^h \vee u_{i\,\dots}^{k\,\dots}$ durch $\eta u_{i\,\dots}^{k\,\dots} \vee dx^h + 2e^h u_{i\,\dots}^{k\,\dots}$ ersetzt wird.

Die aus (9.1) folgende Beziehung

$$(11.7) \qquad dx^h \wedge v = dx^h \vee v - e^h v$$

gestattet, aus (10.6) zu schliessen:

$$(d\,(u \vee v))_{i\,\dots\,l\,\dots}^{k\,\dots\,m\,\dots} = dx^h \wedge d_h\,(u_{i\,\dots}^{k\,\dots} \vee v_{l\,\dots}^{m\,\dots}) =$$

$$= dx^h \vee d_h u_{i\,\dots}^{k\,\dots} \vee v_{l\,\dots}^{m\,\dots} + dx^h \vee u_{i\,\dots}^{k\,\dots} \vee d_h v_{l\,\dots}^{m\,\dots}$$

$$- e^h\,(d_h u_{i\,\dots}^{k\,\dots} \vee v_{l\,\dots}^{m\,\dots}) - e^h\,(u_{i\,\dots}^{k\,\dots} \vee d_h v_{l\,\dots}^{m\,\dots}),$$

was nach (11.1), (9.8) und (10.3)

$$= (\delta u)^k_{i\,::}\, \mathbf{v}\, v^m_{l\,::} + \eta u^k_{i\,::}\, \mathbf{v}\, (\delta v)^m_{l\,::} + 2 e^h u^k_{i\,::}\, \mathbf{v}\, d_h v^m_{l\,::}$$

$$- e^h d_h u^k_{i\,::}\, \mathbf{v}\, v^m_{l\,::} - \eta d_h u^k_{i\,::}\, \mathbf{v}\, e^h v^m_{l\,::}$$

$$- e^h u^k_{i\,::}\, \mathbf{v}\, d_h v^m_{l\,::} - \eta u^k_{i\,::}\, \mathbf{v}\, e^h d_h v^m_{l\,::}$$

und nach (11.2) und (11.6)

$$= (du\, \mathbf{v}\, v)^{k\,\,\,m}_{i\,::\,l\,::} + (\eta u\, \mathbf{v}\, dv)^{k\,\,\,m}_{i\,::\,l\,::}$$

$$+ (e^h u\, \mathbf{v}\, d_h v)^{k\,\,\,m}_{i\,::\,l\,::} - (\eta d_h u\, \mathbf{v}\, e^h v)^{k\,\,\,m}_{i\,::\,l\,::}$$

gesetzt werden kann, wenn ähnlich zu (11.6)

$$(11.8) \qquad \eta d_h u^k_{i\,::}\, \mathbf{v}\, e^h v^m_{l\,::} = (\eta d_h u\, \mathbf{v}\, e^h v)^{k\,\,\,m}_{i\,::\,l\,::}$$

gesetzt wird.

Damit ist die Regel

$$d\,(u\, \mathbf{v}\, v) = du\, \mathbf{v}\, v + \eta u\, \mathbf{v}\, dv + e^h u\, \mathbf{v}\, d_h v - \eta d_h u\, \mathbf{v}\, e^h v$$

für die äussere Differentiation innerer Produkte bewiesen.

Die noch fehlende Regel wird mit ähnlichen Schlüssen durch folgende Rechnung gewonnen:

$$(\delta\,(u\, \wedge\, v))^{k\,\,\,m}_{i\,::\,l\,::} = dx^h \wedge d_h u^k_{i\,::} \wedge v^m_{l\,::} + dx^h \wedge u^k_{i\,::} \wedge d_h v^m_{::}$$

$$+ e^h\,(d_h u^k_{i\,::} \wedge v^m_{l\,::}) + e^h\,(u^k_{i\,::} \wedge d_h v^m_{l\,::})$$

$$= (du)^k_{i\,::} \wedge v^m_{l\,::} + \eta u^k_{i\,::} \wedge (dv)^m_{l\,::} + e^h d_h u^k_{i\,::} \wedge v^m_{l\,::} +$$

$$+ \eta u^k_{i\,::} \wedge e^h d_h v^m_{l\,::} + \eta d_h u^k_{i\,::} \wedge e^h v^m_{l\,::} + e^h u^k_{i\,::} \wedge d_h v^m_{l\,::} =$$

$$= (\delta u)^k_{i\,::} \wedge v^m_{l\,::} + \eta u^k_{i\,::} \wedge (\delta v)^m_{l\,::} +$$

$$+ (e^h u \wedge d_h v)^{k\,\,\,m}_{i\,::\,l\,::} + (\eta d_h u \wedge e^h v)^{k\,\,\,m}_{i\,::\,l\,::},$$

wobei ähnlich wie in (11.6) und (11.8)

$$e^h u^k_{i\,::} \wedge d_h v^m_{l\,::} = (e^h u \wedge d_h v)^{k\,\,\,m}_{i\,::\,l\,::},$$

$$(11.9)$$

$$\eta d_h u^k_{i\,::} \wedge e^h v^m_{l\,::} = (\eta d_h u \wedge e^h v)^{k\,\,\,m}_{i\,::\,l\,::}$$

gesetzt ist. Mit dieser Bezeichnung kann das Ergebnis dieser Rechnung als die dritte der im folgenden zusammengestellten Produktregeln formuliert werden :

$$d\,(u \wedge v) = du \wedge v + \eta u \wedge dv,$$

$$\delta\,(u \vee v) = \delta u \vee v + \eta u \vee \delta v + 2e^h u \vee d_h v,$$

(11.10)

$$\delta\,(u \wedge v) = \delta u \wedge v + \eta u \wedge \delta v + e^h u \wedge d_h v + \eta d_h u \wedge e^h v,$$

$$d\,(u \vee v) = du \vee v + \eta u \vee dv + e^h u \vee d_h v - \eta d_h u \vee e^h v.$$

Die hier erkennbare Asymmetrie in Bezug auf die beiden Faktoren u und v entspricht der Asymmetrie der Definitionen (6.9) und (11.1).

Die zu d und δ spiegelbildlichen Operatoren sind $\zeta d\zeta$ und $\zeta \delta \zeta$; denn

$$\zeta d\zeta u^{k_1 \,..\, k_\mu}_{i_1 \,..\, i_\lambda} = d_h u^{k_1 \,..\, k_\mu}_{i_1 \,..\, i_\lambda} \wedge dx^h,$$

(11.11)

$$\zeta \delta \zeta u^{k_1 \,..\, k_\mu}_{i_1 \,..\, i_\lambda} = d_h u^{k_1 \,..\, k_\mu}_{i_1 \,..\, i_\lambda} \vee dx^h.$$

Da nach (9.6) und (9.8)

$$d_h u^{k}_{i\,..} \wedge dx^h = dx^h \wedge \eta d_h u^{k}_{i\,..} = dx^h \wedge d_h \eta u^{k}_{i\,..}$$

$$d_h u^{k}_{i\,..} \vee dx^h = dx^h \vee \eta d_h u^{k}_{i\,..} - 2e^h d_h \eta u^{k}_{i\,..}$$

ist, gilt allgemein

(11.12)
$$\zeta d\zeta = d\eta = -\,\eta d$$

$$\zeta \delta \zeta = \delta \eta - 2d^* \eta = (d - d^*)\,\eta = \eta\,(d^* - d),$$

wobei die unmittelbar aus (6.9) und (11.1) erkennbaren Beziehungen

(11.13) $$\qquad \eta d + d\eta = 0, \qquad \eta \delta + \delta \eta = 0$$

berücksichtigt worden sind.

In diesem Zusammenhange seien auch die Relationen

(11.14) $$\qquad e_j d + de_j = d_j = e_j \delta + \delta e_j$$

erwähnt, die ausgeschrieben folgendes besagen:

$$e_j\,(du)^{k_1\,..\,k_\mu}_{i_1\,..\,i_\lambda} + dx^h \wedge d_h e_j u^{k_1\,..\,k_\mu}_{i_1\,..\,i_\lambda} = d_j u^{k_1\,..\,k_\mu}_{i_1\,..\,i_\lambda} =$$

$$= e_j\,(\delta u)^{k_1\,..\,k_\mu}_{i_1\,..\,i_\lambda} + dx^h \vee d_h e_j u^{k_1\,..\,k_\mu}_{i_1\,..\,i_\lambda}$$

Sie ergeben sich aus der nach (5.5) und (6.2) evidenten Vertauschbarkeit

$$(11.15) \qquad d_h e_j u^{k_1\,..\,k_\mu}_{i_1\,..\,i_\lambda} = e_j d_h u^{k_1\,..\,k_\mu}_{i_1\,..\,i_\lambda}$$

mittels der Regeln (4.4) und (10.3) durch Anwendung von e_j auf die Produkte $dx^h \wedge d_h u^{k_1\,..\,k_\mu}_{i_1\,..\,i_\lambda}$ und $dx^h \vee d_h u^{k_1\,..\,k_\mu}_{i_1\,..\,i_\lambda}$.

Um das Gegenstück zu der Formel (6.11) zu gewinnen, schliessen wir aus (11.1) und (6.6) zunächst

$$(\delta u)^{k_1\,..\,k_\mu}_{i_1\,..\,i_\lambda} = dx^h \vee \frac{\partial}{\partial x^h} u^{k_1\,..\,k_\mu}_{i_1\,..\,i_\lambda} - dx^h \vee (\omega^r_h \wedge e_r u^{k_1\,..\,k_\mu}_{i_1\,..\,i_\lambda})$$

$$+ \omega^{k_1}_r \vee u^{r\,..\,k_\mu}_{i_1\,..\,i_\lambda} + ... + \omega^{k_\mu}_r \vee u^{k_1\,..\,r}_{i_1\,..\,i_\lambda}$$

$$- \omega^r_{i_1} \vee u^{k_1\,..\,k_\mu}_{r\,..\,i_\lambda} - ... - \omega^r_{i_\lambda} \vee u^{k_1\,..\,k_\mu}_{i_1\,..\,r}$$

Da hiernach, wenn u nur Differential, d.h. nicht eigentlicher Differentialtensor ist,

$$(11.16) \qquad \delta u = dx^h \vee \frac{\partial u}{\partial x^h} - dx^h \vee (\omega^r_h \wedge e_r u)$$

ist, kann obiges Ergebnis auch so geschrieben werden:

$$(\delta u)^{k_1\,..\,k_\mu}_{i_1\,..\,i_\lambda} = \delta\,(u^{k_1\,..\,k_\mu}_{i_1\,..\,i_\lambda})$$

$$(11.17) \qquad + \omega^{k_1}_r \vee u^{r\,..\,k_\mu}_{i_1\,..\,i_\lambda} + ... + \omega^{k_\mu}_r \vee u^{k_1\,..\,r}_{i_1\,..\,i_\lambda}$$

$$- \omega^r_{i_1} \vee u^{k_1\,..\,k_\mu}_{r\,..\,i_\lambda} - ... - \omega^r_{i_\lambda} \vee u^{k_1\,..\,k_\mu}_{i_1\,..\,r}$$

wenn dabei der erste Summand der rechten Seite als das innere Differential der Komponente $u^{k_1\,..\,k_\mu}_{i_1\,..\,i_\lambda}$ des Differentialtensors u verstanden wird.

Die Gleichung (11.16) nimmt übrigens die einfachere Form

$$(11.18) \qquad \delta u = dx^h \vee \frac{\partial u}{\partial x^h} - e^h \left(\omega_h^k \wedge e_k u \right)$$

an, wenn der Subtrahend nach (9.1) in ein äusseres Produkt verwandelt und danach (6.10) berücksichtigt wird.

12. Der Operator $\delta\delta = \Delta$

Der in (8.5) vollzogenen Berechnung von ddu ähnlich verläuft die Bestimmung von

$$(\delta\delta u)_{i_1 .. i_\lambda}^{k_1 .. k_\mu} = dx^i \vee d_i \left(dx^k \vee d_k u_{i_1 .. i_\lambda}^{k_1 .. k_\mu} \right)$$

$$= dx^i \vee dx^k \vee d_i d_k u_{i_1 .. i_\lambda}^{k_1 .. k_\mu}$$

$$= \frac{1}{2} \cdot dx^i \vee dx^k \vee d_i d_k u_{i_1 .. i_\lambda}^{k_1 .. k_\mu} + \frac{1}{2} \cdot dx^k \vee dx^i \vee d_k d_i u_{i_1 .. i_\lambda}^{k_1 .. k_\mu}$$

$$= g^{ik} \cdot d_i d_k u_{i_1 .. i_\lambda}^{k_1 .. k_\mu} + \frac{1}{2} \cdot dx^i \vee dx^k \vee \left(d_i d_k - d_k d_i \right) u_{i_1 .. i_\lambda}^{k_1 .. k_\mu},$$

wenn von der Regel (10.6) und der Folgerung

$$(12.1) \qquad dx^i \vee dx^k + dx^k \vee dx^i = 2g^{ik}$$

von (9.4) Gebrauch gemacht wird. Nach Einführung des Ausdrucks (8.4) für $d_i d_k - d_k d_i$ nimmt der zweite Summand der rechten Seite die Gestalt

$$- \frac{1}{2} \cdot R_{ik}{}^r{}_j \cdot dx^i \vee dx^k \vee \left(dx^j \wedge e_r u_{i_1 ...}^{k_1 ...} \right)$$

$$(12.2) \quad + \frac{1}{2} \cdot R_{ik}{}^{k_1}{}_r \cdot dx^i \vee dx^k \vee u_{i_1 .. i_\lambda}^{r .. k_\mu} + ... + \frac{1}{2} \cdot R_{ik}{}^{k_\mu}{}_r \cdot dx^i \vee dx^k \vee u_{i_1 .. i_\lambda}^{k_1 .. r}$$

$$- \frac{1}{2} \cdot R_{ik}{}^r{}_{i_1} \cdot dx^i \vee dx^k \vee u_{r .. i_\lambda}^{k_1 .. k_\mu} - ... - \frac{1}{2} \cdot R_{ik}{}^r{}_{i_\lambda} \cdot dx^i \vee dx^k \vee u_{i_1 .. r}^{k_1 .. k_\mu}$$

an, in welcher wegen der Schiefsymmetrie von $R_{ik}{}^s{}_t$ bezüglich ik

$$\frac{1}{2} \cdot R_{ik}{}^s{}_t \cdot dx^i \vee dx^k = \frac{1}{2} \cdot R_{ik}{}^s{}_t \cdot dx^i \wedge dx^k = \Omega^s{}_t$$

gesetzt werden kann. Wenn im ersten Summanden von (12.2) das äussere Produkt nach (9.1) durch $dx^j \vee e_r u^{k_1\cdots}_{i_1\cdots} - e^j e_r u^{k_1\cdots}_{i_1\cdots}$ ersetzt wird, nimmt dieser die Form

$$- \Omega^r{}_j \vee (dx^j \vee e_r u^{k_1\cdots}_{i_1\cdots} - e^j e_r u^{k_1\cdots}_{i_1\cdots})$$

an, und dabei ist nach (9.1) und (7.13) $\Omega^r{}_j \vee dx^j = \Omega^r{}_j \wedge dx^j - e^j \Omega^r{}_j = - e^j \Omega^r{}_j = - R^r{}_j{}^j{}_l \cdot dx^l = - R^j{}_l{}^r{}_j \cdot dx^l = - R_l{}^r \cdot dx^l$, wenn, wie üblich,

$$(12.3) \qquad\qquad R^j{}_{ikj} = R_{ik}$$

gesetzt wird.

Auf diese Weise vereinfacht sich der Ausdruck für $\delta\delta u$ zu

$$(\delta\delta u)^{k_1 .. k_\mu}_{i_1 .. i_\lambda} = g^{ik} \cdot d_i d_k u^{k_1 .. k_\mu}_{i_1 .. i_\lambda}$$

$$(12.4) \qquad\qquad + R_{ik} \cdot dx^i \vee e^k u^{k_1 .. k_\mu}_{i_1 .. i_\lambda} - \Omega_{ik} \vee e^i e^k u^{k_1 .. k_\mu}_{i_1 .. i_\lambda}$$

$$+ \Omega^{k_1}{}_r \vee u^{r .. k_\mu}_{i_1 .. i_\lambda} + .. + \Omega^{k_\mu}{}_r \vee u^{k_1 .. r}_{i_1 .. i_\lambda}$$

$$- \Omega^r{}_{i_1} \vee u^{k_1 .. k_\mu}_{r .. i_\lambda} - .. - \Omega^r{}_{i_\lambda} \vee u^{k_1 .. k_\mu}_{i_1 .. r}.$$

Wenn u ein Differential 0-ten Grades, also eine Funktion ist, stimmt $\delta\delta u$ mit der Wirkung $\Delta u = g^{ik} \cdot d_i d_k u$ des Laplace-Beltrami-Operators überein, der von Hodge und de Rham zu einem auf beliebige Differentiale wirkenden Operator Δ verallgemeinert worden ist.

Dass $\delta\delta$ mit diesem Δ übereinstimmt, könnte an dem Ausdruck

$$(12.5) \qquad \delta\delta u = g^{ik} \cdot d_i d_k u + R_{ik} \cdot dx^i \vee e^k u - \Omega_{ik} \vee e^i e^k u,$$

zu dem sich (12.4) im Falle eines Differentials vereinfacht, abgelesen werden. Statt darauf einzugehen, ziehen wir vor, bei den späteren Betrachtungen über den Dualitätsoperator die Übereinstimmung von $\delta\delta u$ und Δu als Nebenergebnis zu gewinnen. Das Zeichen Δ ist künftig als Abkürzung für $\delta\delta$ anzusehen.

13. Konstante Differentiale

Als *konstant* bezeichnen wir genau die der Gleichung $Du = 0$, d.h. den Gleichungen

$$d_h u_{i_1 \ldots i_\lambda}^{k_1 \ldots k_\mu} = 0$$

genügenden Differentialtensoren.

Herauf- oder Herunterziehen eines Index verwandelt wegen der Konstanz

$$(13.1) \qquad\qquad d_h g_{ik} = 0$$

des Tensors g einen konstanten Differentialtensor wieder in einen konstanten.

Die Gleichungen (10.4) und (8.2) zeigen, dass inneres und äusseres Produkt konstanter Differentialtensoren wieder konstant sind.

Konstant sind z.B. die Tensoren

$$(dx)^i = dx^i, \qquad (dx)_i = g_{ik} \cdot dx^k$$

und ihre inneren und äusseren Potenzen wie

$$(dx \vee dx)^{ik} = dx^i \vee dx^k, \qquad (dx \wedge dx)^{ik} = dx^i \wedge dx^k, \quad \text{usw.}$$

Aus der Vertauschungsregel (11.15) folgt, dass auch der Operator e konstante Differentialtensoren in konstante verwandelt.

Die Differentiationsregeln (11.10) vereinfachen sich erheblich, wenn der rechte Faktor v gleich einem konstanten Differentialtensor c gesetzt wird :

$$d\,(u \wedge c) = du \wedge c, \qquad \delta\,(u \vee c) = \delta u \vee c,$$

$$(13.2)$$

$$\delta\,(u \wedge c) = \delta u \wedge c + \eta d_h u \wedge e^h c, \qquad d\,(u \vee c) = du \vee c - \eta d_h u \vee e^h c,$$

Die Konstanz eines Differentials u wird nach (6.7) durch die m Gleichungen

$$(13.3) \qquad\qquad d_h u = \frac{\partial u}{\partial x^h} - \omega_h^r \wedge e_r u = 0$$

ausgedrückt. Die konstanten Differentiale bilden einen inneren und äusseren Unterring des Ringes A aller Differentiale.

Da D ein homogener Operator ist, sind alle homogenen Bestandteile eines konstanten Differentials selbst konstant.

Im Falle einer Metrik, deren Koeffizienten g_{ik} im üblichen Sinne konstant sind, sind genau diejenigen Differentiale konstant, die, in der Form (4.1) geschrieben, konstante Koeffizienten $a_{i_1 \ldots i_p}$ haben. Der innere und äussere Ring der konstanten Differentiale werden in diesem Falle von den komplexen Zahlen und den m Differentialen dx^1, $dx^2, \ldots, dx^m$ erzeugt.

Solcher Reichtum an konstanten Differentialen ist nur bei einer Metrik mit verschwindendem Riemannschen Krümmungstensor zu erwarten; denn aus $d_h u = 0$ folgt nach (8.6) $d_i d_k u - d_k d_i u = - R_{ik}{}^r{}_j \cdot$ $\cdot dx^j \wedge e_r u = 0$, weshalb schon die Forderung, dass es m linear unabhängige konstante Differentiale ersten Grades gebe, auf $R_{ik}{}^r{}_j \cdot$ $dx^j = 0$ und damit auf $R_{ikjl} = 0$ führt.

Zu jeder Metrik gehört wenigstens ein konstantes Differential positiven Grades, das *Volumendifferential*

$$z = \sqrt{|g_{ik}|} \cdot dx^1 \wedge dx^2 \wedge \ldots \wedge dx^m ;$$

denn in Normalkoordinaten zu P nimmt dieses die Form

$$z = (-1)^{\frac{t}{2}} \cdot dx^1 \wedge dx^2 \wedge \ldots \wedge dx^m \qquad \text{(in } P\text{)}$$

an, wo t den Trägheitsindex der metrischen Fundamentalform bedeutet.

Über die im Volumendifferential auftretende Wurzel sei so verfügt, dass ein in G differenzierbares Differential entsteht, was unter den Voraussetzungen (6.1) bei zusammenhängendem G auf genau zwei Weisen möglich ist. Nachdem willkürlich eine dieser beiden Bestimmungen von z gewählt worden ist, werde in jedem anderen Koordinatensystem σz als Volumendifferential genommen, wenn σ wie in § 2 verstanden wird.

14. Dualität

Das Volumendifferential z gestattet, jedem Differentialtensor $u = \{u_{i_1 \ldots i_\lambda}^{k_1 \ldots k_\mu}\}$ einen *dualen* Differentialtensor $*u$ zuzuordnen, der durch

$$(14.1) \qquad\qquad (*u)_{i_1 \ldots i_\lambda}^{k_1 \ldots k_\mu} = u_{i_1 \ldots i_\lambda}^{k_1 \ldots k_\mu} \vee z$$

bestimmt ist. Nach der eben getroffenen Verabredung über die Bestimmung der Volumendifferentiale in verschiedenen Koordinatensystemen ist der Dualitätsoperator $* = \vee z$ koordinatenunabhängig.

Das Duale eines Differentials

$$(4.1) \qquad u = \sum_{n=0}^{m} \frac{1}{n!} \cdot a_{i_1 .. i_n} \, dx^{i_1} \wedge ... \wedge dx^{i_n}$$

ist nach (9.1) gleich

$$(14.2) \qquad *u = u \vee z = \sum_{n=0}^{m} \frac{(-1)^{\binom{n}{2}}}{n!} \cdot \eta^n \, e_{i_1} .. e_{i_n} u \wedge e^{i_1} .. e^{i_n} z \,,$$

wofür auch

$$(14.3) \qquad *u = u \vee z = \sum_{n=0}^{m} \frac{1}{n!} \cdot a_{i_1 .. i_n} \cdot e^{i_1} .. e^{i_n} z$$

geschrieben werden kann, weil $(-1)^{\binom{n}{2}} \eta^n e_{i_1} .. e_{i_n} u$ sich von $a_{i_1 .. i_n}$ nur um Monome positiven Grades unterscheidet, die bei äusserer Multiplikation mit dem homogenen Differential $(m-n)$-ten Grades $e^{i_1} .. e^{i_n} z$ annulliert werden.

Nach (14.3) ist das Duale eines homogenen Differentials p-ten Grades homogen von dem komplementären Grade $m-p$.

Insbesondere ergibt sich aus (14.2)

$$(14.4) \qquad z \vee z = (-1)^{\binom{m}{2}},$$

was die Operatorgleichung

$$(14.5) \qquad ** = (-1)^{\binom{m}{2}}$$

zur Folge hat und gestattet,

$$(14.6) \qquad z^{-1} = (-1)^{\binom{m}{2}} z, \qquad *^{-1} = (-1)^{\binom{m}{2}} *$$

zu setzen.

Mit $*$ kann danach der Operator d transformiert, d. h. $*^{-1} d *$ gebildet werden. Wegen der Konstanz von z ist nach (13.2)

$$*^{-1} d * u = (-1)^{\binom{m}{2}} d (u \vee z) \vee z = du - \eta \, d_h u \vee e^h z \vee z \cdot (-1)^{\binom{m}{2}},$$

wobei nach (14.3) $dx^h \vee z$ statt $e^h z$ geschrieben werden kann. Der dann entstehende Subtrahend $\eta d_h u \vee dx^h$ ist nach (9.8) und (11.2) gleich $dx^h \vee d_h u - 2e^h d_h u = \delta u - 2e^h d_h u = du - d^* u$, woraus

$$(14.7) \qquad\qquad *^{-1} d * u = d^* u$$

folgt, ein Ergebnis, das mit der Bezeichnung d^* schon angekündigt werden sollte.

Nunmehr ist mit $*^{-1} d* = d^*$ auch

$$(14.8) \qquad\qquad d^* d^* = *^{-1} dd *$$

als eine im Bereich $T(A)$ aller Differentialtensoren gültige Operatorgleichung bewiesen. Da für Differentiale u $ddu = 0$ ist, gilt auch

$$(14.9) \qquad\qquad d^* d^* u = 0 \qquad\qquad (u \,\epsilon\, A)$$

und damit

$$(14.10) \qquad \delta\delta u = (d + d^*)(d + d^*) u = (dd^* + d^* d) u \qquad (u \,\epsilon\, A)$$

was die früher erwähnte Gleichheit von $\delta\delta$ mit dem Operator Δ von Hodge und de Rham im Bereiche der Differentiale beweist.

Aus (14.7) und (11.2) folgt die Invarianz

$$(14.11) \qquad\qquad *^{-1} \delta * = \delta$$

der inneren Differentiation beim Transformieren mit $*$, die übrigens auch mittels (13.2) sofort bestätigt werden kann :

$$*^{-1} \delta * u = (-1)^{\binom{m}{2}} \delta (u \vee z) \vee z = (-1)^{\binom{m}{2}} \delta u \vee z \vee z = \delta u$$

Der Operator $*$ bedeutet innere Rechtsmultiplikation mit z. Die naheliegende Frage, was innere Linksmultiplikation mit z bedeutet, wird durch die für alle Differentialtensoren gültige Formel

$$(14.12) \qquad\qquad z \vee u = \eta^{m+1} u \vee z$$

beantwortet. In der Gestalt

$$(14.13) \qquad\qquad z \vee u \vee z^{-1} = \eta^{m+1} u$$

geschrieben, ist sie leicht einzusehen.

Es genügt offenbar, sie unter der Voraussetzung, dass u ein Differential sei, zu beweisen. Da ferner die Übergänge $u \rightarrow z \vee u \vee z^{-1}$ und $u \rightarrow \eta^{m+1} u$ Automorphismen des inneren Differentialringes A sind und dieser Ring von A_0, der Gesamtheit der Differentiale 0-ten Grades, und den dx^i erzeugt wird, genügt es, die Gleichung (14.13) für die Fälle 1) $u \in A_0$, 2) $u = dx^i$ zu beweisen, was im ersten Falle ohne Rechnung, im zweiten mittels (9.8) und (14.3) geschieht:

$$z \vee dx^i \vee z^{-1} = z \vee \eta z^{-1} \vee dx^i + 2 . z \vee e^i z^{-1} = (-1)^m dx^i + 2 . z \vee dx^i \vee z^{-1}.$$

15. Skalarprodukte

Aus zwei Differentialen u, v gewinnt man ein n-faches Differential

$$(15.1) \qquad (u, v) = (\zeta u \vee v) \wedge z,$$

das als *Skalarprodukt* von u und v bezeichnet werde, obwohl es dem üblichen Gebrauche dieses Wortes besser entspräche, das Integral dieses Differentials so zu nennen. Es unterscheidet sich vom Volumendifferential um den Faktor $(\zeta u \vee v)_0$, der die Glieder 0-ten Grades in der Zerlegung

$$(15.2) \qquad \zeta u \vee v = \sum_{n=0}^{m} (\zeta u \vee v)_n$$

von $\zeta u \vee v$ in homogene Bestandteile $(\zeta u \vee v)_n$ zusammenfasst:

$$(15.3) \qquad (u, v) = (\zeta u \vee v)_0 \cdot z.$$

Da aus (15.2) durch Anwendung von ζ die Zerlegung

$$\zeta v \vee u = \sum_{n=0}^{m} (-1)^{\binom{n}{2}} (\zeta u \vee v)_n$$

von $\zeta v \vee u$ in homogene Bestandteile folgt, ist $(\zeta v \vee u)_0 = (\zeta u \vee v)_0$ und darum

$$(15.4) \qquad (v, u) = (u, v).$$

Auf ähnliche Weise ergibt sich $(\zeta \eta u \vee \eta v)_0 = (\zeta u \vee v)_0$, was

$$(15.5) \qquad (\eta u, \eta v) = (u, v)$$

beweist.

Wegen $z \vee z = (-1)^{\binom{m}{2}}$ ist $\zeta z \vee z = 1$ und darum $\zeta (z \vee u) \vee$ $\vee (z \vee v) = \zeta u \vee v$, was

$$(15.6) \qquad\qquad (z \vee u, z \vee v) = (u, v)$$

und zufolge von (14.12) und (15.5) auch

$$(15.7) \qquad (u \vee z, v \vee z) = (u, v), \text{ d. h. } (* u, * v) = (u, v)$$

ergibt.

Für beliebige Differentiale u, v, w ist $\zeta (w \vee u) \vee v = \zeta u \vee (\zeta w \vee v)$ und deshalb

$$(15.8) \qquad\qquad (w \vee u, v) = (u, \zeta w \vee v).$$

Die sogleich zu beweisende Beziehung

$$(15.9) \qquad\qquad (\zeta u, \zeta v) = (u, v)$$

und die Symmetrie (15.4) des Skalarprodukts gestatten, aus (15.8) auf das Bestehen einer ähnlichen Formel

$$(15.10) \qquad\qquad (u \vee w, \ v) = (u, v \vee \zeta w)$$

zu schliessen.

Die eben angewandte Eigenschaft (15.9) des Skalarprodukts ist unmittelbare Folge der Tatsache, dass (u, v) die Summe

$$(15.11) \qquad\qquad (u, v) = \sum_{n=0}^{m} (u_n, v_n)$$

der Skalarprodukte der homogenen Bestandteile u_n, v_n n-ten Grades von u und v ist, und dieses wiederum ergibt sich duch Verwandeln von $\zeta u \vee v = \sum_{p,q} \zeta u_p \vee v_q$ mittels (9.1) in eine Summe von äusseren Produkten

$$(-1)^{\binom{n}{2} + \binom{p}{2}} \frac{\eta^n}{n!} \cdot e_{i_1} \dots e_{i_n} u_p \wedge e^{i_1} \dots e^{i_n} v_q,$$

die nur für $(p - n) + (q - n) = 0$, $p - n \geq 0$, $q - n \geq 0$, d. h. $p = q = n$, nicht-verschwindende Beiträge zu $(\zeta u \vee v)_0$ liefern können.

Zugleich ist damit die Formel

$$(15.12) \qquad (u_n, v_n) = (\sum_{i_1 < \dots < i_n} e_{i_1} \dots e_{i_n} u_n \cdot e^{i_1} \dots e^{i_n} v_n) \cdot z$$

bewiesen, die zeigt, wie sich (u, v) aus den Koeffizienten

$$a_{i_1 .. i_n} = e_{i_n} .. e_{i_1} u_n , \qquad b_{i_1 .. i_n} = e_{i_n} .. e_{i_1} v_n$$

der Differentiale

$$u_n = \frac{1}{n!} \cdot a_{i_1 .. i_n} \cdot dx^{i_1} \wedge .. \wedge dx^{i_n}, \quad v_n = \frac{1}{n!} \cdot b_{i_1 .. i_n} \cdot dx^{i_1} \wedge .. \wedge dx^{i_n}$$

berechnet.

Aus (15.11) und (15.12) folgt, dass im Falle einer positiv-definiten Metrik das skalare Quadrat (u, u) eines Differentials u sich von dem Volumendifferential z um einen nicht-negativen Faktor unterscheidet, der überall dort positiv ist, wo u nicht verschwindet.

Durch

$$(15.13) \qquad (u, v)_p = \frac{1}{p!} \cdot e_{i_1} .. e_{i_p} (dx^{i_1} \vee ... \vee dx^{i_p} \vee u, v)$$

wird ein $(m - p)$-faches Differential erklärt, das ähnliche Eigenschaften wie das Skalarprodukt hat und darum das p-te abgeleitete Skalarprodukt von u und v heisse.

Da mit $w = dx^{i_1} \vee ... \vee dx^{i_p}$ nach (15.8) und (15.4) sich $(w \vee u, v) = (u, \zeta w \vee v) = (- 1)^{\binom{p}{2}} (u, w \vee v) = (- 1)^{\binom{p}{2}} (w \vee v, u)$ ergibt, ist

$$(15.14) \qquad\qquad (v, u)_p = (- 1)^{\binom{p}{2}} (u, v)_p$$

Anwendung von (15.5) auf die in (15.13) auftretenden Skalarprodukte führt zu der Gleichung

$$(15.15) \qquad\qquad (\eta u, \eta v)_p = (- 1)^p \cdot (u, v)_p ,$$

und unmittelbar aus (15.10) ist abzulesen:

$$(15.16) \qquad (u \vee w, v)_p = (u, v \vee \zeta w)_p \text{ für beliebige } u, v, w \in A.$$

Die zunächst nur für Differentiale erklärten Skalarprodukte können allgemeiner für Differentialtensoren

$$(15.17) \qquad\qquad u = \{u_{i_1 .. i_\lambda}{}^{k_1 .. k_\mu}\}, \quad v = \{v_{i_1 .. i_\lambda}{}^{k_1 .. k_\mu}\}$$

von gleichem Typus definiert werden, indem

$$(15.18) \qquad (u, v)_p = (u_{i_1 .. i_\lambda}{}^{k_1 .. k_\mu}, \quad v^{i_1 .. i_\lambda}{}_{k_1 .. k_\mu})_p$$

gesetzt wird.

Alle für Skalarprodukte bewiesenen Relationen dieses Abschnitts bleiben bestehen, wenn darin u, v als Zeichen für Differentialtensoren gleichen Typs angesehen werden und w ein beliebiges Differential bezeichnet.

Neben dem Skalarprodukt (u, v) ist am wichtigsten das erste abgeleitete Skalarprodukt

$$(15.19) \qquad (u, v)_1 = e_i (dx^i \vee u, v) = (\zeta u \vee dx^i \vee v)_0 \cdot e_i z,$$

das wie jenes symmetrisch in u und v ist. Seine Bedeutung liegt vornehmlich im Bestehen der Gleichung

$$(15.20) \qquad d (u, v)_1 = (u, \delta v) + (v, \delta u),$$

die, nicht ganz zu Recht, einfach *Greensche Formel* genannt werde.

Der Beweis dieser Gleichung wird einfach, wenn man nach (11.14) den Operator de_i durch $d_i - e_i d$ ersetzt und beachtet, dass dessen Wirkung auf ein m-faches Differential $(dx^i \vee u, v) = (\zeta u \vee dx^i \vee v) \wedge z$ dieselbe ist wie die der kovarianten Differentiation d_i. Die Regeln (8.2) und (10.4) ergeben dann wegen der Konstanz des Volumendifferentials z und des Differentialtensors dx:

$$d (u, v)_1 = de_i ((\zeta u_{i_1 .. i_\lambda}{}^{k_1 .. k_\mu} \vee dx^i \vee v^{i_1 .. i_\lambda}{}_{k_1 .. k_\mu}) \wedge z) =$$

$$= d_i ((\zeta u_{i_1 .. i_\lambda}{}^{k_1 .. k_\mu} \vee dx^i \vee v^{i_1 .. i_\lambda}{}_{k_1 .. k_\mu}) \wedge z) =$$

$$= d_i (\zeta u_{i_1 .. i_\lambda}{}^{k_1 .. k_\mu} \vee dx^i \vee v^{i_1 .. i_\lambda}{}_{k_1 .. k_\mu}) \wedge z =$$

$$= (d_i \zeta u_{i_1 .. i_\lambda}{}^{k_1 .. k_\mu} \vee dx^i \vee v^{i_1 .. i_\lambda}{}_{k_1 .. k_\mu}) \wedge z +$$

$$+ (\zeta u_{i_1 .. i_\lambda}{}^{k_1 .. k_\mu} \vee dx^i \vee d_i v^{i_1 .. i_\lambda}{}_{k_1 .. k_\mu}) \wedge z.$$

Hier ist

$$d_i \zeta u_{i_1 .. i_\lambda}{}^{k_1 .. k_\mu} \vee dx^i = \zeta (dx^i \vee d_i u_{i_1 .. i_\lambda}{}^{k_1 .. k_\mu}) = (\zeta \delta u)_{i_1 .. i_\lambda}{}^{k_1 .. k_\mu}$$

und

$$dx^i \vee d_i \, v^{i_1 \ldots i_\lambda}{}_{k_1 \ldots k_\mu} = (\delta v)^{i_1 \ldots i_\lambda}{}_{k_1 \ldots k_\mu}$$

zu setzen, um die rechte Seite von (15.20) zu erhalten.

Das skalare Quadrat (u, u) eines beliebigen Differentialtensors u unterscheidet sich im Falle einer positiv-definiten Metrik vom Volumendifferential z um einen Faktor, der überall ≥ 0 ist und in jedem Punkte P, wo $u(P) \neq 0$ ist, sogar positiv ausfällt.

Erwähnt sei schliesslich noch die Gleichung

$$(15.21) \qquad (u, \Delta v) - (v, \Delta u) = d \left((u, \delta v)_1 - (v, \delta u)_1 \right),$$

die mit besserem Grunde als (15.20) den Namen Greensche Formel verdiente. Sie gilt ebenfalls für ein beliebiges Paar von Differentialtensoren gleichen Typs und folgt aus (15.20), indem man dort das eine Mal u durch δu, das andere Mal v durch δv ersetzt und die beiden erhaltenen Gleichungen unter Beachtung der Symmetrie der auftretenden Skalarprodukte voneinander abzieht.

III. - DIRAC-GLEICHUNGEN

16. Lie-Operatoren im äusseren Differentialkalkül

Ein zunächst nur auf Funktionen, d. h. Differentiale 0-ten Grades wirkender Lie-Operator

$$(16.1) \qquad X = \alpha^i (x^1, \ldots, x^m) \cdot \frac{\partial}{\partial x^i}$$

dessen Komponenten α^i im betrachteten Gebiete G nirgends verschwinden mögen und differenzierbar seien, bestimmt einen kontravarianten Tensor $\{\alpha^i\}$, mit dessen Hilfe aus jedem Differential $u \in A$ in einer vom Koordinatensystem unabhängigen Weise ein Differential

$$(16.2) \qquad Xu = \alpha^i \frac{\partial u}{\partial x^i} + d(\alpha^i) \wedge e_i u$$

gebildet werden kann.

Die Invarianz dieses Ausdrucks wird offensichtlich, wenn in der Umgebung eines Punktes willkürlich eine Metrik eingeführt und gemäss (6.7) und (6.11) $\dfrac{\partial u}{\partial x^i}$ durch $d_i u + \omega_i^k \wedge e_k u$, $d(\alpha^i)$ durch $(d\alpha)^i - \omega_k^i \cdot \alpha^k$ ersetzt werden; denn so entsteht der invariante Ausdruck

$$(16.3) \qquad Xu = \alpha^i \cdot d_i u + (d\alpha)^i \wedge e_i u.$$

Im neuen Koordinatensystem $y^1, \ldots, y^m$, in welchem β^i die Komponenten des Tensors $\{\alpha^i\}$ seien, hat darum Xu eine zu (16.3) entsprechende Gestalt, die nach erneuter Anwendung von (6.7) und (6.11) in die zu (16.2) analoge Darstellung $\beta^i \dfrac{\partial u}{\partial y^i} + d(\beta^i) \wedge e_i u$ übergeht.

Da die Gleichung (16.2) im Falle einer Funktion u sich auf $Xu = \alpha^i \dfrac{\partial u}{\partial x^i}$ reduziert, dehnt sie die Wirkung des ursprünglich nur im Ringe A_0 der Differentiale 0-ten Grades wirkenden Operators X auf den ganzen äusseren Differentialring aus. (Vgl. E. CARTAN, Leçons sur les Invariants Intégraux, Chap. IX).

Zu einem beliebigen Punkte P von G kann eine Umgebung U gefunden werden, in der eine umkehrbare differenzierbare Koordinatentransformation

$$\sigma: \qquad \sigma x^i = x^i(y^1, \ldots, y^m) \qquad (i = 1, \ldots, m)$$

möglich ist, welche

$$\beta^i = \sigma \alpha^k \cdot \frac{\partial y^i}{\partial x^k} = 0 \quad (i < m), \quad \beta^m = \sigma \alpha^k \cdot \frac{\partial y^m}{\partial x^k} = 1$$

bewirkt. Solche Koordinaten y werden wir *kanonisch* in Bezug auf X nennen. Aus der oben bewiesenen Invarianz des Ausdrucks (16.2) folgt, dass nach solchem Koordinatenwechsel

$$(16.4) \qquad \sigma Xu = \frac{\partial \sigma u}{\partial y^m}$$

wird. Umgekehrt führt die Forderung, dass in einem bezüglich X kanonischen Koordinatensystem die Gleichung (16.4) gelte, zu der Darstellung (16.2) von Xu.

Diese Bemerkung legt nahe, dem Operator X auch Wirkung auf Differentialtensoren zuzuschreiben, indem man fordert, dass Xu

ein Tensor von gleichem Typus wie $u = \{ u_{i_1 \, .. \, i_\lambda}^{k_1 \, .. \, k_\mu} \}$ sei und in Koordinaten $y^1, \ldots . \, y^m$, die bezüglich X kanonisch sind, die Komponenten

$$(16.5) \qquad (\sigma X u)_{i_1 \, .. \, i_\lambda}^{k_1 \, .. \, k_\mu} = \frac{\partial}{\partial y^m} \, (\sigma u)_{i_1 \, .. \, i_\lambda}^{k_1 \, .. \, k_\mu}$$

habe.

Um zu zeigen, dass sich auf diese Weise in beliebigen Koordinaten

$$(Xu)_{i_1 \, .. \, i_\lambda}^{k_1 \, .. \, k_\mu} = \alpha^i \cdot \frac{\partial}{\partial x^i} \, u_{i_1 \, .. \, i_\lambda}^{k_1 \, .. \, k_\mu} + d\,(\alpha^i) \wedge e_i \, u_{i_1 \, .. \, i_\lambda}^{k_1 \, .. \, k_\mu}$$

$$(16.6) \qquad - \frac{\partial \alpha^{k_1}}{\partial x^r} \cdot u_{i_1 \, .. \, i_\lambda}^{r \, .. \, k_\mu} - \ldots - \frac{\partial \alpha^{k_\mu}}{\partial x^r} \cdot u_{i_1 \, .. \, i_\lambda}^{k_1 \, .. \, r}$$

$$+ \frac{\partial \alpha^r}{\partial x^{i_1}} \cdot u_{r \, .. \, i_\lambda}^{k_1 \, .. \, k_\mu} + \ldots + \frac{\partial \alpha^r}{\partial x^{i_\lambda}} \cdot u_{i_1 \, .. \, r}^{k_1 \, .. \, k_\mu}$$

ergibt, genügt es, die rechte Seite nach lokaler Einführung einer Metrik mittels (6.6) und (6.11) so umzuschreiben, dass sie den von der linken Seite angedeuteten Tensorcharakter sichtbar werden lässt. In der Tat gelingt dies, und es entsteht

$$(Xu)_{i_1 \, .. \, i_\lambda}^{k_1 \, .. \, k_\mu} = \alpha^i \cdot d_i \, u_{i_1 \, .. \, i_\lambda}^{k_1 \, .. \, k_\mu} + (d\alpha)^i \wedge e_i \, u_{i_1 \, .. \, i_\lambda}^{k_1 \, .. \, k_\mu}$$

$$(16.7) \qquad - d_r \, \alpha^{k_1} \cdot u_{i_1 \, .. \, i_\lambda}^{r \, .. \, k_\mu} - \ldots - d_r \, \alpha^{k_\mu} \cdot u_{i_1 \, .. \, i_\lambda}^{k_1 \, .. \, r}$$

$$+ d_{i_1} \, \alpha^r \cdot u_{r \, .. \, i_\lambda}^{k_1 \, .. \, k_\mu} + \ldots + d_{i_\lambda} \, \alpha^r \cdot u_{i_1 \, .. \, r}^{k_1 \, .. \, k_\mu} \, .$$

Aus dem hiermit bewiesenen Tensorcharakter der rechten Seite von (16.6) folgt, dass diese Gleichung einen Differentialtensor Xu definiert, dessen Komponenten in kanonischen Koordinaten, d.h. unter der Voraussetzung $\alpha^i = 0 \ (i < m)$, $\alpha^m = 1$. die gewünschte einfache Gestalt (16.5) annehmen.

Aus der Möglichkeit, die Koordinaten in einer Umgebung eines beliebigen Punktes von G so zu wählen, dass für jeden Differentialtensor die Wirkung von X einfach Differentiation nach einer der Koordinaten bedeutet, folgt unmittelbar die für beliebige Differentialtensoren

$$(10.5) \qquad u = \{ u_{i \ldots}^{k \ldots} \}, \qquad v = \{ v_{l \ldots}^{m \ldots} \}$$

gültige Produktregel

$$(16.8) \qquad X(u \wedge v) = Xu \wedge v + u \wedge Xv. \qquad (u, v \in T(A))$$

Unabhängig von einer Metrik ist die äussere Differentiation nur für Differentiale erklärt. Darum kann die Regel

$$(16.9) \qquad dXu = Xdu \qquad (u \in A),$$

die in kanonischen Koordinaten mittels (16.4) sofort aus

$$\sigma dXu = d\sigma Xu = dy^i \wedge \frac{\partial}{\partial y^i}\, \sigma Xu =$$

$$= dy^i \wedge \frac{\partial^2 \sigma u}{\partial y^i\, \partial y^m} = \frac{\partial}{\partial y^m}\, d\sigma u = \frac{\partial}{\partial y^m}\, \sigma du = \sigma X du$$

folgt, auch nur für Differentiale ausgesprochen werden.

Die Zweckmässigkeit der mit der Definition (16.6) geschehenen Fortsetzung der Lie-Operatoren zu Operatoren in der Gesamtheit $T(A)$ der Differentialtensoren erhellt auch aus folgender Tatsache:

Stehen die Lie-Operatoren

$$(16.10) \qquad X = \alpha^i \frac{\partial}{\partial x^i}, \qquad Y = \beta^i \frac{\partial}{\partial x^i}, \qquad Z = \gamma^i \frac{\partial}{\partial x^i}$$

als auf Funktionen wirkende Operatoren in der Beziehung

$$XY - YX = Z,$$

so gilt diese Gleichung auch für die Fortsetzungen von X, Y, Z zu Operatoren in $T(A)$.

Als Tensorgleichung wird $XYu - YXu = Zu$ bewiesen sein, wenn sie in einem Koordinatensystem, in welchem $\beta^i = 0$ ($i < m$), $\beta_m = 1$ ist, bestätigt ist. Unter solchen Voraussetzungen ist

$$(XYu)^{k_1 \dots k_\mu}_{i_1 \dots i_\lambda} = \alpha^i \frac{\partial^2}{\partial x^m\, \partial x^i}\, u^{k_1 \dots k_\mu}_{i_1 \dots i_\lambda} + d(\alpha^i) \wedge c_i \frac{\partial}{\partial x^m}\, u^{k_1 \dots k_\mu}_{i_1 \dots i_\lambda}$$

$$- \frac{\partial \alpha^{k_1}}{\partial x^r} \frac{\partial}{\partial x^m}\, u^{r \dots k_\mu}_{i_1 \dots i_\lambda} - \dots - \frac{\partial \alpha^{k_\mu}}{\partial x^r} \frac{\partial}{\partial x^m}\, u^{k_1 \dots r}_{i_1 \dots i_\lambda}$$

$$+ \frac{\partial \alpha^r}{\partial x^{i_1}} \frac{\partial}{\partial x^m} u^{k_1 \cdot\cdot k_\mu}_{r \cdot\cdot i_\lambda} + \cdot\cdot + \frac{\partial \alpha^r}{\partial x^{i_\lambda}} \frac{\partial}{\partial x^m} u^{k_1 \cdot\cdot k_\mu}_{i_1 \cdot\cdot r}$$

$$(YX)\, u^{k_1 \cdot\cdot k_\mu}_{i_1 \cdot\cdot i_\lambda} = \alpha^i \frac{\partial^2}{\partial x^m\, \partial x^i} u^{k_1 \cdot\cdot k_\mu}_{i_1 \cdot\cdot i_\lambda} + d\,(\alpha^i) \wedge \frac{\partial}{\partial x^m} e_i\, u^{k_1 \cdot\cdot k_\mu}_{i_1 \cdot\cdot i_\lambda} \;\underline{}$$

$$- \frac{\partial \alpha^{k_1}}{\partial x^r} \cdot \frac{\partial}{\partial x^m} u^{r \cdot\cdot k_\mu}_{i_1 \cdot\cdot i_\lambda} - \cdot\cdot - \frac{\partial \alpha^{k_\mu}}{\partial x^r} \frac{\partial}{\partial x^m} u^{k_1 \cdot\cdot r}_{i_1 \cdot\cdot i_\lambda}$$

$$+ \frac{\partial \alpha^r}{\partial x^{i_1}} \cdot \frac{\partial}{\partial x^m} u^{k_1 \cdot\cdot k_\mu}_{r \cdot\cdot i_\lambda} + \cdot\cdot + \frac{\partial \alpha^r}{\partial x^{i_\lambda}} \frac{\partial}{\partial x^m} u^{k_1 \cdot\cdot k_\mu}_{i_1 \cdot\cdot r}$$

$$+ \frac{\partial \alpha^i}{\partial x^m} \cdot \frac{\partial}{\partial x^i} u^{k_1 \cdot\cdot k_\mu}_{i_1 \cdot\cdot i_\lambda} + d\left(\frac{\partial \alpha^i}{\partial x^m}\right) \wedge e_i\, u^{k_1 \cdot\cdot k_\mu}_{i_1 \cdot\cdot i_\lambda}$$

$$- \frac{\partial^2 \alpha^{k_1}}{\partial x^m\, \partial x^r} \cdot u^{r \cdot\cdot k_\mu}_{i_1 \cdot\cdot i_\lambda} - \cdot\cdot - \frac{\partial^2 \alpha^{k_\mu}}{\partial x^m\, \partial x^r} \cdot u^{k_1 \cdot\cdot r}_{i_1 \cdot\cdot i_\lambda}$$

$$+ \frac{\partial^2 \alpha^r}{\partial x^m\, \partial x^{i_1}} \cdot u^{k_1 \cdot\cdot k_\mu}_{r \cdot\cdot i_\lambda} + \cdot\cdot + \frac{\partial^2 \alpha^r}{\partial x^m\, \partial x^{i_\lambda}} \cdot u^{k_1 \cdot\cdot k_\mu}_{i_1 \cdot\cdot r}\,.$$

Wegen

$$\frac{\partial}{\partial x^m} e_i\, u^{k_1 \cdot\cdot k_\mu}_{i_1 \cdot\cdot i_\lambda} = e_i\, \frac{\partial}{\partial x^m} u^{k_1 \cdot\cdot k_\mu}_{i_1 \cdot\cdot i_\lambda}$$

heben sich bei der Bildung von $XYu - YXu$ alle Glieder der obigen rechten Seiten bis auf die von den letzten drei Zeilen herrührenden weg, und diese wiederum gestatten wegen

$$(16.11) \qquad \gamma^i = \alpha^k \frac{\partial \beta^i}{\partial x^k} - \beta^k \frac{\partial \alpha^i}{\partial x^k} = - \frac{\partial \alpha^i}{\partial x^m}$$

die Darstellung

$$\gamma^i \frac{\partial}{\partial x^i} u^{k_1 \cdot\cdot k_\mu}_{i_1 \cdot\cdot i_\lambda} + d\,(\gamma^i) \wedge e_i\, u^{k_1 \cdot\cdot k_\mu}_{i_1 \cdot\cdot i_\lambda} - \frac{\partial \gamma^{k_1}}{\partial x^r} \cdot u^{r \cdot\cdot k_\mu}_{i_1 \cdot\cdot i_\lambda} - \cdot\cdot\cdot$$

$$+ \frac{\partial \gamma^r}{\partial x^{i_1}} \cdot u^{k_1 \cdot\cdot k_\mu}_{r \cdot\cdot\cdot i_\lambda} + \cdot\cdot\cdot\cdot = (Zu)^{k_1 \cdot\cdot k_\mu}_{i_1 \cdot\cdot i_\lambda}\,.$$

17. Lie-Operatoren im inneren Differentialkalkül

Wenn eine Metrik gegeben ist, kann jedem Lie-Operator $X = \alpha^i \dfrac{\partial}{\partial x^i}$ ein Differential

$$\alpha = \alpha_k \cdot dx^k = g_{ik} \cdot \alpha^i \cdot dx^k$$

zugeordnet werden.

Von der einen Ausnahme $(d\alpha)^i$ abgesehen, wo es sich um das äussere Differential des Tensors $\{\alpha^i\}$ handelt, bedeute im folgenden α stets jenes dem Operator zugeordnete Differential.

Der Tensor $d_i\alpha_k + d_k\alpha_i$ hat in einem Koordinatensystem, wo $\alpha^i = 0$ $(i < m)$, $\alpha^m = 1$ ist, die Komponenten $d_i\alpha_k + d_k\alpha_i = \dfrac{\partial g_{ik}}{\partial x^m}$. Die *Killingschen Gleichungen*

$$(17.1) \qquad d_i\,\alpha_k + d_k\,\alpha_i = 0$$

sind darum die notwendigen und hinreichenden Bedingungen dafür, dass die Metrik bei X invariant ist in dem Sinne, dass die Koeffizienten des metrischen Fundamentaltensors in kanonischen Koordinaten zu X von dem Parameter der von X erzeugten eingliedrigen Gruppe nicht abhängen.

Aus den Killingschen Gleichungen folgt, dass in $d\alpha = dx^i \wedge (d_i\alpha_k \cdot dx^k) = d_i\alpha_k \cdot dx^i \wedge dx^k$ die Koeffizienten $d_i\alpha_k$ schon schiefsymmetrisch sind und daher

$$(17.2) \qquad e_i\,d\alpha = 2 \cdot d_i\,\alpha_k \cdot dx^k = -\,2 \cdot dx^k \cdot d_k\,\alpha_i = -\,2 \cdot (d\alpha)_i$$

ist, wobei $(d\alpha)_i$ dieselbe Bedeutung hat wie in dem Gliede

$$(d\alpha)^i \wedge e_i\, u^{k_1 \ldots k_\mu}_{i_1 \ldots i_\lambda} = (d\alpha)_i \wedge e^i\, u^{k_1 \ldots k_\mu}_{i_1 \ldots i_\lambda}$$

der rechten Seite von (16.7), das darum durch

$$-\frac{1}{2}\, e_i\, d\alpha \wedge e^i\, u^{k_1 \ldots k_\mu}_{i_1 \ldots i_\lambda}$$

ersetzt werden kann.

Nun ist für jedes Differential v, das homogen vom 2-ten Grade ist, nach (9.1)

$$v \vee u = v \wedge u - e_i\, v \wedge e^i\, u - \frac{1}{2} \cdot e_i\, e_k\, v \wedge e^i\, e^k\, u,$$

$$u \vee v = u \wedge v + \eta e^i\, u \wedge e_i\, v - \frac{1}{2} \cdot e^i\, e^k\, u \wedge e_i\, e_k\, v$$

und daher

$$(17.3) \qquad\qquad v \vee u - u \vee v = - 2 \cdot e_i\, v \wedge e^i\, u,$$

weshalb das genannte Glied in (16.7) auch in der Form

$$\frac{1}{4} \cdot d\alpha \vee u_{i_1\ldots i_\lambda}^{k_1\ldots k_\mu} - \frac{1}{4} \cdot u_{i_1\ldots i_\lambda}^{k_1\ldots k_\mu} \vee d\alpha$$

geschrieben werden kann.

Im Falle eines *Killing-Operators*, d.h. eines den Killingschen Gleichungen genügenden Lie-Operators, gestattet die Gleichung (16.7) demnach die folgende, ganz dem inneren Kalkül angehörige Formulierung:

$$(17.4)$$

$$(Xu)_{i_1\ldots i_\lambda}^{k_1\ldots k_\mu} = \alpha^i \cdot d_i\, u_{i_1\ldots i_\lambda}^{k_1\ldots k_\mu}$$

$$+ \frac{1}{4} \cdot d\alpha \vee u_{i_1\ldots i_\lambda}^{k_1\ldots k_\mu} - \frac{1}{4} \cdot u_{i_1\ldots i_\lambda}^{k_1\ldots k_\mu} \vee d\alpha$$

$$- d_r\, \alpha^{k_1} \cdot u_{i_1\ldots i_\lambda}^{r\ldots k_\mu} - \ldots - d_r\, \alpha^{k_\mu} \cdot u_{i_1\ldots i_\lambda}^{k_1\ldots r}$$

$$+ d_{i_1}\, \alpha^r \cdot u_{r\ldots i_\lambda}^{k_1\ldots k_\mu} + \ldots + d_{i_\lambda}\, \alpha^r \cdot u_{i_1\ldots r}^{k_1\ldots k_\mu}.$$

Die früher nur für Differentiale bewiesene Regel $Xdu = dXu$ kann im Falle eines Killing-Operators für beliebige Differentialtensoren u ausgesprochen werden:

$$(17.5) \qquad\qquad Xdu = dXu \qquad\qquad \text{für } u \,\epsilon\, T(A)$$

$$(\text{wenn } d_i\, \alpha_k + d_k\, \alpha_i = 0)$$

Denn in kanonischen Koordinaten, wo auch für Tensoren

$$(Xu)^{k_1 \,..\, k_\mu}_{i_1 \,..\, i_\lambda} = \frac{\partial}{\partial x^m} u^{k_1 \,..\, k_\mu}_{i_1 \,..\, i_\lambda}$$

ist, haben die in (6.11) auftretenden Cartan-Differentiale ω^s_t die Eigenschaft $\dfrac{\partial}{\partial x^m} \omega^s_t = X\omega^s_t = 0$, weshalb Anwendung von X auf beide Seiten von (6.11) ergibt:

$$X(du)^{k\,\cdots}_{i\,\cdots} = d\left(\frac{\partial}{\partial x^m} u^{k\,\cdots}_{i\,\cdots}\right) + \omega^k_r \wedge \frac{\partial}{\partial x^m} u^{r\,\cdots}_{i\,\cdots} + \ldots - \omega^r_i \wedge \frac{\partial}{\partial x^m} u^{k\,\cdots}_{r\,\cdots} - \ldots$$

$$= (dXu)^{k\,\cdots}_{i\,\cdots},$$

wie (17.5) behauptet.

Wenn X Killing-Operator ist, gilt auch das Gegenstück

(17.6) $X(u \vee v) = Xu \vee v + u \vee Xv$ $(u, v \in T(A))$

zu der Produktregel (16.8).

Der Beweis erfolgt in kanonischen Koordinaten durch Anwendung von $X = \dfrac{\partial}{\partial x^m}$ auf beide Seiten der Gleichung (9.1) unter Beachtung von $\dfrac{\partial g^{ij}}{\partial x^m} = 0$.

Schliesslich kann auch noch

(17.7) $X\delta u = \delta Xu$ $(u \in T(A))$

für Killing-Operatoren bewiesen werden, etwa mittels der aus (11.2) und (14.7) folgenden Beziehung

(17.8) $\delta u = du + (-1)^{\binom{m}{2}} \cdot d(u \vee z) \vee z$

durch Anwendung der soeben bewiesenen Regeln und der für Killing-Operatoren evidenten Aussage $Xz = 0$.

Auch der Zusammenhang zwischen den zugeordneten Differentialen α, β, γ dreier in der Beziehung $XY - YX = Z$ stehenden Operatoren (16.10) gestattet in dem Falle, dass X, Y Killing-Operatoren sind, einfache Formulierung im inneren Kalkül.

Da X den Killingschen Gleichungen genügt, ist $(d\alpha)_i = dx^k \wedge$ $\wedge d_k \alpha_i = - d_i \alpha_k \cdot dx^k = - d_i \alpha$, also

$$(17.9) \qquad\qquad (d\alpha)_i + d_i \alpha = 0$$

und ebenso $(d\beta)_i + d_i\beta = 0$.

Aus (16.11) folgt

$$(17.10) \qquad\qquad \gamma^i = \alpha^k \cdot d_k \beta^i - \beta^k \cdot d_k \alpha^i$$

und

$$\gamma = \alpha^k \cdot d_k \beta - \beta^k \cdot d_k \alpha \,, \quad d\gamma = (d\alpha)^k \wedge d_k \beta - (d\beta)^k \wedge d_k \alpha +$$

$$+ \alpha^k \, dd_k \beta - \beta^k \, dd_k \alpha$$

was nach (17.9) zunächst

$$d\gamma = - 2 (d\alpha)^k \wedge (d\beta)_k - \alpha^k \cdot (dd\beta)_k + \beta^k \cdot (dd\alpha)_k$$

und damit wegen (17.2), (17.3) und (8.5)

$$(17.11) \qquad d\gamma = \frac{1}{4} \cdot (d\alpha \vee d\beta - d\beta \vee d\alpha) - 2\Omega_{ik} \cdot \alpha^i \cdot \beta^k$$

ergibt.

Wegen der Bedeutung der konstanten Differentiale in der Theorie der Dirac Gleichungen soll noch geprüft werden, unter welchen Bedingungen das einem Killing-Operator X zugeordnete Differential α zu konstantem $d\alpha$ führt.

Aus (11.14) folgt

$$(17.12) \qquad\qquad dde_i - e_i \, dd = dd_i - d_i \, d,$$

was bei Anwendung auf das Differential α wegen $dd\alpha = 0$ zu

$$(17.13) \qquad\qquad (dde\alpha)_i = (dD\alpha)_i - d_i \, d\alpha$$

führt. Dabei ist $(de\alpha)_i$ als i-te Komponente des äusseren Differentials des Tensors $e\alpha = \{\alpha_i\}$ dasselbe wie das mit $(d\alpha)_i$ in (17.9) bezeichnete Differential und darum gleich $- (D\alpha)_i$. Aus (17.13) folgt deshalb $d_i d\alpha = - 2 (dde\alpha)_i = - 2\Omega_{ik} \cdot \alpha^k$ nach (8.5). Die Gleichung

$$(17.14) \qquad\qquad d_i \, d\alpha = - 2\, \Omega_{ik} \cdot \alpha^k$$

zeigt, dass im Falle einer Metrik mit verschwindendem Riemannschen Krümmungstensor für jeden Killing-Operator das Differential $d\alpha$ des zugeordneten Differentials α konstant ist.

18. Differentialmatrizen

Es empfiehlt sich, aus Differentialtensoren Matrizen zu bilden, indem man in $u = \{u^{k_1 \ldots k_\mu}_{i_1 \ldots i_\lambda}\}$ die oberen Indizes zur Bezeichnung der Zeilen, die unteren Indizes zur Bezeichnung der Spalten verwendet und so dem Tensor u eine Matrix (u) von m^μ Zeilen und m^λ Spalten zuordnet.

Sind zwei Tensoren $u = \{u^{k_1 \ldots k_\mu}_{i_1 \ldots i_\lambda}\}$ und $v = \{v^{m_1 \ldots m_\sigma}_{l_1 \ldots l_\varrho}\}$ gegeben, so ist

$$(u) \wedge (v)$$

nur erklärt, wenn $\lambda = \sigma$ ist und zwar als die Matrix, die dem Tensor

$$\{ u^{i_1 \ldots i_\mu}_{l_1 \ldots l_\lambda} \wedge v^{l_1 \ldots l_\lambda}_{k_1 \ldots k_\varrho} \}$$

entspricht. Ähnlich ist das innere Matrizenprodukt

$$(u) \vee (v)$$

zu verstehen.

Anwendung eines Operators auf eine Differentialmatrix bedeute seine Anwendung auf jedes Glied der Matrix und Bewahrung der Matrizengestalt.

Danach sind z. B. (du) von $d(u)$, (δu) von $\delta(u)$ zu unterscheiden. Um den in (6.11) und (11.17) sichtbaren Zusammenhang zwischen diesen Matrizen und auch andere Beziehungen in die Matrizensprache übersetzen zu können, führen wir m^λ-reihige quadratische Matrizen

$$\omega_\lambda, \qquad \Omega_\lambda, \qquad A_\lambda$$

ein, die in der Zeile $i_1, i_2, \ldots, i_\lambda$ und der Spalte $k_1, k_2, \ldots, k_\lambda$ die folgenden λ-gliedrigen Summen als Elemente haben:

$$\omega^{i_1}_{k_1} \cdot \delta^{i_2}_{k_2} \ldots \delta^{i_\lambda}_{k_\lambda} + \delta^{i_1}_{k_1} \omega^{i_2}_{k_2} \ldots \delta^{i_\lambda}_{k_\lambda} + \ldots + \delta^{i_1}_{k_1} \cdot \delta^{i_2}_{k_2} \ldots \omega^{i_\lambda}_{k_\lambda}$$

$$(18.1) \quad \Omega^{i_1}_{\ k_1} \cdot \delta^{i_2}_{k_2} \ldots \delta^{i_\lambda}_{k_\lambda} + \delta^{i_1}_{k_1} \cdot \Omega^{i_2}_{\ k_2} \ldots \delta^{i_\lambda}_{k_\lambda} + \ldots + \delta^{i_1}_{k_1} \cdot \delta^{i_2}_{k^2} \ldots \Omega^{i_\lambda}_{\ k_\lambda}$$

$$d_{k_1} \alpha^{i_1} \cdot \delta^{i_2}_{k_2} \ldots \delta^{i_\lambda}_{k_\lambda} + \delta^{i_1}_{k_1} \cdot d_{k_2} \alpha^{i_2} \ldots \delta^{i_\lambda}_{k_\lambda} + \ldots + \delta^{i_1}_{k_1} \cdot \delta^{i_2}_{k_2} \ldots d_{k_\lambda} \alpha^{i_\lambda}$$

Die erste, mit den Cartandifferentialen ω^i_k gebildete Matrix ω_λ steht zu der zweiten, mit den Krümmungsdifferentialen Ω^i_k gebildeten Matrix Ω_λ in der Beziehung

$$(18.2) \qquad d\omega_\lambda + \omega_\lambda \wedge \omega_\lambda = \Omega_\lambda$$

die für $\lambda = 1$ in (7.10) bereits ausgesagt ist. Die Matrix A_λ setzt voraus, dass ein Killing-Operator X gegeben ist, aus dessen Tensor $\{\alpha^i\}$ die Elemente gemäss obiger Formel zu bilden sind.

Die Gleichungen (6.11), (11.17) und (17.4) gestatten danach folgende Übersetzung in die Matrizensprache:

$$(18.3) \qquad \begin{aligned} (du) &= d\,(u) + \omega_\mu \wedge (u) - {}^t({}^t\omega_\lambda \wedge {}^t(u)) \\ (\delta u) &= \delta\,(u) + \omega_\mu \vee (u) - {}^t({}^t\omega_\lambda \vee {}^t(u)) \end{aligned} \qquad (u = \{ u^{k_1 \,..\, k_\mu}_{i_1 \,..\, i_\lambda}\})$$

$$(18.4) \qquad (Xu) = X\,(u) - A_\mu \cdot (u) + (u) \cdot A_\lambda\,,$$

wobei

$$(18.5) \qquad X\,(u) = \alpha^i \cdot d_i\,(u) + \frac{1}{4} \cdot d\alpha \vee (u) - \frac{1}{4} \cdot (u) \vee d\alpha$$

ist.

Das mit linkem oberen t angedeutete Transponieren genügt bei äusseren Matrizenprodukten der aus (9.6) folgenden Regel

$$(18.6) \qquad {}^t((u) \wedge (v)) = {}^t(\eta^h v) \wedge {}^t(u), \qquad {}^t((v) \wedge (u)) = {}^t(u) \wedge {}^t(\eta^h v)$$

(wenn u homogen vom Grade h ist),

und bei inneren Matrizenprodukten gilt nach (9.7)

$$(18.7) \qquad \begin{aligned} {}^t((u) \vee (v)) = {}^t(\eta^h v) \vee {}^t(u) &+ 2e_i\, {}^t(\eta^{h+1}v) \vee e^i\, {}^t(u) \\ &- 2e_i e_k\, {}^t(\eta^h v) \vee e^i e^k\, {}^t(u) \\ &- usw. \end{aligned}$$

(wenn u homogen vom Grade h ist).

Wendet man diese Regeln auf den Fall an, wo der eine Faktor die Matrix ω_λ ist, so gewinnt man nachstehende Fassungen der Gleichungen (18.3)

$$(18.8) \qquad (du) = d\,(u) + \omega_\mu \wedge (u) - (\eta u) \wedge \omega_\lambda$$

$$(18.9) \qquad (\delta u) = \delta\,(u) + \omega_\mu \vee (u) - (\eta u) \vee \omega_\lambda - 2 \cdot e_i\,(u) \vee e^i\,\omega_\lambda\,.$$

Die Übersetzungen von (8.5) und (12.4) in Matrizensprache sind

$$(18.9) \qquad (ddu) = \Omega_\mu \wedge (u) - (u) \wedge \Omega_\lambda$$

und

$$(18.10) \qquad (\delta\delta u) = g^{ik} \cdot d_i d_k(u) + R_{ik} \cdot dx^i \vee e^k(u) - \Omega_{ik} \vee e^i e^k(u)$$
$$+ \Omega_\mu \vee (u) - {}^t({}^t\Omega_\lambda \vee {}^t(u))$$

Die Gleichung (18.8) kann unter Beachtung von (18.2) und $dd\,(u) = 0$ sowie der Produktregel

$$(18.11) \qquad d\,((u) \wedge (v)) = d\,(u) \wedge (v) + (\eta u) \wedge d\,(v)$$

auch durch zweimalige Anwendung der Gleichung (18.8) gewonnen werden.

Erwähnt sei schliesslich noch die Differentiationsregel für innere Matrizenprodukte:

$$(18.12) \qquad \delta\,((u) \vee (v)) = \delta\,(u) \vee (v) + (\eta u) \vee \delta\,(v) + 2 \cdot e^i(u) \vee d_i(v)$$

19. Dirac-Gleichungen und ihre Integrale

Jede Gleichung

$$(19.1) \qquad (\delta u)_{i\,..\,j}^{\;k\,..\,l} = a_{i\,..\,j}^{\;k\,..\,l\,p\,..\,q}{}_{r\,..\,s} \vee u_{p\,..\,q}^{\;r\,..\,s},$$

worin

$$a = \{\, a_{i\,..\,j}^{\;k\,..\,l\,p\,..\,q}{}_{r\,..\,s} \}$$

ein gegebener und

$$u = \{\, u_{i\,..\,j}^{\;k\,..\,l} \}$$

der gesuchte Differentialtensor sind, nennen wir *Dirac-Gleichung*.
Die aus (11.17) folgende Beziehung

$$(\delta u)_{l\,i_2\,.\,i_\lambda}^{l\,k_2\,.\,k_\mu} = \delta\,(u_{l\,i_2\,.\,i_\lambda}^{l\,k_2\,.\,k_\mu})$$

$$+ \omega_r^{k_2} \vee u_{l\,i_2\,.\,i_\lambda}^{l\,r\,.\,k_\mu} + .. + \omega_r^{k_\mu} \vee u_{l\,i_2\,.\,i_\lambda}^{l\,k_2\,.\,r}$$

$$- \omega_{i_2}^{r} \vee u_{l\,r\,.\,i_\lambda}^{l\,k_2\,.\,k_\mu} - .. - \omega_{i_\lambda}^{r} \vee u_{l\,i_2\,.\,r}^{l\,k_2\,.\,k_\mu}$$

zeigt, dass Verjüngung und innere Differentiation miteinander vertauschbar sind, wie übrigens auch, gemäss (6.6) und (6.11), kovariante und äussere Differentiation mit Verjüngung vertauschbar sind, sofern nicht gerade der bei der kovarianten Differentiation entstandene Index an der Verjüngung beteiligt ist. Da das Herauf - oder Herunterziehen eines Index bei einem Tensor u das Ergebnis $V(g.u)$ einer Verjüngung des Produkts von $g = \{g^{ik}\}$ oder $g = \{g_{ik}\}$ mit u ist, gilt wegen der eben festgestellten Vertauschbarkeit und der Konstanz des Tensors g nach den Produktregeln für das innere, äussere oder kovariante Differenzieren

$$\delta\,(V\,(g \cdot u)) = V\,\delta\,(g \cdot u) = V\,(g \cdot \delta u) \quad \text{und} \quad d\,(V\,(g \cdot u)) = V\,(g \cdot du),$$

$$d_i\,(V\,(g \cdot u)) = V\,(g \cdot d_i u),$$

d. h. Herauf - oder Herunterziehen eines Index sind mit innerer, äusserer und kovarianter Differentiation vertauschbar.

Aus einer Dirac-Gleichung (19.1) folgt demnach eine mit ihr gleichwertige

$$(\delta u)^{i \,..\, jk \,..\, l} = a^{i \,..\, jk \,..\, l}_{\qquad p \,..\, qr \,..\, s} \,V\, u^{p \,..\, qr \,..\, s}$$

in der der unbekannte Tensor u rein kontravariant ist. Diese « Normalform »

$$(19.2) \qquad (\delta u)^{i_1 \,..\, i_\lambda} = a^{i_1 \,..\, i_\lambda}_{\qquad k_1 \,..\, k_\lambda} \,V\, u^{k_1 \,..\, k_\lambda}$$

einer Dirac-Gleichung (« λ-ter Stufe ») nimmt in Matrizenschreibweise die Gestalt

$$(19.3) \qquad (\delta u) = (a)\, \mathsf{v}\, (u)$$

an, in welcher (u) als m^λ-gliedrige, der Gleichung

$$(19.4) \qquad \delta\,(u) + \omega_\lambda\, \mathsf{v}\, (u) = (a)\, \mathsf{v}\, (u)$$

genügende Spalte erscheint.

Vorbild aller dieser Gleichungen ist die Dirac-Gleichung 0-ter Stufe

$$\delta u = a\, \mathsf{v}\, u,$$

der nach der Diracschen Theorie des Elektrons im elektromagnetischen Felde das Zustandsdifferential u des Elektrons im Einstein-Minkowski-Raum genügt.

Einem Sprachgebrauch der Quantentheorie folgend, nennen wir jeden in der Gesamtheit $T(A)$ aller Differentialtensoren wirkenden Operator, der jede Lösung der Dirac-Gleichung wieder in eine Lösung derselben Dirac-Gleichung überführt, *Integral* der Dirac-Gleichung.

Rechtsmultiplikation $\mathbf{v}\,c$ mit einem konstanten Differential c ist Integral jeder Dirac-Gleichung; denn nach (13.2) ist $\delta\,(u\,\mathbf{v}\,c) = {} = \delta u\,\mathbf{v}\,c$, weshalb aus $(\delta u) = (a)\,\mathbf{v}\,(u)$ stets $(\delta\,(u\,\mathbf{v}\,c)) = (a)\,\mathbf{v}\,(u)\,\mathbf{v}\,c = {} = (a)\,\mathbf{v}\,(u\,\mathbf{v}\,c)$ folgt. Operatoren in $T(A)$, wie üblich, als Linksfaktoren schreibend, werden wir statt $u\,\mathbf{v}\,c$ zuweilen auch $(\mathbf{v}\,c)\,u$ schreiben, vor allem dann, wenn die Gesamtheit aller Integrale einer und derselben Dirac-Gleichung als Unterring des Ringes aller Operatoren in $T(A)$ aufgefasst werden soll.

Wenn von einer 1-gliedrigen, durch den Lie-Operator X bestimmten Gruppe bekannt ist, dass sie die Metrik und zugleich den Tensor a invariant lässt, in dem Sinne, dass X Killing-Operator und $Xa = 0$ ist, so ist auch X ein (mit gleichem Buchstaben zu bezeichnendes) Integral der Dirac-Gleichung. Denn wird $(\delta u) = (a)\,\mathbf{v}\,(u)$ wieder als Tensorgleichung geschrieben: $\delta u = V(a\,\mathbf{v}\,u)$, wobei V eine Verjüngung bedeutet, so folgt mittels (17.6) und (17.7), dass $\delta Xu = X\delta u = XV(a\,\mathbf{v}\,u) = VX(a\,\mathbf{v}\,u) = V(a\,\mathbf{v}\,Xu)$ ist, wegen der aus (17.4) ablesbaren Vertauschbarkeit von X mit V.

Die Bedingung $Xa = 0$ ist nach (18.4) mit

$$(19.5) \qquad X(a) - A_\lambda \cdot (a) + (a) \cdot A_\lambda = 0$$

gleichbedeutend und die Wirkung von X auf eine Lösung der Dirac-Gleichung ist

$$(19.6) \qquad (Xu) = X(u) - A_\lambda \cdot (u),$$

wobei daran erinnert sei, dass

$$(18.5) \qquad X(u) = \alpha^i \cdot d_i(u) + \frac{1}{4} \cdot d\alpha \,\mathbf{v}\,(u) - \frac{1}{4} \cdot (u)\,\mathbf{v}\,d\alpha$$

ist und Ähnliches für $X(a)$ gilt.

20. Adjungierte Dirac-Gleichung

Zu der Dirac-Gleichung

$$(20.1) \qquad (\delta u)^{i_1\,..\,i_\lambda} = a^{i_1\,..\,i_\lambda}{}_{k_1\,..\,k_\lambda}\,\mathbf{v}\,u^{k_1\,..\,k_\lambda}$$

adjungiert ist die Dirac-Gleichung

$$(20.2) \qquad (\delta v)^{i_1 \cdots i_\lambda} = b^{i_1 \cdots i_\lambda}{}_{k_1 \cdots k_\lambda} \vee v^{k_1 \cdots k_\lambda}$$

mit

$$(20.3) \qquad b^{i_1 \cdots i_\lambda}{}_{k_1 \cdots k_\lambda} = - \zeta a_{k_1 \cdots k_\lambda}{}^{i_1 \cdots i_\lambda}$$

Gerechtfertigt wird dieser Begriff durch die aus der Greenschen Formel folgende Tatsache, dass jede Lösung u von (20.1) mit irgend einer Lösung v von (20.2) zusammen ein im Sinne von

$$(20.4) \qquad d\,(u,\,v)_1 = 0$$

geschlossenes abgeleitetes Skalarprodukt $(u, v)_1$ hat.

In der Tat ist nach (15.8) und (20.3)

$$(\delta v,\, u) = (b^{i_1 \cdots i_\lambda}{}_{k_1 \cdots k_\lambda} \vee v^{k_1 \cdots k_\lambda}, \; u_{i_1 \cdots i_\lambda})$$

$$= (v^{k_1 \cdots k_\lambda}, \; \zeta b^{i_1 \cdots i_\lambda}{}_{k_1 \cdots k_\lambda} \vee u_{i_1 \cdots i_\lambda})$$

$$= - (v^{k_1 \cdots k_\lambda}, \; a_{k_1 \cdots k_\lambda}{}^{i_1 \cdots i_\lambda} \vee u_{i_1 \cdots i_\lambda})$$

$$= - (v,\, \delta u),$$

woraus mittels (15.20) die Gleichung (20.4) folgt.

21. Harmonische und streng harmonische Differentiale

Unter den Dirac-Gleichungen verdient zunächst die Gleichung

$$(21.1) \qquad \delta u = 0$$

besondere Beachtung.

Erfüllt ein homogenes Differential diese Gleichung, so ist wegen der Homogenität der Operatoren d und d^*, in die die innere Differentiation zerlegt werden kann, auch $du = 0$ und $d*u = 0$, d. h. u ist in dem von HODGE ursprünglich gewählten Sinne harmonisch. Nach einem Vorschlage von DE RHAM wird heute ein homogenes Differential genau dann *harmonisch* genannt, wenn es der Gleichung

$$\varDelta u = \delta \delta u = 0$$

genügt. Darum sei das Bestehen dieser Gleichung auch im Falle eines inhomogenen Differentials oder eines Differentialtensors das Kennzeichen des Harmonischseins. *Streng harmonisch* heisse dagegen ein Differentialtensor erst dann, wenn er auch der Gleichung (21.1) genügt.

Da der Operator Δ homogen ist, kann ein Differential nur dann harmonisch sein, wenn auch seine homogenen Bestandteile harmonisch sind, und deshalb erübrigt es sich, inhomogene harmonische Differentiale besonders zu betrachten. Bei streng harmonischen Differentialen ist im allgemeinen Inhomogenität zu erwarten.

Die Invarianz der inneren Differentiation gestattet, die Begriffe der Harmonie oder der strengen Harmonie von Differentialen und Differentialtensoren auch im Grossen zu erklären, d.h. für differenzierbare m-dimensionale Riemannsche Mannigfaltigkeiten R, die nicht mehr mit einem Koordinatensystem allein beschrieben werden können. Da der Begriff « harmonisch in R » Gegenstand klassischer Untersuchungen geworden ist, dürfen die Begriffe « Differential in R », « Differentialtensor in R », « streng harmonischer Differentialtensor in R » als hinreichend erklärt vorausgesetzt werden.

Ist der Raum R orientierbar und kompakt und seine Metrik positiv-definit, so sind alle in R harmonischen Differentiale bereits streng harmonisch; denn aus der Greenschen Formel (15.20) folgt

$$d\,(u,\,\delta u)_1 = (u,\,\delta\delta u) + (\delta u,\,\delta u)$$

und daraus durch Integration über den ganzen Raum

$$0 = \int (u,\,\delta\delta u) + \int (\delta u,\,\delta u).$$

Genügt also u der Gleichung $\delta\delta u = 0$, so folgt nach einer Bemerkung gegen Ende von § 15 aus der Definitheit der Metrik auch $\delta u = 0$.

Im Falle nicht-kompakter Räume oder nicht-definiter Metrik bedeutet $\delta u = 0$ eine weit schärfere Auswahl unter den Differentialen als $\delta\delta u = 0$.

Wie alle Dirac-Gleichungen hat auch $\delta u = 0$ das Integral $* = \vee z$, weshalb mit jedem streng harmonischen Differential u auch sein « Duales » $* u = u \vee z$ streng harmonisch ist.

Nach (11.13) ist auch der Operator η Integral der Dirac-Gleichung (21.1), woraus folgt, dass jedes streng harmonische Differential

$u = \sum\limits_{n=0}^{m} u_n$ (mit den homogenen Bestandteilen u_n) in eine Summe

$$(21.2) \qquad u = \frac{1+\eta}{2}\, u + \frac{1-\eta}{2}\, u$$

von streng harmonischen Differentialen

$$u_0 + u_2 + u_4 + \dots \quad \text{und} \quad u_1 + u_3 + u_5 + \dots$$

zerlegt werden kann, die η-Eigendifferentiale mit den Eigenwerten 1 und -1 sind. Bei ungerader Dimension des Raumes genügt es also, die streng harmonischen Differentiale des einen Typus, etwa $\eta u = u$, zu bestimmen, weil der Dualitätsoperator $\vee z$ wegen $\eta\,(u \vee z) = -\eta u \vee \vee z = -u \vee z$ beide Typen von streng harmonischen Differentialen miteinander vertauscht.

Von der Metrik hängt ab, ob weitere Integrale der Dirac-Gleichung (21.1) existieren oder nicht. Wenn R wie der Einstein-Minkowski-Raum in dem Sinne euklidisch ist, dass ein im ganzen Raume gültiges Koordinatensystem eingeführt werden kann, in welchem die Koeffizienten g_{ik} des Fundamentaltensors konstant sind, so sind, wie in § 13 bereits bemerkt, alle inneren und äusseren Polynome in den dx^i mit konstanten Koeffizienten konstant und darum Anlass zur Bildung von Integralen. Da insbesondere die Monome $dx^{i_1} \wedge \dots \wedge dx^{i_p}$ konstant sind, kann nach der Differentiationsregel (13.2) ein Differential

$$u = \sum\limits_{p=0}^{m} \frac{1}{p\,!} \cdot a_{i_1 \dots i_p} \cdot dx^{i_1} \wedge \dots \wedge dx^{i_p}$$

nur dann streng harmonisch (oder auch nur harmonisch), sein wenn

$$\delta\delta u = \sum\limits_{p=0}^{m} \frac{1}{p\,!}\, \delta\delta a_{i_1 \dots i_p} \cdot dx^{i_1} \wedge \dots \wedge dx^{i_p} = 0$$

d.h. $\delta\delta a_{i_1 \dots i_p} = 0$ ist. Diese Bemerkung hat im Falle einer positiv-definiten Metrik die wichtige Folgerung, dass aus der Differenzierbarkeit (sogar der nur zweimaligen stetigen Differenzierbarkeit) der Koeffizienten eines Differentials deren Analytizität geschlossen werden kann.

22. Integrale der Dirac-Gleichung $\delta u = 0$ im dreidimensionalen euklidischen Raume

Im Falle der Metrik

$$(dx^1)^2 + (dx^2)^2 + (dx^3)^2$$

ist der innere Differentialkalkül mit dem äusseren durch folgende Regeln verbunden:

$$dx^i \vee dx^k = dx^i \wedge dx^k \quad (i \neq k), \qquad dx^i \vee dx^i = 1,$$

$$(22.1) \qquad dx^1 \vee dx^2 \vee dx^3 = dx^1 \wedge dx^2 \wedge dx^3 \quad (= w),$$

$$\delta u = du + \sum_{i=1}^{3} e_i \frac{\partial u}{\partial x^i} = \sum_{i=1}^{3} dx^i \vee \frac{\partial u}{\partial x^i}$$

(Um das Zeichen z für das vierfache Volumendifferential des Einstein-Minkowski-Raumes zu reservieren, verwenden wir hier ausnahmsweise das Zeichen w für das Volumendifferential)

Die Lie-Operatoren

$$(22.2) \qquad X_i = x^k \cdot \frac{\partial}{\partial x^l} - x^l \cdot \frac{\partial}{\partial x^k}$$

(i, k, l sei hier, wie auch im folgenden, zyklische Vertauschung von 1, 2, 3)

geben zu drei mit gleichen X_i zub ezeichnenden Integralen der Dirac-Gleichung $\delta u = 0$ Anlass, die als Operatoren auf ein Differential u die Wirkung

$$(22.3) \qquad X_i u = x^k \cdot \frac{\partial u}{\partial x^l} - x^l \cdot \frac{\partial u}{\partial x^k} + \frac{1}{2} \cdot w_i \vee u - \frac{1}{2} \cdot u \vee w_i$$

haben. Dabei ist

$$(22.4) \qquad w_i = dx^k \wedge dx^l = dx^i \vee w = w \vee dx^i$$

aus dem nach § 17 zu X_i gehörenden Differential $\alpha(i) = x^k dx^l - x^l \cdot dx^k$ durch äussere Differentiation gewonnen: $2 w_i = d\alpha(i)$.

Wie die Operatoren (22.2) stehen nach § 16 auch die Integrale X_i in der Beziehung

$$(22.5) \qquad X_k X_l - X_l X_k = - X_i$$

zueinander.

Aus den Integralen X_i und $\vee \, w_j$ von $\delta u = 0$ gewinnt man einen besonders wichtigen Operator K, der, durch seine Wirkung

$$(22.6) \qquad (K + 1)\, u = \sum_{i=1}^{3} X_i u \vee w_i$$

erklärt, offenbar ebenfalls Integral von $\delta u = 0$ ist.

Dieses Integral zeichnet sich schon dadurch aus, dass es nicht von der Wahl des cartesischen Koordinatensystems abhängt.

Mit den X_i ist K vertauschbar; denn

$$X_i\,(K+1)u = X_i X_i\, u \vee w_i + X_i X_k u \vee w_k + X_i X_l u \vee w_l - X_k u \vee w_l + X_l u \vee w_k$$

wegen

$$(22.7) \qquad X_i w_i = 0, \quad X_i w_k = - w_l, \quad X_i w_l = w_k$$

und

$$(K + 1)\, X_i u = X_i X_i u \vee w_i + X_k X_i u \vee w_k + X_l X_i u \vee w_l,$$

(wo überall i, k, l zyklische Vertauschung von 1, 2, 3 ist).

Aus der evidenten Gleichung $X_i w = 0$ folgt, dass auch die Integrale K und $\vee\, w$ miteinander vertauschbar sind:

$$(K + 1)\,(u \vee w) = \sum_i X_i u \vee w \vee w_i = \sum_i X_i u \vee w_i \vee w = (K + 1)\, u \vee w,$$

d.h.

$$(22.8) \qquad K\,(u \vee w) = Ku \vee w.$$

Wie K hängt auch das Integral $X_1^2 + X_2^2 + X_3^2$ von der Wahl des cartesischen Koordinatensystems nicht ab, weshalb zu erwarten ist, dass zwischen beiden eine Beziehung besteht. In der Tat gilt

$$(22.9) \qquad X_1^2 + X_2^2 + X_3^2 = - K - K^2,$$

wie mittels (22.5) und (22.7) durch folgende Rechnung bewiesen wird:

$$(K+1)^2 u = \sum_{i,j} X_i (X_j u \vee w_j) \vee w_i = \sum_{i,j} X_i X_j u \vee w_j \vee w_i + \sum_{i,j} X_j u \vee X_i w_j \vee w_i$$

$$= -\sum X_i^2 u + \sum_{i<j} (X_i X_j - X_j X_i) u \vee w_j \vee w_i$$

$$+ \sum_i (X_k u \vee (-w_l) \vee w_i + X_l u \vee w_k \vee w_i)$$

$$= -\sum X_i^2 u - \sum_i X_l u \vee w_k \vee w_i + \sum_k X_k u \vee w_k + \sum_i X_l u \vee w_k \vee w_i$$

$$= -\sum X_i^2 u + (K+1) u.$$

Dabei ist von den Beziehungen

$$(22.10) \qquad w_i \vee w_i = -1, \quad w_i \vee w_k = -w_k \vee w_i = -w_l$$

Gebrauch gemacht worden.

Für die Aufsuchung von K-Eigendifferentialen ist folgende Umformung von $(K+1) u$ nützlich.

$$(K+1) u = \sum_i \left(x^k \cdot \frac{\partial u}{\partial x^l} - x^l \cdot \frac{\partial u}{\partial x^k} \right) \vee dx^i \vee w +$$

$$+ \frac{1}{2} \sum_i w_i \vee u \vee w_i - \frac{1}{2} \sum_i u \vee w_i \vee w_i$$

$$= -\sum \frac{\partial u}{\partial x^i} \vee (x^k \cdot dx^l - x^l \cdot dx^k) \vee w + \frac{1}{2} \sum_i (w \vee dx^i \vee u \vee dx^i \vee w) + \frac{3}{2} u,$$

wobei nach (9.8) $dx^i \vee u = \eta u \vee dx^i + 2e^i u$ und darum

$$\sum_i dx^i \vee u \vee dx^i = 3\eta u + \sum 2e^i u \vee dx^i = 3\eta u + \sum 2e_i u \wedge dx^i$$

$$= 3\eta u - 2 \sum dx^i \wedge e_i \eta u$$

ist. Der hier auftretende Operator

$$(22.11) \qquad g = \sum dx^i \wedge e_i$$

hat die Wirkung, homogene Differentiale einfach mit ihrem Grade zu multiplizieren.

Unter Verwendung von $(x^k \cdot dx^l - x^l \cdot dx^k) \vee w = dx^i \sum_j x^i \cdot dx^j - dx^i \vee x^i \cdot dx^i = dx^i \vee r \cdot dr - x^i$ (mit $r^2 = (x^1)^2 + (x^2)^2 + (x^3)^2$) erhalten wir

$$(K+1)\,u = -\sum_i \frac{\partial u}{\partial x^i} \vee dx^i \vee r \cdot dr + \sum_i x^i \cdot \frac{\partial u}{\partial x^i} + \frac{3}{2} \cdot (u - \eta u) + g\eta u$$

und damit

$$(22.12) \qquad (K+1)\,u = -\zeta\delta\zeta u \vee r \cdot dr + \sum x^i \cdot \frac{\partial u}{\partial x^i} + \frac{3}{2} \cdot (u - \eta u) + g\eta u,$$

wobei $\zeta\delta\zeta$ nach (11.11) die zur inneren Differentiation spiegelbildliche Operation ist.

23. Differentiale, die im ganzen euklidischen Raume ausser im Punkte $(0, 0, 0)$ streng harmonisch sind

Aus der Greenschen Formel kann mit einer Schlussweise, die dem Beweise des Satzes von Laurent nachgebildet ist, bewiesen werden, dass jede im ganzen Raume ausser in $(0, 0, 0)$ zweimal stetig differenzierbare harmonische Funktion f durch eine unendliche Reihe

$$f = \sum_{k=-\infty}^{+\infty} f^{(h)}$$

dargestellt werden kann, deren Glieder $f^{(h)}$ für $h \geq 0$ homogene Polynome h-ten Grades und für $h < 0$ von der Form Polynom$\cdot r^{2h+1}$ sind. Jedes Glied $f^{(h)}$ ist selbst harmonisch, und in jedem den Nullpunkt ausschliessenden kompakten Raumteil sind $\sum\limits_0^\infty f^{(h)}$ und $\sum\limits_{-1}^{-\infty} f^{(h)}$, sowie die daraus durch ein- oder mehrmaliges Differenzieren hervorgehenden Reihen gleichmässig konvergent.

Es sei jetzt

$$u = \sum_{p=0}^{3} \frac{1}{p!} \cdot a_{i_1 \ldots i_p} \cdot dx^{i_1} \wedge \ldots \wedge dx^{i_p}$$

ein im ganzen Raume ausser für $r = 0$ der Gleichung $\delta u = 0$ genügendes Differential mit Koeffizienten $a_{i_1 \ldots i_p}$, die zweimal stetig differenzierbar sind. Nach einer Bemerkung am Schlusse von § 21 ist jeder dieser Koeffizienten harmonisch und darum in eine Reihe

$$a_{i_1 .. i_p} = \sum_{-\infty}^{+\infty} a_{i_1 .. i_p}^{(h)}$$

entwickelbar, deren Glieder $a_{i_1 .. i_p}^{(h)}$ homogene Funktionen vom eben beschriebenen Typus $f^{(h)}$ sind. Daraus folgt, dass das Differential u in der Gestalt einer unendlichen Reihe

$$u = \sum_{-\infty}^{+\infty} u^{(h)}$$

geschrieben werden kann, deren Glieder $u^{(h)}$ bezüglich x^1, x^2, x^3 homogen vom Grade h und zwar ganz-rational für $h \geqq 0$, nach Multiplikation mit r^{-2h-1} ganz-rational für $h < 0$ sind. Aus den Formeln (22.1) kann entnommen werden, dass auch jedes Glied $u^{(h)}$ streng harmonisch ist.

Die Aufgabe, alle im ganzen Raume ausser im Nullpunkte streng harmonischen Differentiale zu bestimmen, ist damit zurückgeführt auf die Bestimmung aller streng harmonischen Differentiale, die bezüglich der x^i homogen und im eben erklärten Sinne rational sind. Eine weitere Reduktion der Aufgabe ermöglicht die folgende Bemerkung.

Ist u streng harmonisch und bezüglich der x^i homogen vom Grade h, so ist auch

$$r^{-2h-2} \cdot dr \vee u = - \delta (r^{-2h-1} u)$$

streng harmonisch und dabei bezüglich der x^i homogen vom Grade $- h - 2$.

Denn nach (11.10) ist

$$\delta (r^{-2h-2} \cdot dr \vee u) = \delta (r^{-2h-2} \cdot dr) \vee u + 2r^{-2h-3} \cdot \sum x^i \cdot \frac{\partial u}{\partial x^i} = 0,$$

weil $\delta (r^{-2h-2} \cdot dr) = - (2h + 2) \cdot r^{-2h-3} + r^{-2h-2} \cdot \delta dr$ und

$$(23.1) \qquad\qquad \delta \, dr = \frac{2}{r}$$

ist.

M_h bezeichne den Modul der streng harmonischen Differentiale, die bezüglich der x^i homogen vom Grade h sind und dabei

für $h \geq 0$ ganz-rational sind,

(23.2)

für $h < 0$ nach Multiplikation mit r^{-2h-1} ganz-rational werden.

Durch

$$(23.3) \qquad u \longrightarrow v = r^{-2h-2} \cdot dr \vee u = - \delta (r^{-2h-1} \cdot u) \cdot \frac{1}{2h+1}$$

wird M_h isomorph auf M_{-h-2} abgebildet.

Zum Beweise dieser Bemerkung ist nach den bisherigen Feststellungen nur noch die eindeutige Umkehrbarkeit dieser Abbildung und das Erfülltsein der Bedingungen (23.2) für die Bildmenge von M_h zu prüfen.

Nach den Regeln (22.1) ist, wenn u zu M_h gehört,

$$v = r^{-2h-2} \cdot \sum_i \frac{x^i \cdot dx^i}{r} \vee u$$

homogen vom Grade $h - 2h - 2 = - h - 2$.

Ist $h \geq 0$, also $u \in M_h$ ganz-rational, so zeigt der eben benutzte Ausdruck für v, dass v nach Multiplikation mit $r^{-2(-h-2)-1} = r^{2h+3}$ ganz-rational wird, also in der Tat zu M_{-h-2} gehört.

Ist dagegen $h < 0$, so ist für $u \in M_h$ das in $v = - \delta (r^{-2h-1} \cdot u) \cdot \frac{1}{2h+1}$ auftretende Differential $r^{-2h-1} \cdot u$ ganz-rational und darum nach der dritten der Regeln (22.1) auch v selbst ganz-rational, wie von einem Element von M_{-h-2} im Falle $- h - 2 \geq 0$ verlangt wird.

Der Fall $h = - 1$ kann nicht vorkommen; denn für $u \in M_{-1}$ müsste $r \cdot u$ ganz-rational vom Grade 0 und darum nach den Bemerkungen in § 21 ein konstantes Differential sein, was $\delta (r \cdot u) = 0$ und wegen $\delta u = 0$ auch $dr \vee u = 0$, d. h. $u = 0$ zur Folge hätte.

Die Umkehrung der Abbildung (23.3) ist

$$v \longrightarrow r^{2h+2} \cdot dr \vee v = u.$$

Da diese selbst den Charakter einer Abbildung (23.3) hat, bei der das dortige h durch $- h - 2$ ersetzt ist, so verwandelt sie jedes $v \in M_{-h-2}$ wegen $- (- h - 2) - 2 = h$ in ein $u \in M_h$. Jedes Element von M_{-h-2} ist darum Bild eines Elements von M_h bei der Abbildung (23.3).

Vermöge dieses Isomorphismus von M_h mit M_{-h-2} sind alle Moduln M_h bekannt, sobald alle diejenigen mit nicht-negatitivem h bestimmt sind; denn M_{-1} ist leer.

Die Bestimmung der Gesamtheit M_h aller streng harmonischen Differentiale, die bezüglich der x^i ganz-rational homogen vom Grade h sind, sei darum unsere nächste Aufgabe.

24. Kugeldifferentiale

Jeder Modul M_h ist auch C-Modul- endlichen Ranges, unter C den Körper der komplexen Zahlen verstanden. Das Integral K der Dirac-Gleichung $\delta u = 0$ bildet, wie die X_i, den C-Modul M_h in sich ab, wie aus (22.3) und (22.6) mittels (22.1) zu erkennen ist. Darum ist der Versuch naheliegend, M_h aus K-Eigendifferentialen linear zu kombinieren.

Aus der Vertauschbarkeit von K mit den Integralen η, $\vee\, w$ der Dirac-Gleichung $\delta u = 0$, die offenbar ebenfalls M_h in sich abbilden, folgt, dass es genügt, die im Bestandteil $\dfrac{1+\eta}{2}\, M_h$ der direkten Zerlegung

$$(24.1) \qquad M_h = \frac{1+\eta}{2}\, M_h + \frac{1-\eta}{2}\, M_h$$

gelegenen K-Eigendifferentiale zu kennen, weil alle anderen wegen

$$(24.2) \qquad \frac{1-\eta}{2}\, M_h = \frac{1+\eta}{2}\, M_h \vee w \qquad\qquad \text{(Vgl. § 21)}$$

aus jenen durch Rechtsmultiplikation mit w hervorgehen.

Jedes $u \in \dfrac{1+\eta}{2}\, M_h$ ist Summe $a + v$ einer Funktion a und eines homogenen Differentials zweiten Grades v. Die Bedingung $\delta u = 0$ ergibt $\delta v = -\,\delta a = -\,da$, weshalb $\zeta\delta\,\zeta u = \zeta\delta\,(a-v) = {}= 2\zeta\,da = 2\,da$ wird, während $da \vee rdr = da \wedge rdr + \sum\limits_i \dfrac{\partial a}{\partial x_i}\cdot x^i$ und daher

$$(24.3) \qquad da \vee rdr = da \wedge rdr + h \cdot a$$

ist. Nach (22.12) ist deshalb

$$(24.4) \qquad Ku = -(h+1) \cdot a + ((h+1) \cdot v - 2da \wedge rdr),$$

weil $g\eta u = gu = 2v$ ist.

Damit $u = a + v$ Eigendifferential von K mit dem Eigenwert k sei, ist also unter der Nebenbedingung, dass $\delta u = 0$ und u bezüglich der x^i homogen vom Grade h sei, das Bestehen der beiden Gleichungen

$$(24.5) \qquad -(h+1)a = ka, \quad (h+1)v - 2da \wedge rdr = kv$$

notwendig und hinreichend.

Zwei Fälle sind danach zu unterscheiden:

I: $\qquad\qquad a = 0, \qquad\qquad\qquad k = h+1,$

II: $\qquad\qquad k = -h-1, \qquad\qquad (h+1)v = da \wedge rdr.$

Fall I: Hier ist $u = v$ als homogenes Differential 2-ten Grades dual zu einem homogenen Differential ersten Grades $p = -u \vee w$, das wie u bezüglich der x^i homogen vom Grade h sein muss. Die Forderung $\delta u = 0$ ist mit $\delta p = 0$ gleichbedeutend. Zufolge der Homogenität des Differentials p verlangt $\delta p = 0$ auch $dp = 0$, woraus p als totales Differential df eines homogenen Polynoms $(h+1)$-ten Grades erkennbar ist. Wegen $p = df = \delta f$ ist $\delta u = 0$ mit

$$(24.6) \qquad\qquad\qquad \delta \delta f = 0$$

gleichwertig, und aus (24.5) folgt danach, dass für solches f

$$(24.7) \qquad\qquad\qquad u = df \vee w$$

K-Eigendifferential mit dem Eigenwert $k = h+1$ ist.

Fall II: Hier ist

$$(24.8) \qquad\qquad u = a + \frac{1}{h+1} \cdot da \wedge rdr$$

zu setzen, und da a ein homogenes Polynom h-ten Grades sein muss, gilt nach (9.1) auch (24.3) und daher

$$(24.9) \qquad\qquad u = \frac{1}{h+1} \cdot (a + \delta a \vee rdr).$$

Die Forderung $\delta u = 0$ ist nach (11.10) mit

$$\delta a + \delta\delta a \vee rdr - \delta a \vee \delta\,(rdr) + 2 \cdot \sum_i \frac{\partial a}{\partial x^i} \vee d_i(rdr) = \delta\delta a \vee rdr = 0,$$

d. h. mit

$$(24.10) \qquad\qquad\qquad \delta\delta a = 0$$

gleichbedeutend; denn $\delta\,(rdr) = \delta\,(\sum_i x^i \cdot dx^i) = \sum dx^i \vee dx^i = 3$ und

$d_i(rdr) = dx^i$. Gilt (24.10) für ein homogenes Polynom h-ten Grades, so ist das daraus nach (24.8) gebildete $u = a + v$ streng harmonisch und bezüglich der x^i homogen vom Grade h, weshalb aus dem Bestehen der Gleichungen (24.5) mit $k = -h - 1$ geschlossen werden kann, dass jedes derartige $u = a + v$ Eigendifferential des Operators K mit dem Eigenwert $-h - 1$ ist.

Damit sind alle in $\dfrac{1 + \eta}{2}\, M_h$ gelegenen K-Eigendifferentiale bestimmt:

Es kommen nur die Eigenwerte $h + 1$ und $-h - 1$ in Frage und die zugehörigen Eigendifferentiale sind

$$u = df \vee w \text{ mit beliebigem harmonischen homogenen Polynom } f \text{ vom Grade } h + 1,\ Ku = (h + 1) \cdot u,$$

$$(24.11) \quad \text{und}$$

$$u = a + \frac{1}{h + 1} \cdot da \wedge rdr \text{ mit beliebigem harmonischen homogenen Polynom } a \text{ vom Grade } h,\ Ku = -(h+1)\cdot u$$

Um zu entscheiden, ob die K-Eigendifferentiale in $\dfrac{1 + \eta}{2}\, M_h$ als Erzeugende dieses Moduls $\dfrac{1 + \eta}{2}\, M_h$ endlichen C-Ranges angesehen werden dürfen oder nicht, genügt es, zu prüfen, ob es ein Paar von Differentialen $u_1 = a_1 + v_1$, $u_2 = a_2 + v_2$ aus $\dfrac{1 + \eta}{2}\, M_h$ mit der Eigenschaft

$$(24.12) \qquad K u_1 = k \cdot u_1, \quad K u_2 = k \cdot u_2 + u_1 \quad (u_1 \neq 0,\ u_2 \neq 0)$$

gibt.

Die zweite dieser Gleichungen würde nach (24.4) aussagen:

$$(24.13) \qquad -(h + 1) \cdot a_2 = k \cdot a_2 + a_1 ,$$

$$(h + 1) \cdot v_2 - 2da_2 \wedge rdr = k \cdot v_2 + v_1 ,$$

während die erste nach obiger Diskussion $k = \pm\,(h + 1)$ verlangen würde.

Ist $k = h + 1$ und darum, wie vorher gezeigt, $a_1 = 0$, so ist auch $a_2 = 0$, weshalb nach der zweiten der Gleichungen (24.13) $v_1 = 0$, d. h. $u_1 = 0$ sein müsste, im Widerspruch zu (24.12).

Ist jedoch $k = -h - 1$, so folgt sofort $a_1 = 0$ und daraus wegen $u_1 = a_1 + \dfrac{1}{h + 1} \cdot da_1 \wedge r\,dr$ wiederum das unmögliche Ergebnis $u_1 = 0$.

Damit ist bewiesen, dass die in (24.11) genannten Differentiale eine C-Basis des Moduls $\dfrac{1 + \eta}{2}\,M_h$ bilden.

Die zum Eigenwert $-h - 1$ gehörigen K-Eigendifferentiale

$$u = (h + 1) \cdot a + da \wedge r\,dr$$

gestatten die Umformung

$$u = -\,r^{2h+2} \cdot dr \vee d\,(r^{-2h-1} \cdot a),$$

weil

$$dr \vee da = dr \wedge da + \sum_i \frac{x^i}{r} \cdot \frac{\partial a}{\partial x^i} = dr \wedge da + \frac{h}{r} \cdot a$$

ist.

Da $a \cdot r^{-2h-1}$ aus dem homogenen harmonischen Polynom h-ten Grades $a\,(x^1, x^2, x^3)$ durch die « sphärische Spiegelung »

$$x^i \longrightarrow \frac{x^i}{r^2} \qquad (i = 1, 2, 3) \qquad \text{und Division durch } r$$

hervorgeht, ist es harmonisch und darum sein totales Differential

$$d\,(a \cdot r^{-2h-1}) = \delta\,(a \cdot r^{-2h-1})$$

streng harmonisch. Übrigens gehört dieses zu M_{-h-2}, weil es auch die für solche Differentiale kennzeichnenden Rationalitäts-Bedingungen erfüllt.

Bezeichnen

    F_h den C-Modul der homogenen harmonischen Polynome vom Grade h,

(24.14)

    F_{-h-1} die Gesamtheit der daraus durch Spiegelung hervorgehenden harmonischen Funktionen, so kann das Ergebnis (24.11) unserer Untersuchung in naheliegender Symbolik so zusammengefasst und vereinfacht werden:

$$(24.15) \qquad \frac{1+\eta}{2}\, M_h = dF_{h+1} \vee w + r^{2h+2} \cdot dr \vee dF_{-h-1}$$

Für $u \in dF_{h+1} \vee w$ gilt $Ku = (h+1)\,u$, für $u \in r^{2h+2} \cdot dr \vee dF_{-h-1}$ gilt $Ku = -(h+1)\,u$.

Nach (24.2) ist damit auch

$$(24.16) \qquad \frac{1-\eta}{2}\, M_h = dF_{h+1} + r^{2h+2} \cdot dr \vee dF_{-h-1} \vee w$$

bekannt, und gemäss (22.8) sind die Elemente dF_{h+1} K-Eigendifferentiale mit dem Eigenwert $h+1$, während jedes $u \in r^{2h+2} \cdot dr \vee$ $\vee\, dF_{-h-1} \vee w$ der Gleichung $Ku = -(h+1)\,u$ genügt.

Für die weitere Rechnung empfiehlt sich die Einführung

$$x^1 = r \cdot \sin\vartheta \cdot \cos\varphi, \quad x^2 = r \cdot \sin\vartheta \cdot \sin\varphi, \quad x^3 = r \cdot \cos\vartheta$$

von Polarkoordinaten r, ϑ, φ. Da die Metrik dann die Gestalt

$$dr^2 + r^2 \cdot d\vartheta^2 + r^2 \cdot \sin^2\vartheta \cdot d\varphi^2$$

annimmt, gelten im inneren Differentialkalkül die Rechenregeln

$$dr \vee dr = 1, \quad d\vartheta \vee d\vartheta = \frac{1}{r^2}, \quad d\varphi \vee d\varphi = \frac{1}{r^2 \sin^2\vartheta}$$

$$dr \vee d\vartheta = -\,d\vartheta \vee dr = dr \wedge d\vartheta,$$

$$(24.17) \qquad dr \vee d\varphi = -\,d\varphi \vee dr = dr \wedge d\varphi,$$

$$d\vartheta \vee d\varphi = -\,d\varphi \vee d\vartheta = d\vartheta \wedge d\varphi,$$

$$w = r^2 \cdot \sin\vartheta \cdot dr \vee d\vartheta \vee d\varphi$$

Mit den durch

$$P_l^{\,m}(x) = \frac{1}{2\,!\,l\,!} \cdot (1-x^2)^{\frac{m}{2}} \cdot \frac{d^{m+l}}{dx^{m+l}}(x^2-1)^l$$

$$(24.18) \qquad\qquad\qquad\qquad\qquad\qquad\qquad (0 \le m \le l)$$

$$P_l^{-m} = (-1)^m \cdot \frac{(l-m)\,!}{(l+m)\,!} \cdot P_l^{\,m}, \quad P_{-l-1}^{\,m} = P_l^{\,m}, \quad P_{-l-1}^{-m} = P_l^{-m}$$

für $|m| \leq |k|$ definierten Legendre Polynomen $P_k^m(x)$ bilden wir die Kugelflächenfunktionen

$$(24.19) \qquad Y_k^m = P_k^m(\cos\vartheta) \cdot e^{im\varphi} \qquad (|m| \leq |k|)$$

mit den Eigenschaften

$$(24.20) \qquad Y_{-l-1}^m = Y_l^m, \quad Y_l^{-m} = (-1)^m \cdot \frac{(l-m)!}{(l+m)!} \cdot \overline{Y_l^m} \qquad (|m| \leq l)$$

Der C-Modul F_l der homogenen harmonischen Polynome l-ten Grades ist dann

$$F_l = \sum_{m=-l}^{+l} C \cdot r^l \cdot Y_l^m,$$

und darum ist allgemein

$$(24.21) \qquad F_k = \sum_{m=-l}^{+l} C \cdot r^k Y_k^m \qquad (l = |k|)$$

Für spätere Anwendungen bei nicht-euklidischen Metriken sei noch erwähnt, dass $Y = Y_k^m$ der mit $\delta\delta(r^k \cdot Y_k^m) = 0$ gleichwertigen Differentialgleichung

$$(24.22) \qquad \frac{1}{\sin\vartheta}\frac{\partial}{\partial\vartheta}\left(\sin\vartheta \cdot \frac{\partial Y}{\partial\vartheta}\right) + \frac{1}{\sin^2\vartheta}\frac{\partial^2 Y}{\partial\varphi^2} = -k \cdot (k+1) \cdot Y$$

genügt.

Durch Multiplikation mit r^{1-k} werden die streng harmonischen Differentiale $d(r^k \cdot Y_k^m) = \delta(r^k \cdot Y_k^m)$ bezüglich der x^i homogen vom Grade 0. Die so entstehenden *Kugeldifferentiale*

$$(24.23) \qquad S_k^m = r^{1-k} \cdot d(r^k \cdot Y_k^m) \qquad (|m| \leq |k|)$$

(*der Ordnung k*) genügen der mit $\delta(r^{k-1} \cdot S_k^m) = 0$ gleichbedeutenden Dirac-Gleichung

$$(24.24) \qquad \delta S_k^m = \frac{1-k}{r} \cdot dr \vee S_k^m,$$

und ihre radiale kovariante Ableitung ist

$$(24.25) \qquad d_r\, S_k^m = 0.$$

Denn wegen des Tensorcharakters der kovarianten Ableitung eines Differentials u gilt

$$d_r u = \sum_i \frac{\partial x^i}{\partial r} \cdot d_{x^i} u = \sum_i \frac{x^i}{r} \cdot \frac{\partial u}{\partial x^i} = \frac{h}{r} \cdot u,$$

wenn u bezüglich der x^i homogen vom Grade h ist.

Diese Eigenschaft der Kugeldifferentiale hat den für die Lösung von Dirac·Gleichungen erheblichen Vorteil, dass für jedes *kugelsymmetrische*, d. h. den Bedingungen

$$(24.26) \qquad X_i R = 0 \qquad (i = 1, 2, 3)$$

genügende Differential R die einfache Produktregel

$$(24.27) \qquad \delta (R \vee S_k^m) = \left(\delta R + \eta \zeta R \vee \frac{1-k}{r} \cdot dr \right) \vee S_k^m$$

gilt. Es kann nämlich gezeigt werden — was hier erspart bleibe — dass die Bedingung (24.26) der Kugelsymmetrie gleichbedeutend ist mit der Darstellbarkeit von R in der Gestalt

$$(24.28) \qquad R = \varrho_0 + \varrho_1 \cdot dr + \varrho_2 \cdot w + \varrho_3 \cdot dr \vee w$$

mit nur von r abhängigen Funktionen $\varrho_\nu = \varrho_\nu (r)$. Mittels der zweiten der Differentiationsregeln (11.10) ergibt sich nach Aufteilung von R in $R_1 + R_2 \vee w$ mit $e_\vartheta R_i = 0$, $e_\varphi R_i = 0$ $(i = 1, 2)$, dass wegen $d_r S = 0$, der Konstanz von w und der Vertauschbarkeit von w mit allen Differentialen (vgl. (22.4))

$$\delta (R_1 \vee S) = \delta R_1 \vee S + \eta R_1 \vee \delta S,$$

$$\delta (R_2 \vee w \vee S) = \delta (R_2 \vee S \vee w) = \delta(R_2 \vee S) \vee w = \delta R_2 \vee S \vee w + \eta R_2 \vee \delta S \vee w$$

$$= \delta R_2 \vee w \vee S + \eta R_2 \vee w \vee \delta S$$

und darum

$$(24.29) \qquad \delta (R \vee S) = \delta R \vee S + \eta (R_1 - R_2 \vee w) \vee \delta S$$

ist. Aus $R_1 - R_2 \vee w = \zeta R$ und (24.24) folgt dann die behauptete Beziehung (24.27).

Schliesslich sei noch der Zusammenhang der Kugeldifferentiale mit dem in § 23 behandelten Problem erwähnt.

Wenn S_k den C Modul

$$(24.30) \qquad S_k = \sum_{m=-l}^{+l} C \cdot S_k^m \qquad (l = |k|)$$

bezeichnet, kann nach (24.21) und (24.23)

$$dF_k = r^{k-1} \cdot S_k$$

und darum nach (24.15) und (24.16)

$$M_h = r^h \cdot S_{h+1} + r^h \cdot dr \vee S_{-h-1} + r^h \cdot S_{h+1} \vee w + r^h \cdot dr \vee S_{-h-1} \vee w$$

gesetzt werden. Nach (23.3) ist dann

$$M_{-h-2} = r^{-h-2} \cdot dr \vee S_{h+1} + r^{-h-2} \cdot S_{-h-1} +$$

$$+ \, r^{-h-2} \cdot dr \vee S_{h+1} \vee w + r^{-h-2} \, w \vee S_{-h-1},$$

welche beiden Aussagen zu der einen

$$(24.31) \quad M_k = r^k \cdot S_{k+1} + r^k \cdot S_{k+1} \vee w + r^k \cdot dr \vee S_{-k-1} + r^k \cdot dr \vee S_{-k-1} \vee w$$

zusammengefasst werden können.

Jedes im ganzen euklidischen Raume ausser dem Punkte $(0, 0, 0)$ streng harmonische Differential u, dessen Koeffizienten zweimal stetig differenzierbar sind, ist in eine in jedem kompakten, den Nullpunkt ausschliessenden Raumteil gleichmässig konvergente Reihe

$$(24.32) \qquad u = \sum_{k,m} R_m^k \vee S_k^m$$

entwickelbar, deren Glieder innere Produkte aus kugelsymmetrischen Differentialen R_m^k der Form

$$R_m^k = r^k \cdot (a_{km} + b_{km} \cdot dr + e_{km} \cdot w + f_{km} \cdot dr \vee w)$$

mit (willkürlichen) Konstanten a_{km}, b_{km}, e_{km}, f_{km} und Kugeldifferentialen S_k^m sind.

25. Dirac-Gleichungen in Raum und Zeit

Die Minkowski-Metrik

$$(dx^1)^2 + (dx^2)^2 + (dx^3)^2 - c^2 \cdot (dt)^2$$

bestimmt einen inneren Differentialkalkül, in dem dx^1, dx^2, dx^3 denselben Gleichungen (22.1) genügen wie im euklidischen Raume, während das Rechnen mit dt gemäss folgenden Regeln geschieht:

$$(25.1) \qquad dx^i \vee dt = - dt \vee dx^i = dx^i \wedge dt, \qquad dt \vee dt = - c^2,$$

Raumdifferentiale nennen wir genau diejenigen Differentiale, die, als innere oder äussere Polynome in dx^1, dx^2, dx^3, dt geschrieben, dt nicht enthalten. *Reine Raumdifferentiale* zeichnen sich darüber hinaus dadurch aus, dass die Koeffizienten jenes Polynoms von t nicht abhängen.

Die Gesamtheit aller reinen Raumdifferentiale kann als innerer (oder äusserer) Unterring des Ringes aller Differentiale des Minkowski-Raumes gedeutet werden, und dabei ist die innere Differentiation, die im vierdimensionalen Raume die Wirkung

$$\delta u = \sum_{i=1}^{3} dx^i \vee \frac{\partial u}{\partial x^i} + dt \vee \frac{\partial u}{\partial t} = du + \sum_{i=1}^{3} e_i \frac{\partial u}{\partial x^i} - c^{-2} \cdot e_t \frac{\partial u}{\partial t}$$

hat, Fortsetzung der im euklidischen Raume wirkenden inneren Differentiation, weshalb wir beide mit demselben Zeichen δ benennen können. Auch die übrigen Bezeichnungen aus § 22 beibehaltend, können wir das Volumendifferential z in

$$z = dx^1 \vee dx^2 \vee dx^3 \vee icdt = w \vee icdt = w \wedge icdt$$

zerlegen. Sein inneres Quadrat ist $z \vee z = 1$.

Wie z ist auch jedes innere oder äussere Polynom in dx^1, dx^2, dx^3, dt mit konstanten Koeffizienten konstant, und weitere konstante Differentiale gibt es nicht.

Die in der Beziehung

$$\varepsilon^+ \vee \varepsilon^+ = \varepsilon^+, \qquad \varepsilon^- \vee \varepsilon^- = \varepsilon^-, \qquad \varepsilon^+ \vee \varepsilon^- = \varepsilon^- \vee \varepsilon^+ = 0$$

stehenden konstanten Differentiale

$$(25.2) \qquad \varepsilon^\pm = \frac{1}{2} \mp \frac{ic}{2} \cdot dt$$

geben wegen $1 = \varepsilon^+ + \varepsilon^-$ Anlass zu der Zerlegung $u = u \vee \varepsilon^+ +$ $+ u \vee \varepsilon^-$ beliebiger Differentiale u in zwei Summanden, von denen der erste (zweite) dadurch gekennzeichnet ist, dass er bei $\vee \varepsilon^+$ (bei $\vee \varepsilon^-$) reproduziert und bei $\vee \varepsilon^-$ (bei $\vee \varepsilon^+$) annulliert wird. Da jedes Differential v in der Form $v_0 + v_1 \vee dt$ geschrieben werden kann, wo v_0, v_1 Raumdifferentiale sind, so lassen sich jene Summanden in $^+u \vee \varepsilon^+$, bzw. $^-u \vee \varepsilon^-$ mit passenden, durch u eindeutig bestimmten Raumdifferentialen ^+u, ^-u zerlegen:

$$(25.3) \qquad u = {}^+u \vee \varepsilon^+ + {}^-u \vee \varepsilon^- \text{ mit } e_t\,{}^+u = e_t\,{}^-u = 0.$$

Für jede Dirac-Gleichung

$$(25.4) \qquad \delta u = a \vee u,$$

in welcher das Differential a im Sinne $\dfrac{\partial a}{\partial t} = 0$ die Zeit nicht enthält, ist der durch die Wirkung

$$(25.5) \qquad Hu = -\frac{h}{2\pi i} \cdot \frac{\partial u}{\partial t}$$

beschriebene *Energie-Operator* H Integral.

Eigendifferentiale dieses Operators sind genau diejenigen Differentiale, die nach Abspaltung eines Faktors

$$e^{-\frac{2\pi i}{h} \cdot Et} \qquad \text{(mit konstantem } E = H\text{-Eigenwert)}$$

ein die Variable t nicht mehr (wenn auch dt) enthaltendes Differential werden.

Mit den reinen Zeitdifferentialen

$$(25.6) \qquad T^{\pm} = e^{-\frac{2\pi i}{h} \cdot Et} \cdot \left(\frac{1}{2} \mp \frac{ic}{2} \cdot dt \right)$$

kann jedes H-Eigendifferential u mit dem Eigenwert (der Energie) E auf genau eine Weise in

$$(25.7) \qquad u = p^+ \vee T^+ + p^- \vee T^-$$

zerlegt werden, wobei p^+ und p^- nunmehr reine Raumdifferentiale sind.

Die Bestimmung solcher H-Eigendifferentiale kann ganz im inneren Differentialkalkül des dreidimensionalen Raumes geschehen,
wie aus folgender Rechnung ersichtlich ist.

In (25.4) sei $a = \alpha + \beta \vee icdt$ mit reinen Raumdifferentialen α, β.

Weil $\vee \varepsilon^{\pm}$ Integral ist, muss $u \vee \varepsilon^{\pm} = p^{\pm} \vee T^{\pm}$ selbst Lösung
der Dirac-Gleichung und daher

$$\delta \left(e^{-\frac{2\pi i}{h} \cdot Et} \cdot p^{\pm} \right) \vee \varepsilon^{\pm} = e^{-\frac{2\pi i}{h} \cdot Et} \cdot (\alpha + \beta \vee icdt) \vee p^{\pm} \vee \varepsilon^{\pm}$$

d. h.

$$(25.8) \qquad \left(\delta p^{\pm} - \frac{2\pi i}{h} \cdot Edt \vee p^{\pm} \right) \vee \varepsilon^{\pm} = (\alpha + \beta \vee icdt) \vee p^{\pm} \vee \varepsilon^{\pm}$$

sein. Für reine Raumdifferentiale p ist aber nach (25.1)

$$(25.9) \qquad dt \vee p = dt \wedge p = \eta p \wedge dt = \eta p \vee dt,$$

weshalb (25.8) unter Beachtung von

$$(25.10) \qquad icdt \vee \varepsilon^{\pm} = \mp \varepsilon^{\pm}$$

in

$$\left(\delta p^{\pm} \pm \frac{2\pi i}{h} \cdot E \cdot \frac{1}{ic} \eta p^{\pm} \right) \vee \varepsilon^{\pm} = (\alpha \vee p^{\pm} \mp \beta \vee \eta p^{\pm}) \vee \varepsilon^{\pm}$$

übergeführt werden kann. Da hier auf beiden Seiten die linken Faktoren Raumdifferentiale sind, muss

$$(25.11) \qquad \delta p \pm \left(\frac{2\pi E}{hc} + \beta \right) \vee \eta p - \alpha \vee p = 0$$

sein.

26. Die Dirac-Gleichung des Elektrons

Der Zusammenhang zwischen Vektorpotential A_1, A_2, A_3, elek-
trischem Potential Φ und dem elektrischen Felde wird nach Einführung des « *Felddifferentials* »

$$(26.1) \qquad \omega = A_1 \cdot dx^1 + A_2 \cdot dx^2 + A_3 \cdot dx^3 - c \cdot \Phi \, dt$$

durch

$$(26.2) \qquad d\omega = \Theta$$

beschrieben, wo

$$(26.3) \qquad \Theta = H_1 \cdot dx^2 \wedge dx^3 + H_2 \cdot dx^3 \wedge dx^1 + H_3 \cdot dx^1 \wedge dx^2 +$$

$$+ c \cdot E_1 \cdot dx^1 \wedge dt + c \cdot E_2 \cdot dx^2 \wedge dt + c \cdot E_3 \cdot dx^3 \wedge dt$$

den mit den Maxwellschen Gleichungen äquivalenten Bedingungen

$$(26.4) \qquad d\Theta = 0, \quad \delta\Theta = 0$$

genügt und daher streng harmonisch ist.

Da nur $d\omega$ physikalische Bedeutung hat, müssen alle aus ω abgeleiteten physikalischen Aussagen *eichinvariant*, d.h. bei dem Übergang $\omega \rightarrow \dot\omega + df$ invariant sein. Wird die in der Wahl von ω bleibende Willkür durch die sogenannte *Lorentz-Bedingung*

$$(26.5) \qquad d\omega = \delta\omega$$

eingeschränkt, so wird ω harmonisch.

Da die Elektrodynamik eine so prägnante Formulierung in der Sprache der Differentiale gestattet, ist der Versuch naheliegend, auch die Diracsche Theorie des Elektrons als eine Angelegenheit des inneren Differentialkalküls anzusehen. Diesem Versuche dient die folgende Interpretation der berühmten Diracschen Gleichung.

Der Spin des Elektrons wird gedeutet als die Notwendigkeit, die Zustände eines Elektrons, statt durch eine Zustandsfunktion, durch ein *Zustandsdifferential* darzustellen.

In einem elektromagnetischen Felde, das durch das Felddifferential ω beschrieben ist, sind nur solche Zustände möglich, deren Differential u der Dirac-Gleichung

$$(26.6) \qquad \frac{h}{2\pi i}\,\delta u = \frac{1}{c} \cdot (i \cdot E_0 + e \cdot \omega) \vee u$$

($E_0 = $ Ruhenergie, $e = \mp \,|\,e\,|$ Ladung des Elektrons)

genügen.

Die Zustände des negativen Elektrons sind durch die Nebenbedingung

$$(26.7) \qquad u \vee \varepsilon^- = u \text{ und, was gleichbedeutend damit ist: } u \vee \varepsilon^+ = 0,$$

die des Positrons durch

(26.8) $u \vee \varepsilon^+ = u$ und, was gleichbedeutend damit ist: $u \vee \varepsilon^- = 0$

gekennzeichnet. Sie sind also die (von selbst) simultanen Eigendifferentiale der Integrale $\vee \varepsilon^+$, $\vee \varepsilon^-$ der Dirac-Gleichung (26.6).

Physikalisch wesentlich ist nicht das Zustandsdifferential u selbst, sondern das aus u hergestellte homogene Differential

$$(26.9) \qquad |e| \cdot (u, \eta\overline{u})_1 = \varrho \cdot w - (i_1 \cdot w_1 + i_2 \cdot w_2 + i_3 \cdot w_3) \wedge dt,$$

das als Differential der Stromdichte (i_1, i_2, i_3) und der Ladungsdichte ϱ gedeutet wird. (Überstreichen bedeutet den Übergang zum Konjugiert-komplexen).

Diese Deutung wird ermöglicht durch den Erhaltungssatz

$$(26.10) \qquad\qquad d\,(u, \eta\overline{v})_1 = 0,$$

der für irgend zwei Lösungen der Gleichung (26.6) gilt, wie folgende Anwendung der Greenschen Formel beweist.

Die Gleichung (26.6) abgekürzt $\delta u = a \vee u$ schreibend, bemerkt man, dass $\eta\overline{a} = a = \zeta a$ ist und daher aus $\delta v = a \vee v$ gefolgert werden kann:

$$\delta\eta\overline{v} = -\,\eta\delta\overline{v} = -\,\eta\,(\overline{a} \vee \overline{v}) = -\,a \vee \eta\overline{v} = -\,\zeta a \vee \eta\overline{v},$$

was $\eta\,\overline{v}$ als Lösung der zu $\delta u = a \vee u$ adjungierten Dirac-Gleichung erweist und damit nach (20.4) die Gültigkeit von (26.10) bestätigt.

Insbesondere ist also

$$(26.11) \qquad\qquad d\,(u, \eta\overline{u})_1 = 0.$$

Das Differential (26.9) ist, wie es sich für jedes physikalisch gedeutete Differential gehört, eichinvariant.

Ersetzt man nämlich in (26.6) ω durch $\omega + df$, so wird die neu entstehende Dirac-Gleichung

$$\frac{h}{2\pi i} \cdot \delta v = \frac{1}{c} \cdot (i \cdot E_0 + e \cdot \omega + e \cdot df) \vee v$$

durch

$$v = e^{\frac{2\pi i}{hc} \cdot ef} \cdot u$$

gelöst, wenn u Lösung der ursprünglichen Dirac-Gleichung war. Die Gleichung $(u, \eta\,\overline{u})_1 = (v, \eta\,\overline{v})_1$ zeigt, dass die Ladungs- und Stromverteilung (26.9) eichinvariant ist, wenn jede Änderung $\omega \to \omega + df$ von dem Wechsel

$$(26.12) \qquad u \to e^{\frac{2\pi i}{hc} \cdot ef} \cdot u$$

der Zustandsdifferentiale begleitet wird.

Dass die Zustandsdifferentiale der Elektronen Eigendifferentiale der Integrale $\vee\,\varepsilon^+$, $\vee\,\varepsilon^-$ sein müssen, ergibt sich im Einklang mit der Deutung der Strom- und Ladungsverteilung aus folgender Berechnung des Ausdrucks $(u, \eta\,\overline{v})_1$, den wir vereinfacht mit $[u, v]$ bezeichnen wollen.

Aus (15.16) folgt

$$[u \vee \varepsilon, v \vee \overline{\varepsilon}] = (u \vee \varepsilon, \eta\overline{v} \vee \overline{\varepsilon})_1 = (u \vee \varepsilon \vee \varepsilon, \eta\overline{v} \vee \overline{\varepsilon})_1 = (u \vee \varepsilon, \eta\overline{v} \vee \overline{\varepsilon} \vee \zeta\varepsilon)_1 = 0,$$

weil $\overline{\varepsilon} \vee \zeta\varepsilon = \overline{\varepsilon} \vee \varepsilon = 0$ ist. Wenn also gemäss (25.3)

$$u = {}^+u \vee \varepsilon^+ + {}^-u \vee \varepsilon^-, \qquad v = {}^+v \vee \varepsilon^+ + {}^-v \vee \varepsilon^-$$

mit Raumdifferentialen ${}^+u$, ${}^+v$, ${}^-u$, ${}^-v$ gesetzt wird, so ergibt sich

$$(26.13) \qquad [u, v] = [{}^+u \vee \varepsilon^+, {}^+v \vee \varepsilon^+] + [{}^-u \vee \varepsilon^-, {}^-v \vee \varepsilon^-].$$

Nun ist für beliebige Raumdifferentiale p, q

$$4 \cdot [p \vee \varepsilon^\pm, q \vee \varepsilon^\pm] = [p, q] \mp [p, q \vee icdt] \mp [p \vee icdt, q] + [p \vee icdt, q \vee icdt]$$

und dabei der erste Summand gleich dem vierten, der zweite gleich dem dritten, wie mittels (15.16) bestätigt werden kann, wenn dort $w = icdt$ gesetzt wird.

In $[p \vee \varepsilon^\pm, q \vee \varepsilon^\pm] = \dfrac{1}{2}[p, q] \mp \dfrac{1}{2}[p, q \vee icdt]$ ist wegen $(\zeta p \vee dt \vee \eta\overline{q})_0 = 0$

$$[p, q] = \sum_{k=1}^{3} (\zeta p \vee dx^k \vee \eta\overline{q})_0 \cdot e_k\, w \wedge icdt = \{p, \eta\overline{q}\}_1 \wedge icdt,$$

wobei geschweifte Klammern hier und im folgenden andeuten sollen, dass es sich um Skalarprodukte handelt, die unter der Metrik

$$(dx^1)^2 + (dx^2)^2 + (dx^3)^2$$

zu berechnen sind.

Ähnlich ergibt sich

$$[p, q \vee icdt] = (\zeta p \vee dt \vee \eta\overline{q} \vee icdt)_0 \cdot e_t z = - ic \cdot (\zeta p \vee dt \vee dt \vee \overline{q})_0 \cdot w \cdot ic =$$

$$= - (\zeta p \vee \overline{q})_0 \cdot w = - \{p,\overline{q}\}.$$

Da hiernach $2[p \vee \varepsilon^\pm, q \vee \varepsilon^\pm] = \pm \{p, \overline{q}\} + \{p, \eta\overline{q}\}_1 \wedge icdt$ ist, wird zufolge (26.13)

$$(26.14) \qquad [u, u] = \frac{1}{2}\{+u, +\overline{u}\} + \frac{1}{2}\{+u, \eta+\overline{u}\}_1 \wedge icdt$$

$$- \frac{1}{2}\{-u, -\overline{u}\} + \frac{1}{2}\{-u, \eta-\overline{u}\}_1 \wedge i\,cdt.$$

Die zur Kennzeichnung der Zustände des negativen Elektrons aufgestellte Bedingung $u \vee \varepsilon^- = u$, $u \vee \varepsilon^+ = 0$ bewirkt demnach, dass

$$(26.15) \qquad \varrho \cdot w = - \frac{|e|}{2} \cdot \{-u, -\overline{u}\}$$

und darum nach einer in § 15 gemachten Bemerkung überall $\varrho \leq 0$ wird.

Aus demselben Grunde ist $\varrho \geq 0$, wenn $u \vee \varepsilon^- = 0$, $u \vee \varepsilon^+ = u$ ist.

27. Das Elektron im Coulomb-Felde

Für ein negatives Elektron (d.h. für $e = - |e|$) im Coulomb-Felde eines Kernes mit der Ladung $Z \cdot |e|$ ist das Felddifferential

$$\omega = - c \cdot \Phi dt \quad \text{mit } \Phi = \frac{Z|e|}{r}$$

Die Dirac-Gleichung (26.6) nimmt damit die Form

$$(27.1) \qquad \delta u = \frac{2\pi}{hc}\left(- E_0 + \frac{Ze^2}{r} \cdot icdt\right) \vee u$$

an, weshalb in (25.11)

$$\alpha = -\frac{2\pi}{hc}\cdot E_0\,, \qquad \beta = \frac{2\pi}{hc}\cdot\frac{Ze^2}{r}$$

zu setzen ist und wegen $u = u \vee \varepsilon^-$ die unteren Vorzeichen zu nehmen sind:

$$(27.2) \qquad \delta p - \frac{2\pi}{hc}\cdot\left(E + \frac{Ze^2}{r}\right)\vee \eta p + \frac{2\pi}{hc}\cdot E_0\cdot p = 0$$

bestimmt also das reine Raumdifferential p in der Darstellung

$$(27.3) \qquad u = p \vee T^- \quad \text{mit } T^- = e^{-\frac{2\pi i}{h}Et}\,\varepsilon^-$$

der H-Eigendifferentiale.

Der Ansatz

$$(27.4) \qquad\qquad p = R \vee S_k^m,$$

wo R kugelsymmetrisch und S_k^m ein Kugeldifferential sei, führt durch Eintragen in (27.2) nach der hier zuständigen Gleichung (24.27) zu der Bedingung

$$\left(\delta R + \eta\zeta R\vee\frac{1-k}{r}\cdot dr + \frac{2\pi}{hc}\cdot\left(E + \frac{Ze^2}{r}\right)\vee\eta R + \frac{2\pi}{hc}\cdot E_0\cdot R\right)\vee S_k^m = 0,$$

die jedenfalls erfüllt ist, wenn R durch

$$(27.5) \quad \delta R + \eta\zeta R\vee\frac{1-k}{r}\ dr + \frac{2\pi}{hc}\cdot\left(E + \frac{Ze^2}{r}\right)\vee\eta R + \frac{2\pi}{hc}\cdot E_0\cdot R = 0$$

bestimmt wird.

Zerlegt man R, das die Gestalt (24.28) hat, wie dort in $R_1 +$ $+ R_2 \vee w$, wo R_1, R_2 nur aus r und dr aufgebaut sind, so nimmt die letzte Gleichung die Gestalt

$$\delta R_1 + \eta R_1\vee\frac{1-k}{r}\ dr + \frac{2\pi}{hc}\cdot\left(E + \frac{Ze^2}{r}\right)\vee\eta R_1 + \frac{2\pi}{hc}\cdot E_0\cdot R_1$$

$$+\left(\delta R_2 + \eta R_2\vee\frac{1-k}{r}\cdot dr - \frac{2\pi}{hc}\cdot\left(E + \frac{Ze^2}{r}\right)\vee\eta R_2 + \frac{2\pi}{hc}\cdot E_0\cdot R_2\right)\vee w = 0$$

an, woraus ersichtlich ist, dass R_1 und R_2 einzeln den Gleichungen

$$(27.6) \quad \delta R_i + \eta R_i \vee \frac{1-k}{r} \cdot dr \pm \frac{2\pi}{hc} \cdot \left(E + \frac{Ze^2}{r} \right) \cdot \eta R_i + \frac{2\pi}{hc} \cdot E_0 \cdot R_i = 0$$

genügen müssen mit dem oberen Vorzeichen für $i = 1$, dem unteren für $i = 2$.

Setzt man $R_i = f(r) \cdot dr - g(r)$, so wird nach (23.1)

$$\delta R_i = \frac{df}{dr} \, dr \vee dr + f \cdot \delta dr - \frac{dg}{dr} \cdot dr = \frac{df}{dr} + \frac{2f}{r} - \frac{dg}{dr} \cdot dr \,,$$

und die Gleichung (27.6) zerfällt in die beiden gewöhnlichen Differentialgleichungen

$$(27.7^\pm) \quad \begin{aligned} \frac{df}{dr} + \frac{1+k}{r} \cdot f &= \frac{2\pi}{hc} \cdot \left(E_0 \pm \left(E + \frac{Ze^2}{r} \right) \right) \cdot g \\[2ex] \frac{dg}{dr} + \frac{1-k}{r} \cdot g &= \frac{2\pi}{hc} \cdot \left(E_0 \mp \left(E + \frac{Ze^2}{r} \right) \right) \cdot f \end{aligned}$$

Je nachdem, ob hier die oberen oder die unteren Vorzeichen genommen werden, ist

$$u = (f(r) \cdot dr - g(r)) \vee S_k^m \vee T^- \qquad \text{zu } (27.7^+))$$

oder

$$u = (f(r) \cdot dr - g(r)) \vee S_k^m \vee w \vee T^- \qquad (\text{zu } (27.7^-))$$

Zustandsdifferential des Elektrons.

Vertauscht man in (27.7^-) die Funktionen f und g miteinander und ändert dabei gleichzeitig k in $-k$, so entstehen die Gleichungen (27.7^+). Da $(f(r) \cdot dr - g(r)) \vee dr = -g(r) \cdot dr + f(r)$ ist, genügt es also, alle kugelsymmetrischen Differentiale

$$R^- = f(r) \cdot dr - g(r),$$

die aus Lösungen f, g des Systems

$$(27.7^-) \quad \begin{aligned} \frac{df}{dr} + \frac{1+k}{v} \cdot f &= \frac{2\pi}{hc} \cdot \left(E_0 - E - \frac{Ze^2}{r} \right) \cdot g \\[2ex] \frac{dg}{dr} + \frac{1-k}{r} \cdot g &= \frac{2\pi}{hc} \cdot \left(E_0 + E + \frac{Ze^2}{r} \right) \cdot f \end{aligned}$$

gebildet sind, zu ermitteln, weil daraus sämtliche oben genannten Zustandsdifferentiale in der Form

$$u = R^- \vee S_k^m \vee T^- \quad \text{oder} \quad u = R^- \vee dr \vee w \vee S_k^m \vee T^-$$

gewonnen werden können.

Die Gleichungen (27.7) stimmen überein mit den Gleichungen (14.10) auf S. 151 des XXXV-ten Bandes des Handbuchs der Physik, wenn dort $\varkappa = -k$ gesetzt wird. Diese Bemerkung genüge als Anregung für einen Vergleich der hier vorgeschlagenen Auffassung der Diracschen Theorie mit der üblichen.

Ein solcher Vergleich wird beachten müssen, dass es bei der vorliegenden Behandlung der Diracschen Theorie natürlich ist, den Gesamtdrehimpuls durch die drei Integrale

$$\frac{h}{2\pi i} \cdot X_1, \qquad \frac{h}{2\pi i} \cdot X_2, \qquad \frac{h}{2\pi i} \cdot X_3$$

der Dirac-Gleichung (27.1), und nicht, wie es der üblichen Auffassung entspräche, durch die Operatoren

$$\frac{h}{2\pi i} \cdot \left(X_1 + \frac{1}{2} \vee w_1 \right), \quad \frac{h}{2\pi i} \cdot \left(X_2 + \frac{1}{2} \vee w_2 \right), \quad \frac{h}{2\pi i} \cdot \left(X_3 + \frac{1}{2} \vee w_3 \right),$$

die ebenfalls Integrale jener Dirac-Gleichung sind, zu definieren.

28. Kugelsymmetrische Dirac-Gleichung bei kugelsymmetrischer Metrik

Auch bei der allgemeinsten Dirac-Gleichung $\delta u = a \vee u$ im Minkowski-Raum, die in dem Sinne

$$X_1 a = 0, \quad X_2 a = 0, \quad X_3 a = 0$$

kugelsymmetrisch ist, erweisen sich die Kugeldifferentiale S_k^m als ein Mittel zur Trennung der Variablen, indem der Ansatz

$$u = R \vee S_k^m \vee \varepsilon^{\pm}$$

mit einem nur aus r, t, dr, dt, w aufgebauten Differential R auf partielle Differentialgleichungen für die Koeffizienten von R führt, die von k, aber nicht von m abhängen. Ist der Energie-Operator H Integral der Dirac-Gleichung, so führt der Ansatz

$$u = R \vee S_k^m \vee T \qquad \text{mit } T = e^{\frac{2\pi i}{h} Et} \cdot \varepsilon^{\pm}$$

und einem nur aus r, dr und w aufgebauten Faktor R auf vier gewöhnliche Differentialgleichungen für die vier Koeffizienten von R (Vgl. Hamburger Abhandlungen Bd 25 (1962) S. 203).

Es schien mir wichtig, zu prüfen, ob auch bei nichteuklidischer, kugelsymmetrischer Raum-Zeit-Metrik die kugelsymmetrischen Dirac-Gleichungen eine Trennung der Variablen gestatten, und das Ergebnis war, dass der Ansatz

$$(28.1) \qquad u = A \cdot Y_k^m + B \vee d Y_k^m,$$

wo A, B nur aus r, t, dr, dt, w aufgebaute Differentiale seien und Y_k^m die Kugelflächenfunktion (24.19) bedeute, zum Ziele führt. In der Tat gestattet die linke Seite der Dirac-Gleichung $\delta u - a \vee u = 0$ nach Einführung von (28.1) eine Darstellung $M \cdot Y_k^m + N \vee d Y_k^m$ ähnlicher Art wie u selbst, und durch Nullsetzen von M und N entstehen so viele Differentialgleichungen für die Koeffizienten von A und B, wie es solcher Koeffizienten gibt. Ist H Integral der Dirac-Gleichung, so genügt es wiederum, gewöhnliche Differentialgleichungen zu lösen.

FORMELSAMMLUNG

1. Die Operatoren η, ζ, e_i.

Ist $u = u_0 + u_1 + \ldots + u_m$ die Zerlegung eines Differentials u in seine homogenen Bestandteile u_p, so ist

$$\eta u = u_0 - u_1 + u_2 - u_3 + \ldots = \sum_p (-1)^p \cdot u_p$$

$$\zeta u = u_0 + u_1 - u_2 - u_3 + \ldots = \sum_p (-1)^{\binom{p}{2}} u_p$$

und es gilt

$$\eta^2 = \zeta^2 = 1, \qquad \eta\zeta = \zeta\eta$$

$$\eta\,(u \wedge v) = \eta u \wedge \eta v, \qquad \eta\,(u \vee v) = \eta u \vee \eta v,$$

$$\zeta\,(u \wedge v) = \zeta v \wedge \zeta u, \qquad \zeta\,(u \vee v) = \zeta v \vee \zeta u.$$

Der Operator e_i ist linear und genügt den Rechenregeln

$$e_i\,dx^k = \delta_i^k$$

$$e_i\,(u \wedge v) = e_i u \wedge v + \eta u \wedge e_i v,$$

$$e_i\,(u \vee v) = e_i u \vee v + \eta u \vee e_i v,$$

$$e_i\,e_k + e_k\,e_i = 0,$$

$$e_i\,\eta = -\,\eta e_i, \qquad e_i\,\zeta = \eta\zeta e_i, \qquad \zeta e_i = -\,e_i\eta\zeta.$$

2. Innere und äussere Multiplikation

$$dx^i \vee dx^k = dx^i \wedge dx^k + g^{ik}$$

$$dx^i \vee dx^k + dx^k \vee dx^i = 2g^{ik},$$

$$u \vee v = \sum_{p \geq 0} \frac{(-1)^{\binom{p}{2}}}{p!} \, \eta^p \, e_{i_1} .. \, e_{i_p} \, u \wedge e^{i_1} .. \, e^{i_p} \, v,$$

$$u \wedge v = \sum_{p \geq 0} \frac{(-1)^{\binom{p}{2}}}{p!} \, e_{i_1} .. \, e_{i_p} \, \eta^p \, u \vee e^{i_1} .. \, e^{i_p} \, v,$$

$$dx^i \vee u = dx^i \wedge u + e^i u, \qquad u \vee dx^i = u \wedge dx^i + \eta e^i u,$$

$$dx^i \vee u = \eta u \vee dx^i + 2 e^i u, \qquad u \vee dx^i = dx^i \vee \eta u + 2 \eta e^i u,$$

$$dx^i \wedge u = \eta u \wedge dx^i, \qquad u \wedge dx^i = dx^i \wedge \eta u.$$

Wenn v homogen vom Grade q ist, gilt:

$$u \vee v = \sum_{p \geq 0} (-1)^{\binom{p}{2}} \frac{2^p}{p!} \cdot e_{i_1} .. \, e_{i_p} \, v \vee \eta^q \, e^{i_1} ... e^{i_p} \, u,$$

$$v \vee u = \sum_{p \geq 0} (-1)^{\binom{p}{2}} \frac{2^p}{p!} \, e_{i_1} .. \, e_{i_p} \, \eta^{p+q} \, u \vee e^{i_1} .. \, e^{i_p} \, v,$$

$$u \wedge v = v \wedge \eta^q u, \qquad v \wedge u = \eta^q u \wedge v$$

Ist $g_{ik}(P) = 0$ für $i \neq k$, so ist

$$dx^{i_1} \vee dx^{i_2} \vee ... \vee dx^{i_p} = dx^{i_1} \wedge dx^{i_2} \wedge ... \wedge dx^{i_p} \quad \text{(in } P),$$

wenn $i_1, i_2, .., i_p$ voneinander verschieden sind.

3. Krümmungsdifferentiale

$$\omega_k^i = \Gamma_{kl}^i \cdot dx^l \qquad \omega = (\omega_k^i)$$

$$G = (g_{ik}), \qquad dx = (dx^i)$$

(Bei diesen Matrizen $\bar{\omega}$, G, dx ist i Zeilen, k Spaltenindex)

$$dG = G\omega + {}^t\omega G, \qquad \omega \wedge dx = 0,$$

$$\Omega = (\Omega_k^i) = d\omega + \omega \wedge \omega$$

$$\Omega^{i}{}_{k} = d\omega^{i}_{k} + \omega^{i}_{l} \wedge \omega^{l}_{k} , \ = \frac{1}{2} \cdot R^{i}{}_{kjl} \cdot dx^{j} \wedge dx^{l},$$

$$\Omega \wedge dx = 0,$$

$$d\Omega = d\,(\Omega) + \omega \wedge \Omega - \Omega \wedge \omega = 0$$

$$R_{ik} = R^{l}{}_{ikl} , \qquad R = g^{ik} R_{ik},$$

$$dx^{k} \vee \Omega_{ik} = - \Omega_{ik} \vee dx^{k} = R_{ik} \cdot dx^{k},$$

$$R = dx^{i} \vee dx^{k} \vee \Omega_{ik} = \Omega_{ik} \vee dx^{i} \vee dx^{k} = - dx^{i} \vee \Omega_{ik} \vee dx^{k}.$$

4. Differentiation von Differentialen

$$d_{i}\, u = \frac{\partial u}{\partial x^{i}} - \omega^{k}_{i} \wedge e_{k}\, u,$$

$$(d_{i}\, d_{k} - d_{k}\, d_{i})\, u = R_{ikjl} \cdot dx^{j} \wedge e^{l} u = - e^{l}\, \Omega_{ik} \wedge e_{l}\, u,$$

$$du = dx^{i} \wedge d_{i}\, u = dx^{i} \wedge \frac{\partial u}{\partial x^{i}} ,$$

$$\delta u = dx^{i} \vee d_{i}\, u = dx^{i} \vee \frac{\partial u}{\partial x^{i}} - e^{i}(\omega^{k}_{i} \wedge e_{k}\, u),$$

$$\delta u = dx^{i} \vee \frac{\partial u}{\partial x^{i}} - \Gamma^{i} \cdot e_{i}\, u + \omega^{k}_{i} \wedge e^{i}\, e_{k}\, u ,$$

$$(\text{mit } \Gamma^{i} = g^{kl} \cdot \Gamma^{i}_{kl})$$

$$\Delta u = \delta\delta u = g^{ik} \cdot d_{i}\, d_{k}\, u + R_{ik} \cdot dx^{i} \vee e^{k}\, u - \Omega_{ik} \vee e^{i}\, e^{k}\, u,$$

$$g^{ik} \cdot d_{i}\, d_{k}\, u = g^{ik} \cdot \frac{\partial^{2}\, u}{\partial x^{i}\, \partial x^{k}} - \Gamma^{i} \cdot \frac{\partial u}{\partial x^{i}} + \Gamma^{i} \cdot \omega^{k}_{i} \wedge e_{k}\, u - g^{ik} \frac{\partial}{\partial x^{i}}(\omega^{l}_{k} \wedge e_{l}\, u)$$

$$ddu = 0.$$

5. Differentiation von Differentialtensoren

$$(du)^{k_{1}\,..\,k_{\mu}}_{i_{1}\,..\,i_{\lambda}} = dx^{h} \wedge d_{h}\, u^{k_{1}\,..\,k_{\mu}}_{i_{1}\,..\,i_{\lambda}} ,$$

$$(\delta u)^{k_{1}\,..\,k_{\mu}}_{i_{1}\,..\,i_{\lambda}} = dx^{h} \vee d_{h}\, u^{k_{1}\,..\,k_{\mu}}_{i_{1}\,..\,i_{\lambda}}$$

$$(du)^{k_1 .. k_\mu}_{i_1 .. i_\lambda} = d\,(u^{k_1 .. k_\mu}_{i_1 .. i_\lambda})$$

$$+ \,\omega^{k_1}_h \wedge u^{h .. k_\mu}_{i_1 .. i_\lambda} + ... + \omega^{k_\mu}_h \wedge u^{k_1 .. h}_{i_1 .; i_\lambda}$$

$$- \,\omega^h_{i_1} \wedge u^{k_1 .. k_\mu}_{h .. i_\lambda} - ... - \omega^h_{i_\lambda} \wedge u^{k_1 .. k_\mu}_{i_1 .. h}\,,$$

$$(\delta u)^{k_1 .. k_\mu}_{i_1 .. i_\lambda} = \delta\,(u^{k_1 .. k_\mu}_{i_1 .. i_\lambda})$$

$$+ \,\omega^{k_1}_h \vee u^{h .. k_\mu}_{i_1 .. i_\lambda} + ... + \omega^{k_\mu}_h \vee u^{k_1 .. h}_{i_1 .. i_\lambda}$$

$$- \,\omega^h_{i_1} \vee u^{k_1 .. k_\mu}_{h .. i_\lambda} - ... - \omega^h_{i_\lambda} \vee u^{k_1 .. k_\mu}_{i_1 .. h}\,,$$

$$d_l u^{k_1 .. k_\mu}_{i_1 .. i_\lambda} = d_l\,(u^{k_1 .. k_\mu}_{i_1 .. i_\lambda})$$

$$+ \,\Gamma^{k_1}_{lh} \cdot u^{h .. k_\mu}_{i_1 .. i_\lambda} + ... + \Gamma^{k_\mu}_{lh} \cdot u^{k_1 .. h}_{i_1 .. i_\lambda}$$

$$- \,\Gamma^h_{li_1} \cdot u^{k_1 .. k_\mu}_{h .. i_\lambda} - ... - \Gamma^h_{li_\lambda} \cdot u^{k_1 .. k_\mu}_{i_1 .. h}$$

$$(d_i d_k - d_k d_i)\, u^{k_1 .. k_\mu}_{i_1 .. i_\lambda} = (d_i d_k - d_k d_i)\,(u^{k_1 .. k_\mu}_{i_1 .. i_\lambda})$$

$$+ \,R_{ik}{}^{k_1}{}_h \cdot u^{h .. k_\mu}_{i_1 .. i_\lambda} + ... + R_{ik}{}^{k_\mu}{}_h \cdot u^{k_1 .. h}_{i_1 .. i_\lambda}$$

$$- \,R_{ik}{}^h{}_{i_1} \cdot u^{k_1 .. k_\mu}_{h .. i_\lambda} - ... - R_{ik}{}^h{}_{i_\lambda} \cdot u^{k_1 .. k_\mu}_{i_1 .. h}$$

$$(ddu)^{k_1 .. k_\mu}_{i_1 .. i_\lambda} = \Omega^{k_1}{}_h \wedge u^{h .. k_\mu}_{i_1 .. i_\lambda} + ... + \Omega^{k_\mu}{}_h \wedge u^{k_1 .. h}_{i_1 .. i_\lambda}$$

$$- \,\Omega^h{}_i \wedge u^{k_1 .. k_\mu}_{h .. i_\lambda} - ... - \Omega^h{}_{i_\lambda} \wedge u^{k_1 .. k_\mu}_{i_1 .. h}$$

$$(\delta\delta u)^{k_1 .. k_\mu}_{i_1 .. i_\lambda} = \delta\delta\,(u^{k_1 .. k_\mu}_{i_1 .. i_\lambda})$$

$$+ \,\Omega^{k_1}{}_h \vee u^{h .. k_\mu}_{i_1 .. i_\lambda} + ... + \Omega^{k_\mu}{}_h \vee u^{k_1 .. h}_{i_1 .. i_\lambda}$$

$$- \,\Omega^h{}_{i_1} \vee u^{k_1 .. k_\mu}_{h .. i_\lambda} - ... - \Omega^h{}_{i_\lambda} \vee u^{k_1 .. k_\mu}_{i_1 .. h}$$

$$\delta = d + e^i d_i$$

$$de_i + e_i d = d_i = \delta e_i + e_i \delta$$

$$d\eta + \eta d = 0 = \delta\eta + \eta\delta$$

$$d\zeta + \eta\zeta d = 0 = \zeta d - d\eta\zeta$$

$$\delta\zeta = \eta\zeta\delta - 2\eta\zeta d, \quad \zeta\delta = -\,\delta\eta\zeta + 2d\eta\zeta$$

$$\zeta\delta\zeta u = d_i u \vee dx^i$$

$$d_i(u \wedge v) = d_i u \wedge v + u \wedge d_i v, \quad d_i(u \vee v) = d_i u \vee v + u \vee d_i v,$$

$$d(u \wedge v) = du \wedge v + \eta u \wedge dv,$$

$$\delta(u \vee v) = \delta u \vee v + \eta u \vee \delta v + 2 e^h u \vee d_h v$$

$$\delta(u \wedge v) = \delta u \wedge v + \eta u \wedge \delta v + e^h u \wedge d_h v + \eta d_h u \wedge e^h v,$$

$$d(u \vee v) = du \vee v + \eta u \vee dv + e^h u \vee d_h v - \eta d_h u \vee e^h v.$$

6. Dualität

$$z = \sqrt{\,|\,g_{ik}\,|\,} \cdot dx^1 \wedge dx^2 \wedge \dots \wedge dx^m$$

$$z \vee z = (-1)^{\binom{m}{2}}, \qquad z^{-1} = (-1)^{\binom{m}{2}} z, \qquad z \vee u = \eta^{m+1} u \vee z$$

$$(du \vee z) \vee z^{-1} = e^h d_h u = \delta u - du$$

$$(* u)_{i_1 \dots i_\lambda}^{k_1 \dots k_\mu} = u_{i_1 \dots i_\lambda}^{k_1 \dots k_\mu} \vee z$$

$$*^{-1} d * u = d^* u = e^h d_h u, \quad *^{-1} \delta * u = \delta u$$

$$\delta = d + d^*$$

7. Skalarprodukte

$$(u, v) = (\zeta u \vee v) \wedge z,$$

$$(u, v) = (v, u) = (\eta u, \eta v) = (\zeta u, \zeta v) = (* u, * v),$$

$$(w \vee u, v) = (u, \zeta w \vee v), \quad (u \vee w, v) = (u, v \vee \zeta w),$$

Bezeichnen u_p, v_p die homogenen Bestandteile p-ten Grades von u, v, so ist

$$(u, v) = \underset{p}{\Sigma}\, (u_p\,,\, v_p)$$

Für

$$u = \frac{1}{p\,!} \cdot a_{i_1 \ldots i_p} \cdot dx^{i_1} \wedge \ldots \wedge dx^{i_p}$$

$$v = \frac{1}{p\,!} \cdot b_{i_1 \ldots i_p} \cdot dx^{i_1} \wedge \ldots \wedge dx^{i_p}$$

ist

$$(u, v) = \frac{1}{p\,!} \cdot g^{i_1\, k_1} \cdot g^{i_2\, k_2} \cdot \ldots\, g^{i_p\, k_p} \cdot a_{i_1\, i_2 \ldots i_p} \cdot b_{k_1\, k_2 \ldots k_p}$$

Abgeleitete Skalarprodukte:

$$(u, v)_p = \frac{1}{p\,!}\, e_{i_1} \ldots e_{i_p}\, (dx^{i_p} \vee \ldots \vee dx^{i_1} \vee u,\, v),$$

$$(u, v)_p = (-\,1)^{\binom{p}{2}}\, (v, u)_p = (-\,1)^p\, (\eta u, \eta v), \qquad (u \vee w, v)_p = (u,\, v \vee \zeta w)_p\,.$$

$$(u, v)_1 = (\zeta u \vee dx^i \vee v)_0 \cdot e_i z$$

tritt auf in den Greenschen Formeln:

$$d\,(u, v)_1 = (u, \delta v) + (v, \delta u),$$

$$(u, \Delta v) - (v, \Delta u) = d\,((u, \delta v)_1 - (v, \delta u)_1)$$

Für Differentialtensoren

$$u = \{u_{i_1 \ldots i_\lambda}{}^{k_1 \ldots k_\mu}\}, \qquad v = \{v_{i_1 \ldots i_\lambda}{}^{k_1 \ldots k_\mu}\}$$

von gleichem Typus ist

$$(u, v)_p = (u_{i_1 \ldots i_\lambda}{}^{k_1 \ldots k_\mu}\,,\, v^{i_1 \ldots i_\lambda}{}_{k_1 \ldots k_\mu})_p$$

8. Lie-Operatoren

Ein Lie Operator

$$X = \alpha^i\,(x^1, \ldots, x^m) \cdot \frac{\partial}{\partial x^i}$$

wirkt auf ein Differential u in der Weise

$$Xu = \alpha^i \frac{\partial u}{\partial x^i} + d\,(\alpha^i) \wedge e_i u = \alpha^i \cdot d_i u + (d\alpha)^i \wedge e_i u,$$

auf einen Differentialtensor $u = \{u_{i_1 \ldots i_\lambda}^{k_1 \ldots k_\mu}\}$ in der Weise

$$(Xu)_{i_1 \ldots i_\lambda}^{k_1 \ldots k_\mu} = X(u_{i_1 \ldots i_\lambda}^{k_1 \ldots k_\mu})$$

$$- d_h \alpha^{k_1} \cdot u_{i_1 \ldots i_\lambda}^{h \ldots k_\mu} - \ldots - d_h \alpha^{k_\mu} \cdot u_{i_1 \ldots i_\lambda}^{k_1 \ldots h}$$

$$+ d_{i_1} \alpha^h \cdot u_{h \ldots i_\lambda}^{k_1 \ldots k_\mu} + \ldots + d_{i_\lambda} \alpha^h \cdot u_{i_1 \ldots h}^{k_1 \ldots k_\mu}$$

$$X\,(u \wedge v) = Xu \wedge v + u \wedge Xv, \qquad dXu = Xdu$$

Dem Operator X wird das **Differential**

$$\alpha = \alpha_k \cdot dx^k = g_{ik} \cdot \alpha^i \cdot dx^k$$

zugeordnet.

Die Killingschen Gleichungen:

$$d_i \alpha_k + d_k \alpha_i = 0$$

Ist X Killing-Operator, so gilt

$$Xdu = dXu \qquad \text{auch für Differentialtensoren}$$

und

$$X\,(u \vee v) = Xu \vee v + u \vee Xv, \qquad X\delta u = \delta Xu$$

$$(Xu)_{i_1 \ldots i_\lambda}^{k_1 \ldots k_\mu} = \alpha^i \cdot d_i u_{i_1 \ldots i_\lambda}^{k_1 \ldots k_\mu}$$

$$+ \frac{1}{4} \cdot d\alpha \vee u_{i_1 \ldots i_\lambda}^{k_1 \ldots k_k} - \frac{1}{4} \cdot u_{i_1 \ldots i_\lambda}^{k_1 \ldots k_\mu} \vee d\alpha$$

$$- d_h \alpha^{k_1} \cdot u_{i_1 \ldots i_\lambda}^{h \ldots k_\mu} - \ldots - d_h \alpha^{k_\mu} \cdot u_{i_1 \ldots i_\lambda}^{k_1 \ldots h}$$

$$+ d_{i_1} \alpha^h \cdot u_{h \ldots i_\lambda}^{k_1 \ldots k_\mu} + \ldots + d_{i_\lambda} \alpha^h \cdot u_{i_1 \ldots h}^{k_1 \ldots k_\mu}$$

Stehen die Lie-Operatoren

$$X = \alpha^i \frac{\partial}{\partial x^i}, \qquad Y = \beta^i \frac{\partial}{\partial x_i}, \qquad Z = \gamma^i \frac{\partial}{\partial x^i}$$

als auf Funktionen wirkende Operatoren in der Beziehung $XY -$ $YX = Z$, so gilt diese Gleichung auch für ihre Fortsetzungen zu Operatoren X, Y, Z, die auf Differentialtensoren wirken.

Sind sie Killing-Operatoren, so gilt

$$d\gamma = \frac{1}{4} \cdot (d\alpha \vee d\beta - d\beta \vee d\alpha) - 2\Omega_{ik} \cdot \alpha^i \cdot \beta^k.$$

Für einen Killing-Operator ist

$$d_i d\alpha = - 2\Omega_{ik} \cdot \alpha^k$$

9. Dirac-Gleichungen

Zur Dirac-Gleichung

$$(\delta u)^{i_1 \cdots i_\lambda} = a^{i_1 \cdots i_\lambda}{}_{k_1 \cdots k_\lambda} \vee u^{k_1 \cdots k_\lambda}$$

adjungiert ist

$$(\delta v)^{i_1 \cdots i_\lambda} = b^{i_1 \cdots i_\lambda}{}_{k_1 \cdots k_\lambda} \vee v^{k_1 \cdots k_\lambda}$$

mit

$$b^{i_1 \cdots i_\lambda}{}_{k_1 \cdots k_\lambda} = - \zeta a_{k_1 \cdots k_\lambda}{}^{i_1 \cdots i_\lambda},$$

und es gilt

$$d\,(u,\ v)_1 = 0.$$

Integral einer Dirac-Gleichung = Operator, der Lösungen der Dirac-Gleichung wieder in Lösungen derselben Dirac Gleichung überführt.

$\delta u = 0$ kennzeichnet die streng harmonischen Differentiale,

$\delta\delta u = 0$ kennzeichnet die harmonischen Differentiale.

10. Streng harmonische Differentiale im euklidischen Raume

Im Falle der Metrik

$$(dx^1)^2 + (dx^2)^2 + (dx^3)^2$$

gilt

$$dx^i \vee dx^k = dx^i \wedge dx^k \quad (i \neq k), \qquad dx^i \vee dx^i = 1,$$

$$dx^1 \wedge dx^2 \wedge dx^3 = dx^1 \vee dx^2 \vee dx^3 \quad (= w)$$

Die Gleichung $\delta u = 0$ der streng harmonischen Differentiale hat die Integrale X_i, die auf Differentiale u die Wirkung

$$X_i u = x^k \cdot \frac{\partial u}{\partial x^l} - x^l \cdot \frac{\partial u}{\partial x^k} + \frac{1}{2} \cdot w_i \vee u - \frac{1}{2} \cdot u \vee w_i$$

(i, k, l zykl. Vert. von 1, 2, 3 und $w_i = dx^k \vee dx^l$).
Es gilt

$$X_k X_l - X_l X_k = - X_i,$$

$$X_i w_i = 0, \qquad X_i w_k = - w_l, \qquad X_i w_l = w_k,$$

$$w_i \vee w_i = - 1, \qquad w_i \vee w_k = - w_k \vee w_i = - w_l.$$

Auch der durch

$$(K + 1)\, u = \sum_i X_i u \vee w_i$$

bestimmte Operator ist Integral, und es gilt

$$X_1^2 + X_2^2 + X_3^2 = - K - K^2$$

$$(K + 1)\, u = - \zeta \delta \zeta u \vee r dr + \sum_i x^i \cdot \frac{\partial u}{\partial x^i} + \frac{3}{2}\,(u - \eta u) + g \eta u$$

mit

$$g u = \sum_i dx^i \wedge e_i u .$$

$$X_i K = K X_i, \qquad K\,(u \vee w) = K u \vee w$$

11. Kugeldifferentiale

$$P_l^m\,(x) = \frac{1}{2\,!\;l\,!} \cdot (1 - x^2)^{\frac{m}{2}} \cdot \frac{d^{m+l}}{dx^{m+l}}\,(x^2 - 1)^l \qquad (0 \leq m \leq l)$$

$$P_l^{-m} = (- 1)^m \cdot \frac{(l - m)\,!}{(l + m)\,!} \cdot P_l^m, \qquad P_{-l-1}^m = P_l^m, \qquad P_{-l-1}^{-m} = P_l^{-m}$$

$$Y_k^m = P_k^m\,(\cos \vartheta) \cdot e^{im\varphi} \qquad (\,|\,m\,| \leq |\,k\,|\,)$$

$$Y_{-l-1}^m = Y_l^m, \qquad Y_l^{-m} = (- 1)^m \cdot \frac{(l - m)\,!}{(l + m)\,!} \cdot Y_l^m \qquad (\,|\,m\,| \leq l)$$

Kugeldifferentiale der Ordnung k:

$$S_k^m = r^{1-k} \cdot d\,(r^k \cdot Y_k^m) \qquad (\, |\, m\, | \leq\, |\, k\, |\,)$$

$$\delta S_k^m = \frac{1-k}{r} \cdot dr \vee S_k^m\,, \qquad d_r S_k^m = 0, \qquad K S_k^m = k \cdot S_k^m$$

Für kugelsymmetrische, d. h. den Gleichungen $X_i R = 0$ genügende Differentiale R gilt

$$\delta\,(R \vee S_k^m) = \left(\delta R + \eta\zeta R \vee \frac{1-k}{r} \cdot dr\right) \vee S_k^m\,.$$

Die K-Eigendifferentiale

$$r^k \cdot S_{k+1}^m\,, \qquad r^k \cdot S_{k+1}^m \vee w, \qquad \text{(mit Eigenwert } k+1)$$

$$r^k \cdot dr \vee S_{-k-1}^m\,, \quad r^k \cdot dr \vee S_{-k-1}^m \vee w \quad \text{(mit Eigenwert } -k-1)$$

sind streng harmonisch und bilden eine Basis für alle im ganzen Raume ausser im Nullpunkte streng harmonischen Differentiale.

[Entrata in Redazione il 28 giugno 1962]

FINITO DI STAMPARE CON I TIPI DELLA
TIPOGRAFIA "ODERISI,, EDITRICE IN GUBBIO
IL 24 APRILE 1963